建筑工程新技术丛书

3

预应力技术

主　编　林　寿　杨嗣信

副主编　余志成　侯君伟　高玉亭　吴　琏

中国建筑工业出版社

图书在版编目（CIP）数据

预应力技术/林寿，杨嗣信主编．—北京：中国建筑工业出版社，2009

（建筑工程新技术丛书 3）

ISBN 978-7-112-11140-4

Ⅰ. 预… Ⅱ. ①林…②杨… Ⅲ. 预应力技术 Ⅳ. TU756

中国版本图书馆 CIP 数据核字（2009）第 119353 号

建筑工程新技术丛书

3

预应力技术

主　编　林　寿　杨嗣信

副主编　余志成　侯君伟　高玉亭　吴　琏

*

中国建筑工业出版社出版、发行（北京西郊百万庄）

各地新华书店、建筑书店经销

北京红光制版公司制版

北京同文印刷有限责任公司印刷

*

开本：850×1168 毫米　1/32　印张：8　字数：230 千字

2009 年 10 月第一版　2009 年 10 月第一次印刷

定价：**19.00** 元

ISBN 978-7-112-11140-4

（18392）

本书是《建筑工程新技术丛书》之三，以预应力技术为专题。主要介绍了近些年，在建筑工程施工领域所采用的新技术、新工艺和新材料等，旨在为新技术的推广应用起到促进作用。

* * *

责任编辑：周世明
责任设计：赵明霞
责任校对：刘 钰 王雪竹

《建筑工程新技术丛书》
编写委员会

组织编写单位：

北京市城建科技促进会

北京双圆工程咨询监理有限公司

主　编： 林　寿　杨嗣信

副主编： 余志成　侯君伟　高玉亭　吴　琏

编　委（按姓氏笔划）　王广鼎　王庆生　王建民

毛凤林　安　民　孙競立　杨嗣信　余志成

肖景贵　吴　琏　张玉明　林　寿　周与诚

侯君伟　赵玉章　高玉亭　陶利兵　程　峰

路克宽　薛　发

本册编写人员： 张玉明　张　然　钱英欣　徐中文

张　喆　汤世钧　张立森　李亚文

仝为民　王棣彬　郭　琛　尚美彦

王二坡　李　铭　苏国柱　许署东

王　丰　王建奎　徐端龙　秦　杰

王泽强　陈新礼　周黎光　司　波

沈　斌　冯智勇　吕李清　张开臣

杜彦凯

前言

建设部于1994年首次颁发了《关于建筑业1994、1995年和“九五”期间重点推广应用10项新技术的通知》，对促进我国建筑技术的发展起到了积极的作用。随后，于1998年根据我国建筑技术的发展新情况，又颁发了《关于建筑业进一步推广应用10项新技术的通知》，进一步推动了我国建筑新技术的发展。为此，我们于2003年在系统总结经验的基础上，组织编写了《建筑业重点推广新技术应用手册》，供广大读者阅读参考。

随着我国建筑技术水平的不断提高，建设部于2004年对10项新技术进一步进行了修订，并于2005年又颁发了《关于进一步做好建筑业10项新技术推广应用的通知》，将10项新技术的范围扩大到铁路、交通、水利等土木工程。为此，我们根据21世纪以来新颁布的标准和建筑技术发展的新成果，以房屋建筑为主，突出施工新技术以及有关建筑节能技术，组织摘选编写了本系列丛书。

本书共分6册，第一册地基基础工程和基坑支护工程；第二册新型模板、高效钢筋、钢筋连接及高性能混凝土应用技术；第三册预应力技术；第四册设备安装工程应用技术；第五册围护结构节能技术及新型空调和采暖技术；第六册钢结构工程。

本丛书仅摘选了有关房屋建筑施工中一些新技术内容，在编写中难免存在挂一漏万和错误之处，恳请批评指正。

编　者

1. 预应力混凝土技术

1.1 先张法折线张拉施工工艺

桁架式或折线式吊车梁配置折线预应力筋，可充分发挥结构受力性能，节约钢材，减轻自重。折线预应力筋可采用垂直折线张拉（构件竖直浇筑）和水平折线张拉（构件平卧浇筑）两种方法。

1.1.1 垂直折线张拉

图 1-1-1 为利用槽形台座制作三榀 9m 折线式吊车梁的例子。预应力筋采用冷拉Ⅲ级直径 12mm 钢筋。三榀吊车梁共 12 个转折点。在上下转折点处设置上下承力架，以支承竖向力。预应力筋张拉可采用两端同时或分别按 25%σ_{con}逐级加荷至 100%σ_{con}的方式进行，以减少预应力损失。折线张拉时，钢筋因转折摩擦引起应力损失，预应力损失值（σ_l）与转角大小及转折次数有关，可用下式表示：

$$\sigma_l = \left(1 - \frac{1}{e_{\mu n\theta}}\right) \cdot (\sigma_{con}) \qquad (1\text{-}1\text{-}1)$$

式中 σ_l——由于 n 次转折所引起的预应力损失（N/mm^2）；

σ_{con}——张拉端控制应力（N/mm^2）；

e——自然对数的底，取 2.718；

μ——转折处的摩擦系数；

n——转折次数；

θ——转折角度（以弧度计）。

为了减少预应力损失，应尽可能减少转角次数，据实测，一般转折点不宜超过 10 个（故台座也不宜过长）。为了减少摩擦，

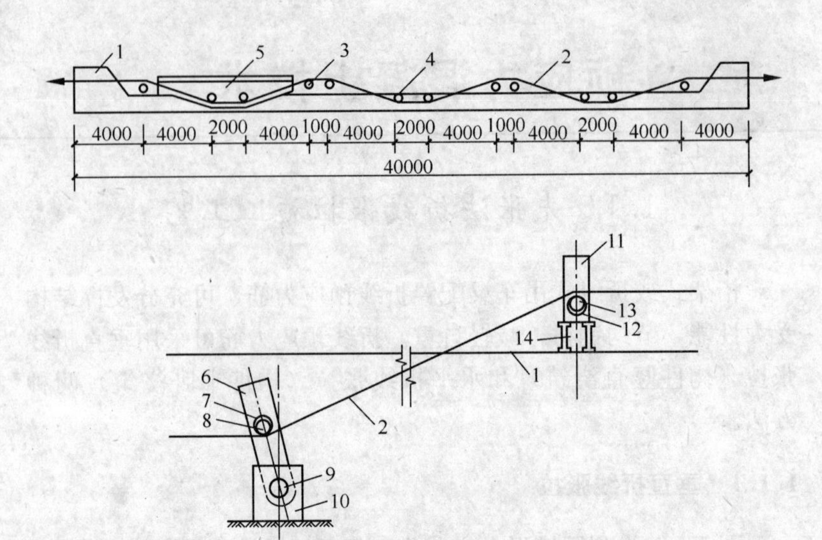

图 1-1-1 折线式吊车梁预应力筋垂直折线张拉示意图

1—台座；2—预应力筋；3—上支点（即圆钢管 12)；4—下支点（即圆钢管 7)；5—吊车梁；6—下承力架；7、12—钢管；8、13—圆柱轴；9—连销；10—地锚；11—上承力架；14—工字钢梁

可将下承力架做成摆动支座，摆动位置用临时拉索控制。上承力架焊在两根工字钢梁上，工字钢梁搁置在台座上。为使应力均匀，还可在工字钢梁下设置千斤顶，将钢梁及承力架向上顶升一定的距离，以补足预应力（称为横向张拉)。

钢筋张拉完毕后浇筑混凝土。当混凝土达一定强度后，两端同时放松钢筋，最后抽出弯折点的圆柱轴 8、13，只剩下支点钢管 7、12 埋在混凝土构件内（钢管直径 $D \geqslant 2.5$ 倍钢筋直径)。

1.1.2 水平折线张拉

图 1-1-2 为利用预制钢筋混凝土双支柱作为台座压杆在现场成对生产 8 榀桁架式吊车梁的例子。在预制柱上相应于钢丝弯折点处，套以钢筋抱箍 5，并装置短槽钢 7，连以焊接钢筋网片，

预应力筋通过网片而弯折。为承受张拉时产生的横向水平力，在短槽钢上安置木撑6、8。

两根折线钢筋可用4台千斤顶在两端同时张拉，或采用两台千斤顶同时在一端张拉后，再在另一端补张拉。为减少应力损失，可在转折点处采取横向张拉，以补足预应力。

垂直折线张拉需要有较复杂的锚固装置，以承受横向力，但张拉和制作较方便。水平折线张拉可借自己平衡横向力，不需复杂的锚固装置，但需要有较多的千斤顶，且占地面积较多。

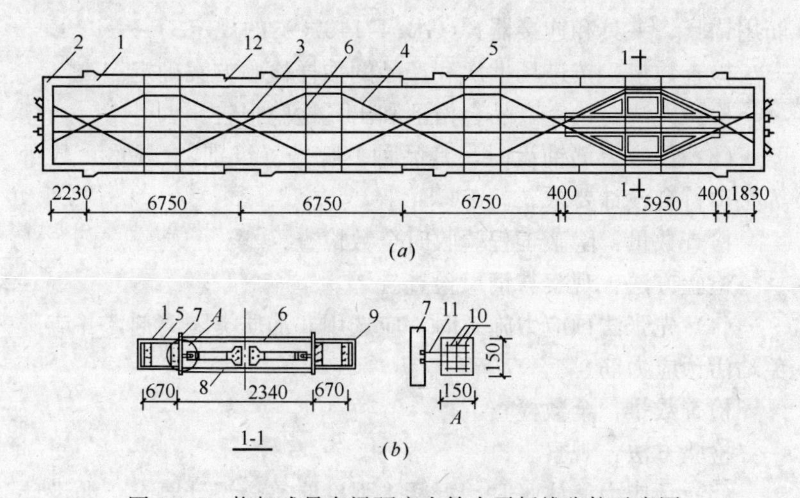

图 1-1-2 桁架式吊车梁预应力筋水平折线张拉示意图

(*a*) 平面图；(*b*) 预应力筋在转角处固定方法

1—台座；2—横梁；3—直线预应力筋；4—折线预应力筋；5—钢筋抱箍；6、8—木撑；7—8号槽钢；9—70×70方木；10—3ϕ10钢筋；11—2ϕ18钢筋；12—砂浆填缝

1.1.3 先张法预应力施工质量检验

先张法预应力施工质量，应按现行国家标准《混凝土结构工程施工质量验收规范》(GB 50204—2002)的规定进行验收。

1. 主控项目

（1）预应力筋进场时，应按现行国家标准《预应力混凝土用钢丝》（GB/T 5223）、《预应力混凝土用钢绞线》（GB/T 5224）等的规定抽取试件作为学性能检验，其质量必须符合有关标准的规定。

检查数量：按进场的批次和产品的抽样检验方案确定。

检验方法：检查产品合格证、出厂检验报告和进场复验报告。

（2）预应力筋用夹具的性能，应符合现行国家标准《预应力筋用锚具、夹具和连接器》（GB/T 14370）的规定。

检查数量：按进场批次和产品的抽样检验方案确定。

检验方法：检查产品合格证和出厂检验报告。

（3）预应力筋铺设时，其品种、牌号（级别）、规格、数量等必须符合设计要求。

检查数量：隐蔽工程验收时全数检查。

检验方法：观察与钢尺检查。

（4）先张法预应力施工时，应选用非油质类隔离剂，并应避免玷污预应力筋。

检查数量：全数检查。

检验方法：观察。

（5）预应力筋放张时，混凝土强度应符合设计要求；如设计无规定，不应低于设计的混凝土立方体强度标准值的75%。

检查数量：全数检查。

检验方法：检查同条件养护试件试验报告。

（6）预应力筋张拉锚固后实际建立的预应力值与工程设计规定检验值的相对允许偏差为±5%。

检查数量：每工作班抽查预应力筋总数的1%，且不少于3根。

检验方法：检查预应力筋应力检测记录。

（7）在浇筑混凝土前发生断裂或滑脱的预应力筋必须予以

更换。

检查数量：全数检查。

检验方法：观察，检查张拉记录。

（8）预应力筋放张时，宜缓慢放松锚固装置，使各根预应力筋同时缓慢放松。

检查数量：全数检查。

检验方法：检查张拉记录。

2. 一般项目

（1）钢丝两端采用墩头夹具时，对短线整体张拉的钢丝，同组钢丝长度的极差不得大于 2mm。

钢丝墩头的强度不得低于钢丝强度标准值的 98%。

检查数量：每工作班抽查预应力筋总数的 3%，且不少于 3 束。对钢丝墩头强度，每批钢丝检查 6 个墩头试件。

检查方法：观察、钢尺检查。检查钢丝墩头试验报告。

（2）锚固时张拉端预应力筋的内缩量应符合设计要求；当设计无具体要求时，应符合相关规范的规定。

检查数量：每工作班抽查预应力筋总数的 3%，且不少于 3 根。

检验方法：钢尺检查。

1.2　后张法预应力施工

1.2.1　后张法有粘结预应力成套技术

后张法主要用于现浇混凝土结构，也可用于制作预制混凝土构件。后张法有粘结预应力技术采用在结构或构件中预留孔道，待混凝土硬化达到一定强度后，穿入预应力筋，通过张拉预应力筋并采用专用锚具将张拉力锚固在结构中使之产生预压力，然后在孔道中灌入水泥浆，使预应力筋沿全长与混凝土粘结在一起。其技术内容主要包括材料、设备及设计技术、成孔技术、穿束技术、大吨位张拉锚固技术、灌浆技术及锚头保护等。

扁管有粘结预应力技术用于平板混凝土楼盖结构，适用跨度为 8～15m，高跨比为 1/50～1/40；圆管有粘结预应力技术用于单向或双向框架梁结构，适用跨度为 12～40m，高跨比为 1/25～1/18。在高层楼盖建筑中采用扁管有粘结预应力技术可以保证净空的条件下显著降低层高，从而降低总建筑高度，节约材料和造价；在多层、大面积框架结构中采用有粘结技术可提高结构性能、节省钢筋和混凝土材料，降低建筑造价。

该技术可用于单层、多层、高层房屋建筑、地下建筑的楼板、转换层和框架梁结构等，以抵抗大跨度或重荷载在混凝土结构中产生的效应，提高结构、构件的性能，降低造价。该技术还可以用于电视塔、核电站安全壳、海洋结构、水泥仓、飞机跑道等特种结构工程及各类大跨度混凝土桥梁结构。

1. 材料与设备

（1）材料

1）混凝土：预应力混凝土结构的混凝土强度等级不应低于 C30，当采用高强度钢丝、钢绞线、热处理钢筋作预应力筋时，混凝土强度等级不宜低于 C40。

2）预应力用钢材：预应力高强钢筋主要有高强钢丝、钢绞线和粗钢筋 3 种。后张法广泛采用钢丝束和钢绞线，高强粗钢筋也可用于后张法。目前现浇预应力混凝土结构以钢绞线为主。

①消除应力钢丝的规格与力学性能应符合现行国家标准《预应力混凝土用钢丝》（GB/T 5223）的规定，常用规格见表 1-2-1～表 1-2-3。

②钢绞线的规格和力学性能应符合现行国家标准《预应力混凝土用钢绞线》（GB/T 5224）的规定，常用规格见表 1-2-4～表 1-2-6。

③精轧螺纹钢筋的外形尺寸与力学性能见表 1-2-7、表 1-2-8。

消除应力光圆及螺旋肋钢丝的力学性能　　表 1-2-1

公称直径 d_n (mm)	抗拉强度 σ_b(MPa) 不小于	规定非比例伸长应力 $\sigma_{p0.2}$ (MPa) 不小于		最大力下总伸长率 (L_0=200mm) δ_{gt} (%) 不小于	弯曲次数 (次/180°) 不小于	弯曲半径 R(mm)	应力松弛性能		
							初始应力相当于公称抗拉强度的百分数(%)	1000h后应力松弛率 r (%) 不大于	
		WLR	WNR					WLR	WNR
							对所有规格		
4.00	1 470	1 290	1 250	3.5	3	10			
	1 570	1 380	1 330						
4.80	1 670	1 470	1 410		4	15	60	1.0	4.5
	1 770	1 560	1 500						
5.00	1 860	1 640	1 580			15			
6.00	1 470	1 290	1 250		4	20	70	2.0	8
6.25	1 570	1 380	1 330		4	20			
	1 670	1 470	1 410						
7.00	1 770	1 560	1 500		4	20			
8.00	1 470	1 290	1 250		4	20	80	4.5	12
9.00	1 570	1 380	1 330		4	25			
10.00	1 470	1 290	1 250		4	25			
12.00					4	30			

注：WLR 为低松弛；WNR 为普通松弛。

冷拉钢丝的力学性能　　表 1-2-2

公称直径 d_n (mm)	抗拉强度 σ_b (MPa) 不小于	规定非比例伸长应力 $\sigma_{p0.2}$ (MPa) 不小于	最大力下总伸长率 (L_0=200mm) δ_{gt} (%) 不小于	弯曲次数 (次/180°) 不小于	弯曲半径 R (mm)	断面收缩率 ψ (%) 不小于	每 210mm 扭矩的扭转次数 n 不小于	初始应力相当于70%公称抗拉强度时，1000h后应力松弛率r(%) 不大于
3.00	1 470	1 100	1.5	4	7.5	—	—	8
4.00	1 570	1 180		4	10	35	8	
	1 670	1 250						
5.00	1 770	1 330		4	15		8	
6.00	1 470	1 100		5	15	30	7	
	1 570	1 180						
7.00	1 670	1 250		5	20		6	
8.00	1 770	1 330		5	20		5	

消除应力刻痕钢丝的力学性能　　表 1-2-3

公称直径 d_n (mm)	抗拉强度 σ_b (MPa) 不小于	规定非比例伸长应力 $\sigma_{p0.2}$ (MPa) 不小于		最大力下总伸长率 (L_0=200mm) δ_{tg} (%) 不小于	弯曲次数 (次/180°) 不小于	弯曲半径 R(mm)	应力松弛性能		
							初始应力相当于公称抗拉强度的百分数 (%)	1000h 后应力松弛率 r (%) 不大于	
		WLR	WNR					WLR	WNR
							对所有规格		
≤5.0	1 470	1 290	1 250	3.5	3	15	60	1.5	4.5
	1 570	1 380	1 330				70	2.5	8
	1 670	1 470	1 410				80	4.5	12
	1 770	1 560	1 500						
	1 860	1 640	1 580						
>5.0	1 470	1 290	1 250			20			
	1 570	1 380	1 330						
	1 670	1 470	1 410						
	1 770	1 560	1 550						

1×2 结构钢绞线的力学性能　　表 1-2-4

钢绞线结构	钢绞线公称直径 D_n (mm)	抗拉强度 R_m (MPa) 不小于	整根钢绞线的最大力 F_m (kN) 不小于	规定非比例延伸力 $F_{p0.2}$ (kN) 不小于	最大力总伸长率 (L_0≥400mm) A_{gt} (%) 不小于	应力松弛性能	
						初始应力相当于公称抗拉强度的百分数 (%)	1000h 后应力松弛率 r (%) 不大于
1×2	5.0	1 570	15.4	13.9	对所有规格	对所有规格	对所有规格
		1 720	16.9	15.2	3.5	60	1.0
		1 860	18.3	16.5			
		1 960	19.2	17.3			
	5.8	1 570	20.7	18.6		70	2.5
		1 720	22.7	20.4			
		1 860	24.6	22.1			
		1 960	25.9	23.3			

续表

钢绞线结构	钢绞线公称直径 D_n（mm）	抗拉强度 R_m（MPa）不小于	整根钢绞线的最大力 F_m（kN）不小于	规定非比例延伸力 $F_{p0.2}$（kN）不小于	最大力总伸长率（$L_0 \geqslant$ 400mm）A_{gt}（%）不小于	应力松弛性能	
						初始应力相当于公称抗拉强度的百分数（%）	1000h后应力松弛率 r（%）不大于
1×2	8.0	1 470	36.9	33.2		80	4.5
		1 570	39.4	35.3			
		1 720	43.2	38.9			
		1 860	46.7	42.0			
		1 960	49.2	44.3			
	10.0	1 470	57.8	52.0			
		1 570	61.7	55.5			
		1 720	67.6	60.8			
		1 860	73.1	65.8			
		1 960	77.0	69.3			
		1 470	83.1	74.8			
		1 570	88.7	79.8			
		1 720	97.2	87.5			
		1 860	105	94.5			

注：同表1-2-6。

1×3结构钢绞线的力学性能　　　　表1-2-5

钢绞线结构	钢绞线公称直径 D_n（mm）	抗拉强度 R_m（MPa）不小于	整根钢绞线的最大力 F_m（kN）不小于	规定非比例延伸力 $F_{p0.2}$（kN）不小于	最大力总伸长率（$L_0 \geqslant$ 400mm）A_{gt}（%）不小于	应力松弛性能	
						初始应力相当于公称抗拉强度的百分数（%）	1000h后应力松弛率 r（%）不大于
1×3	6.2	1 570	31.1	28.0	对所有规格	对所有规格	对所有规格
		1 720	34.1	30.7			
		1 860	36.8	33.1			
		1 960	38.3	34.9			

续表

钢绞线结构	钢绞线公称直径 D_n（mm）	抗拉强度 R_m（MPa）不小于	整根钢绞线的最大力 F_m（kN）不小于	规定非比例延伸力 $F_{p0.2}$（kN）不小于	最大力总伸长率（$L_0 \geqslant$ 400mm）A_{gt}（%）不小于	应力松弛性能	
						初始应力相当于公称抗拉强度的百分数（%）	1000h后应力松弛率 r（%）不大于
1×3	6.5	1 570	33.3	30.0	3.5	60	1.0
		1 720	36.5	32.9			
		1 860	39.4	35.5			
		1 960	41.6	37.4			
	8.6	1 470	55.4	49.9		70	2.5
		1 570	59.2	53.3			
		1 720	64.8	58.3			
		1 860	70.1	63.1			
		1 960	73.9	66.5			
	10.8	1 470	86.6	77.9		80	4.5
		1 570	92.5	83.3			
		1 720	101	90.9			
		1 860	110	99.0			
		1 960	115	104			
	12.9	1 470	125	113			
		1 570	133	120			
		1 720	146	131			
		1 860	158	142			
		1 960	166	149			
(1×3)1	8.74	1 570	60.6	54.5			
		1 670	64.5	58.1			
		1 860	71.8	64.6			

注：同表1-2-6。

1×7 结构钢绞线的力学性能　　表 1-2-6

钢绞线结构	钢绞线公称直径 D_n（mm）	抗拉强度 R_m（MPa）不小于	整根钢绞线的最大力 F_m（kN）不小于	规定非比例延伸力 $F_{p0.2}$（kN）不小于	最大力总伸长率（$L_0 \geqslant$ 400mm）A_{gt}（%）不小于	应力松弛性能：初始应力相当于公称抗拉强度的百分数（%）	应力松弛性能：1000h 后应力松弛率 r（%）不大于
1×7	9.50	1 720	94.3	84.9	对所有规格	对所有规格	对所有规格
		1 860	102	91.8			
		1 960	107	96.3			
	11.10	1 720	128	115		60	1.0
		1 860	138	124			
		1 960	145	131			
	12.70	1 720	170	153			
		1 860	184	166		70	2.5
		1 960	193	174			
	15.20	1 470	206	185	3.5		
		1 570	220	198			
		1 670	234	211		80	4.5
		1 720	241	217			
		1 860	260	234			
		1 960	274	247			
	15.70	1 770	266	239			
		1 860	279	251			
	17.80	1 720	327	294			
		1 860	353	318			
(1+7)C	12.70	1 860	208	187			
	15.20	1 820	300	270			
	18.00	1 720	384	346			

注：1. 表 1-2-4～表 1-2-6 摘自国家标准《预应力混凝土用钢绞线》（GB/T 5224—2003）。

2. 规定非比例伸长应力 $F_{p0.2}$ 值不小于整根钢绞线公称最大力 F_m 的 90%。

3. 钢绞线弹性模量为（195±10）GPa。

螺纹钢筋规格　表 1-2-7

公称直径 (mm)	公称截面面积 (mm^2)	有效截面系数	理论截面面积 (mm^2)	理论质量 (kg/m)
18	254.5	0.95	267.9	2.11
25	490.9	0.94	522.2	4.10
32	804.2	0.95	846.5	6.65
40	1 256.6	0.95	1 322.7	10.34
50	1 963.5	0.95	2 006.8	16.28

注：本表摘自国家标准《预应力混凝土用螺纹钢筋》(GB/T 20065—2006)。

螺纹钢筋力学性能　表 1-2-8

级　别	屈服强度 R_{eL} (MPa)	抗拉强度 R_m (MPa)	断后伸长率 A (%)	最大力下总伸长率 A_{gt} (%)	应力松弛性能	
					初始应力	1000h 后应力松弛率 V_r (%)
	不　小　于					
PSB785	785	980	7	3.5	$0.8R_{eL}$	≤3
PSB830	830	1 030	6			
PSB930	930	1 080	6			
PSB 1080	1 080	1 230	6			

注：1. 无明显屈服时，用规定非比例延伸强度 ($R_{p0.2}$) 代替。

2. 本表摘自国家标准《预应力混凝土用螺纹钢筋》(GB/T 20065—2006)。

3. 弹性模量可取 2×10^5 MPa。

3）锚固系统：预应力用锚具、夹具和连接器分类：

多孔夹片锚固系统适用于多根钢绞线张拉端和固定端的锚固；

挤压锚具适用于固定多根有粘结钢绞线；

镦头锚具适用于锚固多根 ϕ^s5 与 ϕ^s7 钢丝束；

压花锚具是利用压花机将钢绞线端头压成梨形散花头的一种粘结锚具；

精轧螺纹钢筋锚具包括螺母与垫板，螺母分为平面螺母和锥面螺母两种，垫板分为平面垫板与锥面垫板。

预应力筋用锚具应根据预应力筋品种、锚固要求和张拉工艺选用。

预应力钢绞线，张拉端一般选用夹片锚具，锚固端采用挤压锚具或压花锚具：预应力钢丝束，采用镦头锚具；高强钢筋和钢棒，宜采用螺母锚具。

预应力筋用锚具、夹具和连接器的性能应符合现行国家标准《预应力筋用锚具、夹具和连接器》(GB/T 14370) 的规定。多孔夹片锚固体系在后张有粘结预应力混凝土结构中应用广泛，张拉端常用多孔钢绞线夹片圆形、扁形锚具，固定端用挤压、压花锚具。

4) 制孔用管材：后张预应力构件预埋制孔用管材有金属波纹管（螺旋管）、钢管和塑料波纹管等。梁类等构件宜采用圆形金属波纹管，板类构件宜采用扁形金属波纹管。施工周期较长时应选用镀锌金属波纹管。塑料波纹管宜用于曲率半径小、密封性能好以及抗疲劳要求高的孔道。钢管宜用于竖向分段施工的孔道。

金属波纹管和塑料波纹管的规格和性能应符合行业标准《预应力混凝土用金属波纹管》(JG 225—2007) 和《预应力混凝土桥梁用塑料波纹管》(JT/T 529—2004) 的规定。

金属波纹管和塑料波纹管的规格见表 1-2-9～表 1-2-12。

圆形金属波纹管规格 (mm)　　表 1-2-9

管内径		40	45	50	55	60	65	70	75	80	85	90	95	100	105	110	115	120
允许偏差		+0.5													+1.0			
钢带厚度	标准型	0.25		0.30														
	增强型							0.4				0.5						

注：波纹高度：单波为 2.5mm，双波为 3.5mm。

扁形金属波纹管规格 (mm)　　表 1-2-10

内短轴	长　度	19				22			
	允许偏差	+0.5				+1.0			
内长轴	长　度	47	60	73	86	52	67	82	98
	允许偏差	+1.0				+2.0			
钢带厚度		0.3							

圆形塑料波纹管规格（mm） 表 1-2-11

管内径	50	75	85	95	100	120	130	140	150
管外径	61	89	99	109	114	136	146	157	177
允许偏差	±2.0								
管壁厚	2					2.5		3	

扁形塑料波纹管规格（mm） 表 1-2-12

内短轴	长　度	20		23	
	允许偏差	+1.5、−0.6			
内长轴	长　度	46	60	72	90
	允许偏差	±1.0			
管壁厚	标准值	2			
	允许偏差	+0.6、−0.3			

注：1. 孔道直径的选择：孔道净面积比预应力筋的总面积大 3.5 倍以上，孔径比预应力筋组合外径大 10～15mm 以上，即可满足穿束要求和孔道压浆的通路。

2. 波纹管接头管取用大一号波纹管。

5）金属螺旋管的连接与安装：金属螺旋管的连接，采用大一号同型螺旋管。接头的长度为 200～300mm，其中两端用密封胶带或塑料热缩管封闭。

金属螺旋管的安装，应事先按设计图中预应力筋的曲线坐标在箍筋上定出曲线位置。螺旋管的固定应采用钢筋支托，间距为 0.8～1.2m。钢筋支托应焊在箍筋上，箍筋底部应垫实。螺旋管固定后，必须用钢丝扎牢，以防浇筑混凝土时螺旋管上浮引起严重的质量事故。

螺旋管安装就位过程中，应尽量避免反复弯曲，以防管壁开裂。同时，还应防止电焊火花烧伤管壁。

（2）设备

包括预应力筋制作、张拉、灌浆等设备及机具。

预应力筋制作设备和机具有端部锚具组装制作设备 JY-45

型挤压机、压花机、LD-10型钢丝墩头器；机具下料用放线盘架及砂轮切割锯等。张拉后切割外露余筋用的角向磨光机，需配小型切割砂轮片使用。灌浆设备包括：砂浆搅拌机、灌浆泵、贮浆桶、过滤器、橡胶管和喷浆嘴及真空泵及真空灌浆辅助设备等。

1）挤压机

①挤压机构造及主要性能：钢绞线锚固端挤压锚具组装设备采用YJ45型挤压机。该机由液压千斤顶、机架和挤压模组成，见图1-2-1。其主要性能：额定油压63MPa，工作缸面积7000mm^2，额定顶推力440kN，额定顶推行程160mm，外形尺寸730mm×200mm×200mm。

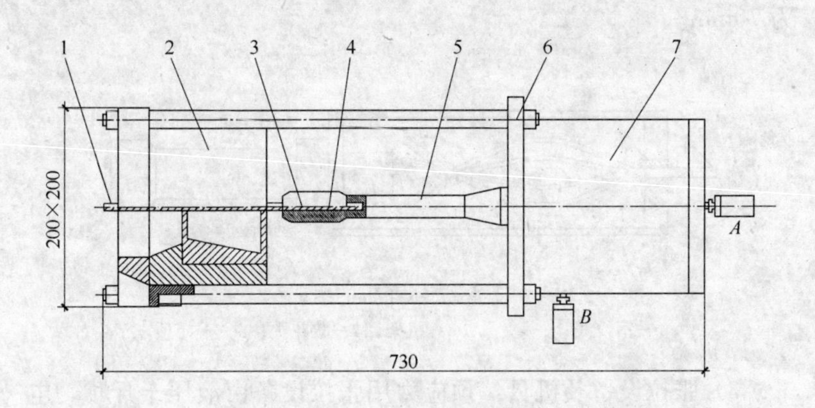

图1-2-1 YJ45型挤压机

1—钢绞线；2—挤压模；3—硬钢丝螺旋圈；

4—挤压套；5—活塞杆；6—机架；7—千斤顶；

A—进油嘴；B—回油嘴

②挤压机的工作原理：千斤顶的活塞杆推动挤压套通过喇叭形模具，使挤压套直径变细，硬钢丝螺旋圈或直夹片脆断并嵌入挤压套与钢绞线中，以形成牢固的挤压头。

③操作要点：

a. 挤压模内腔要保持清洁，每次挤压后都要清洗一次，并涂抹石墨油膏；

b. 使用硬钢丝螺旋圈时，各圈钢丝应并拢，其一端应与钢绞线端头平齐；

c. 挤压套装在钢绞线端头挤压时，钢绞线、挤压模与活塞杆应在同一中心线上，以免挤压套被卡住；

d. 挤压时压力表读数宜为40～45MPa，个别达50MPa时应不停顿挤过；

e. 挤压模磨损后，锚固头直径不应超差0.3mm。

2）压花机：压花设备采用压花机，该机由液压千斤顶、机架和夹具组成，见图1-2-2。压花机的最大推力为350kN，行程为70mm。

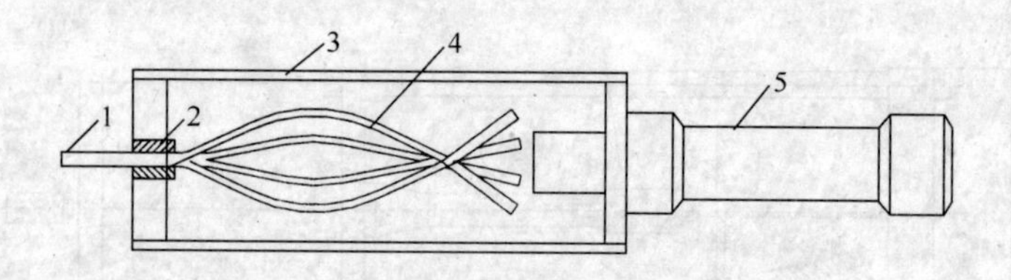

图1-2-2　压花机的组成

1—钢绞线；2—夹具；3—机架；4—散花头；5—千斤顶

3）张拉设备及机具：预应力用张拉设备由液压千斤顶、电动油泵和外接油管等组成。张拉设备应装有测力仪表，以准确建立预应力值，张拉设备应由专人使用和保管，并定期维护和标定。

张拉设备应根据工程设计使用要求选用适宜型号的张拉设备和机具；大吨位千斤顶主要用于张拉大吨位钢绞线束；小吨位千斤顶用于单根张拉扁波纹管内钢绞线或在群锚体系的单根张拉工艺中应用。

①双作用穿心式千斤顶：该系列产品有：YC20D、YC60、YC120型千斤顶等。其技术性能见表1-2-13。

YC型穿心式千斤顶技术性能表 **表 1-2-13**

项　目	单位	YC20D型	YC60型	YC120型
额定油压	N/mm^2	40	40	50
张拉缸液压面积	cm^2	51	162.6	250
公称张拉力	kN	200	600	1 200
张拉行程	mm	200	150①	300
顶压缸活塞面积	cm^2	—	84.2	113
顶压行程	mm	—	50	40
张拉缸回程液压面积	cm^2	—	12.4	160
顶压活塞回程		—	弹簧	液压
穿心孔径	mm	31	55	70
外形尺寸 无撑脚 有撑脚	mm	ϕ116×360 （不计附件）	ϕ195×425 ϕ195×760	ϕ250×910 ϕ250×1 250
质量 无撑脚 有撑脚	kg	19 （不计附件）	63 73	196 240
配套油泵		ZB 0.8～500	ZB 4～500 ZB 0.8～500	ZBS 4～500 （三油路）

a. YC20D型千斤顶：主要用于张拉单根ϕ^s12.7或ϕ^s15.2钢绞线，以及张拉吨位小于200kN的高强钢筋和小型钢丝束，见图1-2-3。

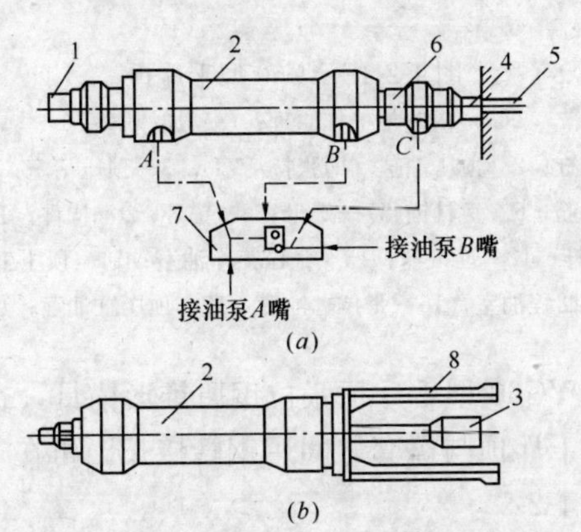

图 1-2-3　YC20D型千斤顶的组装情况

（*a*）装液压顶压头；（*b*）装撑脚

1—双坡度工具锚；2—千斤顶；3—张拉头；4—锚具；

5—预应力筋；6—液压顶压头；7—液压顶压阀；8—撑脚

b. YC60 型千斤顶：该千斤顶具有双作用，即张拉与顶锚两个作用，见图 1-2-4。

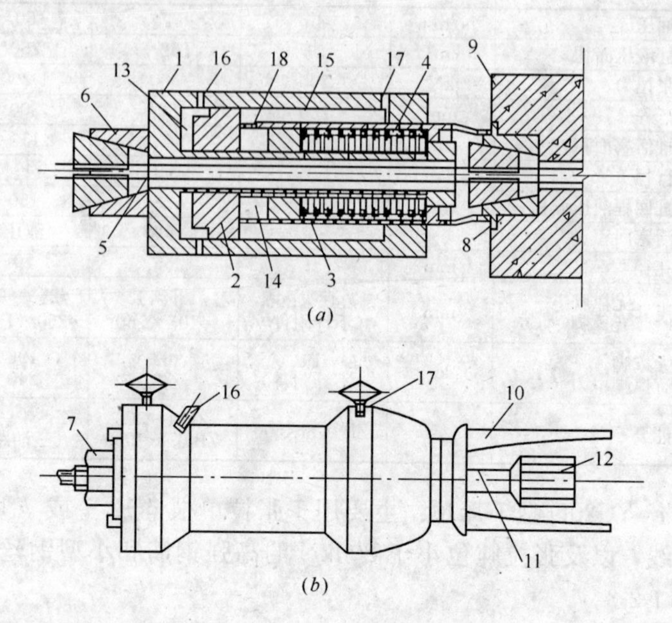

图 1-2-4 YC60 型千斤顶

(*a*) 构造与工作原理；(*b*) 加撑脚后

1—张拉油缸；2—顶压油缸（即张拉活塞）；3—顶压活塞；4—弹簧；5—预应力筋；6—工具锚；7—螺母；8—锚环；9—构件；10—撑脚；11—张拉杆；12—连接器；13—张拉工作油室；14—顶压工作油室；15—张拉回程油室；16—张拉缸油嘴；17—顶压缸油嘴；18—油孔

为了利用 YC60 型千斤顶张拉钢质锥形锚具，在前端装有分束顶压器并在千斤顶与撑套之间用钢管接长，再在千斤顶后端装工具锚，见图 1-2-5。

c. YC120 型千斤顶：见图 1-2-6。

② 大孔径穿心式千斤顶：又称群锚千斤顶，广泛用于张拉大吨位钢绞线束。根据千斤顶构造上的差异与生产厂不同，可分为三大系列产品：YCD 型、YCQ 型、YCW 型千斤顶；每一系

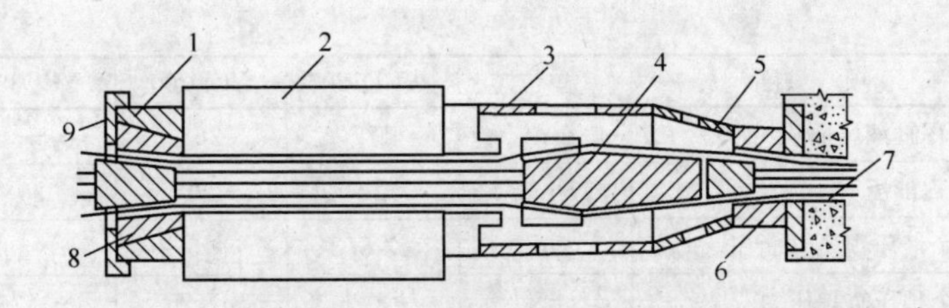

图 1-2-5 YC60 型千斤顶装有分束顶压器与工具锚的情况

1—工具锚；2—YC60 型千斤顶；3—接卡钢管；4—分束顶压器；5—撑套；6—钢质锥形锚具；7—钢丝束；8—衬环；9—后盖

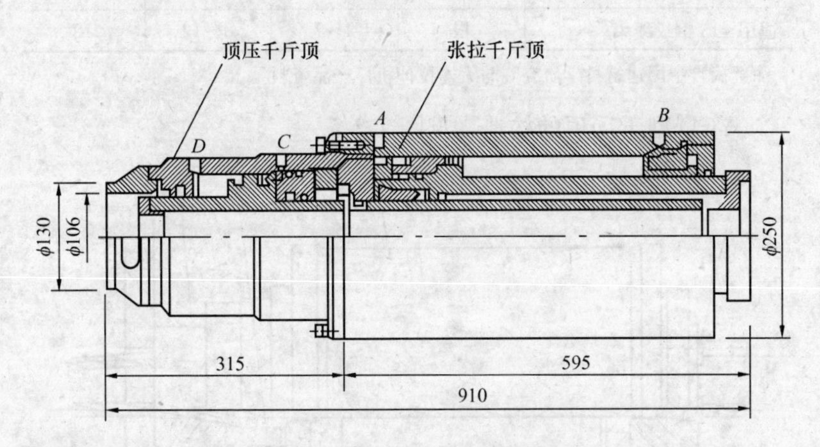

图 1-2-6 YC120 型千斤顶构造

列产品又有多种规格。

a. YCD 型千斤顶：技术性能见表 1-2-14。

YCD 型千斤顶的技术性能 **表 1-2-14**

项　目	单位	YCD120	YCD200	YCD350
额定油压	N/mm²	50	50	50
张拉缸液压面积	cm²	290	490	766
公称张拉力	kN	1 450	2 450	3 830
张拉行程	mm	180	180	250
穿心孔径	mm	128	160	205

续表

项　目	单位	YCD120	YCD200	YCD350
回程缸液压面积	cm^2	177	263	—
回程油压	N/mm^2	20	20	20
n个液压顶压缸面积	cm^2	$n\times5.2$	$n\times5.2$	$n\times5.2$
n个顶压缸顶压力	kN	$n\times26$	$n\times26$	$n\times26$
外形尺寸	mm	$\phi315\times550$	$\phi370\times550$	$\phi480\times671$
自　重	kg	200	250	—
配套油泵		ZB4－500	ZB4－500	ZB4－500
适用$\phi15$钢绞线束	根	4～7	8～12	19

注：摘自中国建筑科学研究院与大连拉伸机厂产品资料。

YCD型千斤顶的构造，见图1-2-7。

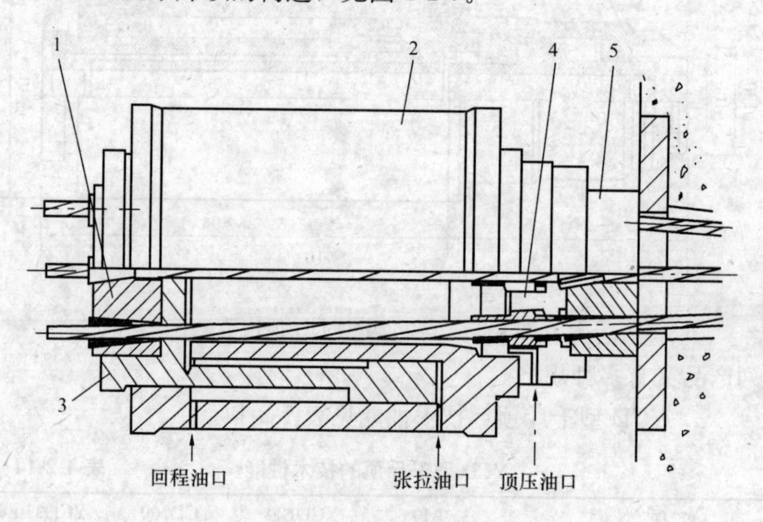

图1-2-7　YCD型千斤顶

1—工具锚；2—千斤顶缸体；3—千斤顶活塞；

4—顶压器；5—工作锚

b. YCQ型千斤顶：见图1-2-8，其技术性能见表1-2-15。YCQ型系列千斤顶是一种通用性较强的穿心式千斤顶，主要用

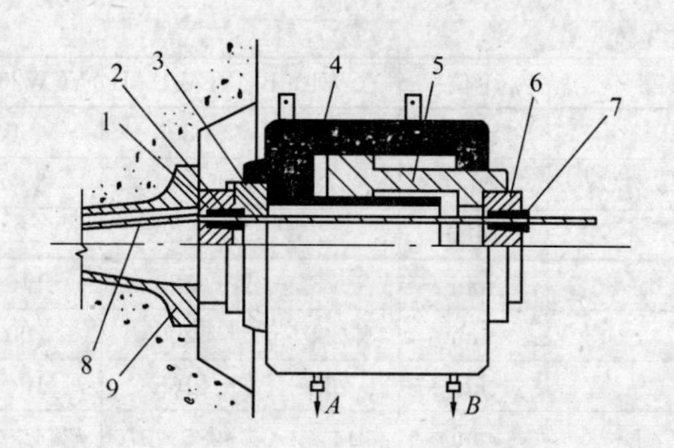

图 1-2-8 YCQ 型千斤顶的构造

1—工作锚板；2—夹片；3—限位板；4—缸体；5—活塞；

6—工具锚板；7—工具夹片；8—钢绞线；9—喇叭形铸铁垫板；

A—张拉时进油嘴；*B*—回缩时进油嘴

于张拉各种型号的群锚锚固体系。

YCQ 型千斤顶技术性能 **表 1-2-15**

项 目	单位	YCQ100	YCQ200	YCQ350	YCQ500
额定油压	N/mm^2	63	63	63	63
张拉缸活塞面积	cm^2	219	330	550	788
理论张拉力	kN	1 380	2 080	3 460	4 960
张拉行程	mm	150	150	150	200
回程缸活塞面积	cm^2	113	185	273	427
回程油压	N/mm^2	<30	<30	<30	<30
穿心孔直径	mm	90	130	140	175
外形尺寸	mm	$\phi258\times440$	$\phi340\times458$	$\phi420\times446$	$\phi490\times530$
自重	kg	110	190	320	550

c. YCW 型千斤顶：该系列产品技术性能，见表 1-2-16。

YCW 型千斤顶技术性能 **表 1-2-16**

项 目	单位	YCW100B	YCW150B	YCW250B	YCW400B
公称张拉力	kN	973	1 492	2 480	3 956
公称油压力	MPa	51	50	54	52

续表

项　目	单位	YCW100B	YCW150B	YCW250B	YCW400B
张拉活塞面积	cm^2	191	298	459	761
回程活塞面积	cm^2	78	138	280	459
回程油压力	MPa	<25	<25	<25	<25
穿心孔径	mm	78	120	140	175
张拉行程	mm	200	200	200	200
主机质量	kg	65	108	164	270
外形尺寸 $\phi D \times L$	mm	ϕ214×370	ϕ285×370	ϕ344×380	ϕ432×400

YCW 型千斤顶加撑脚与拉杆后，可用于墩头锚具和冷铸墩头锚具，见图 1-2-9。

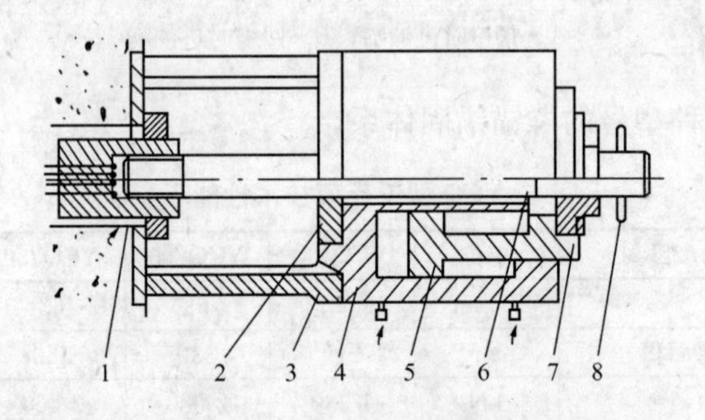

图 1-2-9　YCW 型千斤顶带撑脚的组成

1—锚具；2—支撑环；3—撑脚；4—油缸；5—活塞；
6—张拉杆；7—张拉杆螺母；8—张拉杆手柄

③前置内卡式千斤顶：前置内卡式千斤顶是将工具锚安装在千斤顶前部的一种穿心式千斤顶。

a. YDCQ 型前卡式千斤顶：主要适用于单根预应力筋（索）或成束预应力筋（索）单根张拉及预应力筋张拉中的事故处理。见图 1-2-10。

YDC240Q 型前卡式千斤顶的技术性能：张拉力 240kN、额定压力 50MPa、张拉行程 200mm、穿心孔径 18mm、外形尺寸 ϕ108×580、质量 18.2kg，适用于单根钢绞线张拉或多孔锚具单根张拉。

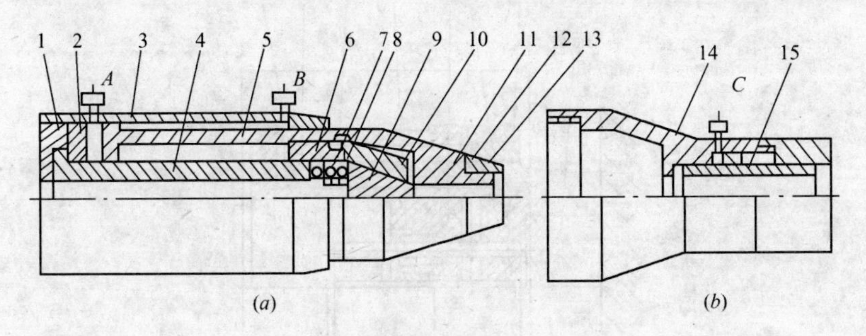

图 1-2-10 YDC240Q 前卡式千斤顶构造

（a）前卡式千斤顶；（b）顶压器

1—压板；2—堵头；3—外缸；4—穿心套；5—活塞；6—连接器；

7—回程弹簧；8—导向管；9—夹片；10—锚杯；11—支撑套；

12—垫圈；13—支撑套螺母；14—顶压缸；15—顶压活塞

A、B、C—油嘴

YDC260Q 型前卡式千斤顶是在 YDC240Q 型千斤顶的基础上，增加止转装置，防止千斤顶和钢绞线转动。

b. YDCN 型内卡式千斤顶：见图 1-2-11。

YDCN 型内卡式千斤顶的技术性能，见表 1-2-17。

YDCN 型内卡式千斤顶技术性能 **表 1-2-17**

项　目	单位	YDC100N－100（200）	YDC1500N－100（200）	YDC2500N－100（200）
公称张拉力	kN	997	1 493	2 462
公称油压	MPa	55	54	50
张拉活塞面积	cm^2	181.2	276.5	492.4
回程活塞面积	cm^2	91.9	115.5	292.2
张拉行程	mm	100（200）	100（200）	100（200）
主机质量	kg	78（98）	116（146）	217（263）
长度（L）×直径	mm	289（389）× ϕ250	285（385）× ϕ305	289（389）× ϕ399
最小工作空间	mm	800（1 000）	800（1 000）	800（1 000）

注：摘自柳州海威姆建筑机械公司产品资料。

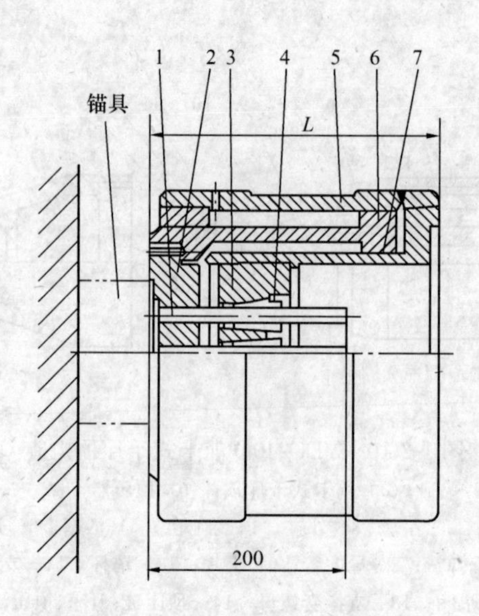

图 1-2-11　YDCN 型内卡式千斤顶

1—钢绞线；2—限位板；3—工具锚板；4—工具夹片；5—外缸；6—活塞；7—穿心套

④锥锚式千斤顶：锥锚式千斤顶是具有张拉、顶锚和退楔功能三作用的千斤顶，用于张拉带锥形锚具的钢丝束。系列产品有：YZ38、YZ60 和 YZ85 型千斤顶。见图 1-2-12，锥锚式千斤顶技术性能见表 1-2-18。

锥锚式千斤顶技术性能　　**表 1-2-18**

项　目	单位	YZ85-300	YZ85-500	YZ150-300
额定油压	MPa	46	46	50
公称张拉力	kN	850	850	1500
张拉行程	mm	300	500	300
顶压力	kN	390	390	769
顶压行程	mm	65	65	65
外形尺寸	mm	ϕ326×890	ϕ326×1100	ϕ360×1005
质量	kg	180	205	198

注：摘自柳州市建筑机械总厂资料。

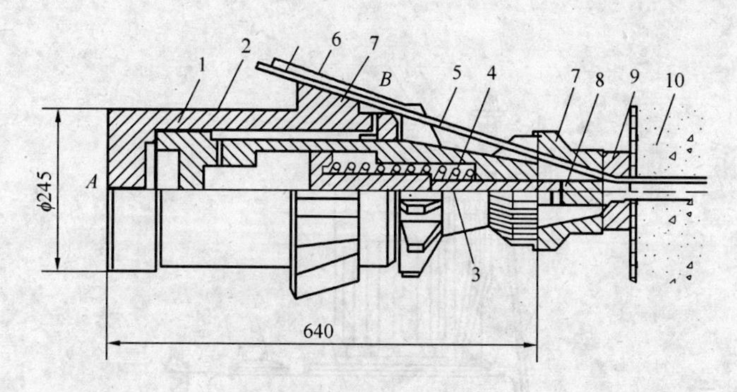

图 1-2-12 锥锚式千斤顶

1—张拉油缸；2—顶压油缸（张拉活塞）；3—顶压活塞；4—弹簧；5—预应力筋；6—楔块；7—对中套；8—锚塞；9—锚环；10—构件；A、B—油嘴

⑤电动油泵：目前常使用的有：ZB4-500 型、ZB1-630 型、ZB10/320～4/800 型、ZB618（ZB6/1-800）型、ZB0.8-500 与 ZB0.6-630 型等几种，其额定压力为 40～80MPa。

a. 通用电动油泵：技术性能见表 1-2-19。

ZB4-500 型电动油泵技术性能　　表 1-2-19

柱　塞	直　径	mm	φ10
	行　程	mm	6.8
	个　数	个	2×3
额定油压		MPa	50
额定流量		L/min	2×2
出油嘴数		个	2
电动机	功　率	kW	3
	转　数	r/min	1420
用油种类		10 号或 20 号机械油	
油箱容量		L	42
外形尺寸		mm	745×494×1052
重　　量		kg	120

注：ZB4－500s 附加安装 1 个三位四通阀。

ZB4-500 型电动油泵，见图 1-2-13。

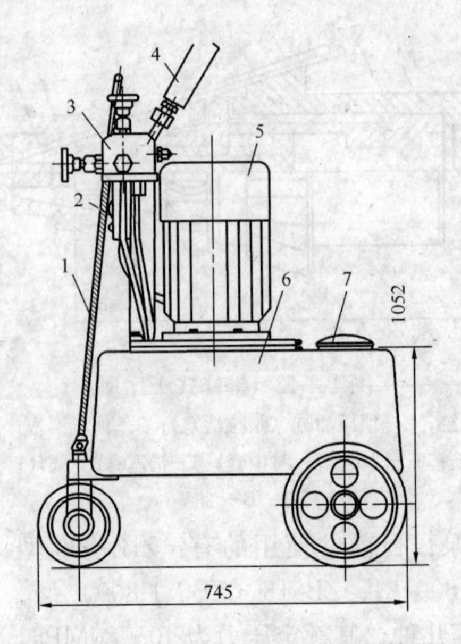

图 1-2-13　ZB4-500 型电动油泵外形

1—拉手；2—电气开关；3—组合控制阀；4—压力表；
5—电动机及泵体；6—油箱小车；7—加油口

控制阀由节流阀、截止阀、溢流阀、单向阀、压力表和进、出、回油嘴等组成，见图 1-2-14，其操作表见表 1-2-20。

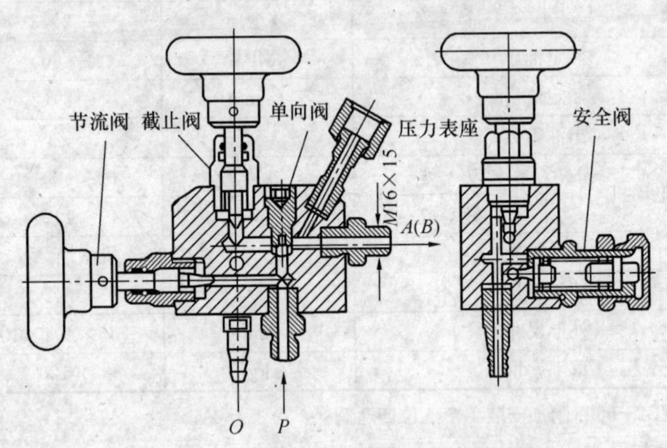

图 1-2-14　ZB4-500 型电动油泵控制阀

ZB4-500 型电动油泵控制阀操作表 **表 1-2-20**

工作情况 \ 操作 \ 阀门	节流阀		截止阀		应用举例
	左	右	左	右	
空载运转	开	开	开或关	开或关	初运转，排气，中间空运转
左（右）路进油 右（左）路回油	关 （开）	开 （关）	关 （开）	开 （关）	千斤顶张拉，液压回程
左、右路同时进油 （限压 40N/mm^2）	关	关	关	关	千斤顶顶压锚固，张拉缸持荷
卸荷回程	开	开	开	开	千斤顶卸荷、弹簧回程
左（右）路单路进油	关 （开）	开 （关）	关	关	LD10 型镦头器镦头及卸荷，其他单路液压机具加荷及卸荷
右（左）路单路回油	开	开	开	开	

注：1. 保持油路系统压力不降、油缸作用力稳定的持荷方法有三种：

（1）停车持荷。在截止阀关闭的情况下，由单向阀截止油路。

（2）开车持荷。此时应全开节流阀，油泵空载运转。

（3）补压持荷。即将节流阀适当右旋，保持一定的进油量和恒定的压力值。前两种适用于油缸密封装置及油泵单向阀、截止阀等密封性能良好的情况，后一种适用于油路系统密封性能不良，用（1）、（2）两法不能保持压力稳定的情况。

2. 系统降压的方法是：将截止阀适当左旋，降压至所要求的数值后再关闭。

b. 小型电动油泵：ZB1-630 型油泵主要用于小吨位液压千斤顶和液压墩头器，也可用于中等吨位千斤顶。其技术性能见表 1-2-21。

ZB1-630 型电动油泵技术性能 **表 1-2-21**

柱塞	直径	mm	$\phi 8$
	行程	mm	5.57
	个数	个	×3

续表

额定油压		MPa	63
额定流量		L/min	1
油 嘴 数		个	2
电动机	功 率	kW	1.1
	转 数	r/min	1400
用油种类		10 号或 20 号机械油	
油箱容量		L	18
外形尺寸		mm	501×306×575
空箱质量		kg	55

该油泵由泵体、组合控制阀、油箱及电器开关等组成，见图 1-2-15。

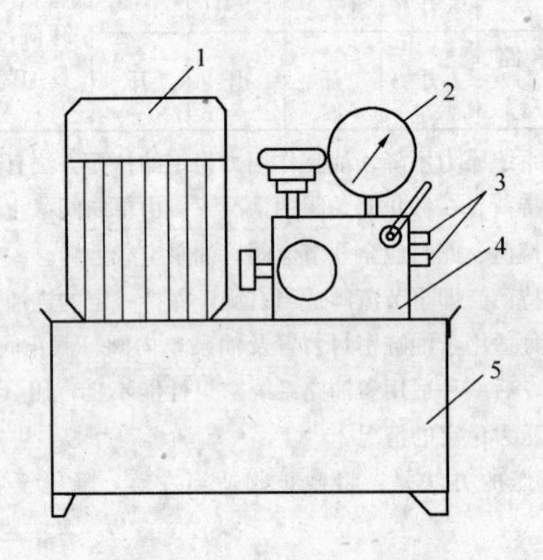

图 1-2-15 ZB1-630 型电动油泵

1—泵体；2—压力表；3—油嘴；4—组合控制箱；5—油箱

c. 超高压变量油泵

ZB10/320-4/800 型电动油泵：主要与张拉力 1000kN 以上或工作压力在 50MPa 以上的预应力液压千斤顶配套使用。其技术性能见表 1-2-22。

ZB10/320-4/800 型电动油泵的技术性能　　表 1-2-22

项　目	单　位	一　级	二　级
额定油压	MPa	32	80
公称流量	L/min	10	4
电动机功率	kW	7.5	
油泵转速	r/min	1450	
油箱容量	L	120	
空泵质量	kg	270	
外形尺寸	mm	1100×590×1120	

ZB618 型电动油泵：即 ZB6/1-800 型电动油泵，可用于各类型千斤顶的张拉。其技术性能见表 1-2-23。

ZB618 型电动油泵技术性能　　表 1-2-23

柱　塞	直　径	mm	10
	行　程	mm	9.5/1.67
	个　数	个	6
油泵转数		r/min	1420
理论排量		mL/r	6.3/1.1
额定油压		MPa	80
额定排量		L/min	6/1
电动机	型　号	Y90 L2-4	
	功　率	kW	1.5
	转　数	r/min	1420
出油嘴数		z	2
用油种类		10 号或 20 号机械油	
油箱容量		L	20
质　量		kg	70
外形（长×宽×高）		mm	50×350×700

⑥外接油管与油嘴

a. 钢丝编织胶管及接头组件：连接千斤顶和油泵的外接油管，推荐采用钢丝编织胶管，见图 1-2-16。根据千斤顶的实际工作压力，选择钢丝编织胶管与接头组件。但须注意，连接螺母的

螺纹应与液压千斤顶定型产品的油嘴螺纹（M16×1.5）一致。

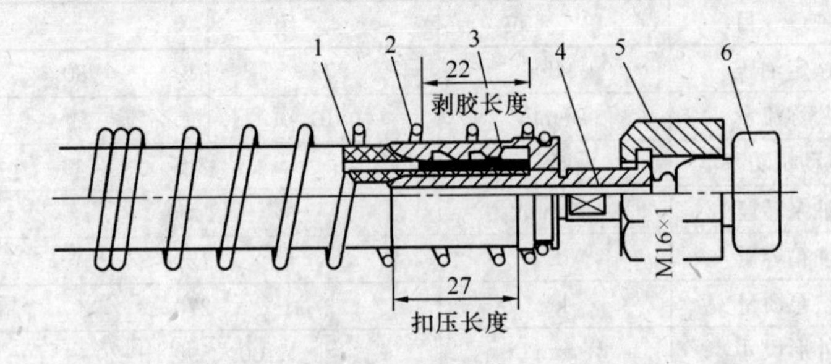

图 1-2-16　钢丝编织胶管组件

1—钢丝编织胶管；2—保护弹簧；3—接头外套；

4—接头芯子；5—接头螺母；6—防尘堵头

b. 油嘴及垫片：YC60 型千斤顶、LD10 型钢丝镦头器和 ZB4-500 型电动油泵三种定型产品采用的统一油嘴为 M16×1.5 平端油嘴，见图 1-2-17。垫片为 ϕ13.5×ϕ7×2（外径×内径×厚）紫铜垫片（加工后应经退火处理）。

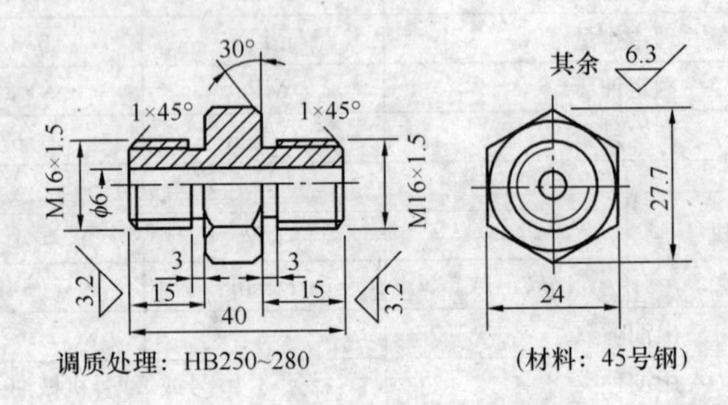

图 1-2-17　M16×1.5 平端油嘴

c. 自封式快装接头：为了解决接头装卸需用扳手，拆下的接头漏油造成油液损失和环境污染问题，可采用内径 6mm 的三层钢丝编织胶管和自封式快装接头。该接头能承受 50N/mm^2 的油压。

4）灌浆设备

①普通灌浆工艺的施工设备：灌浆设备包括：砂浆搅拌机、

灌浆泵、贮浆桶、过滤器、橡胶管和喷浆嘴等。

目前常用的电动灌浆泵有：柱塞式、挤压式和螺旋式。柱塞式又分为带隔膜和不带隔膜两种形状。螺旋泵压力稳定，带隔膜的柱塞泵的活塞不易磨损，比较耐用。灌浆泵的技术性能见表1-2-24。

电动灌浆泵技术性能 表 1-2-24

项 目	单位	UB3 型	C-263 型	C-251 型	UBJ1.8 型	UBJ3 型	UBL3 型
输送量	m^3/h	3	3	1	1.8	3	3
垂直输送距离	m	40	30	20	30	30	90
水平输送距离	m	150	150	100	100	120	400
最大工作压力	MPa	1.56	1.5	1.0	1.5	2.0	2.5
电动机功率	kW	4.0	2.2	1.3	2.2/2.8	2.4/4	3.0
输浆管内径	mm	51	50	38	38	50	50
外形尺寸	mm	1033×474×940	1240×445×760	1240×445×760	1270×896×990	1570×814×832	1413×240×408
整机质量	kg	250	180	180	300	400	200
形 式		隔膜式活塞泵	无隔膜式活塞泵		挤压泵		螺旋泵

②真空辅助灌浆工艺的施工设备：压浆设备包括：强制式灰浆搅拌机、压浆泵（挤压式不可用）、计量设备、贮浆桶、过滤器、高压橡胶管、连接头、控制阀。

真空辅助设备包括：真空泵、压力表、控制盘、压力瓶、加筋透明输浆管、气密阀、气密盖帽（保护罩）。

（3）预应力筋、锚具及张拉机械的配套选用，见表 1-2-25。

预应力筋、锚具及张拉机械的配套选用表 表 1-2-25

预应力筋品种	锚具形式			张拉机械
	固定端		张拉端	
	安装在结构之外	安装在结构之内		
钢绞线及钢绞线束	夹片锚具 挤压锚具	压花锚具 挤压锚具	夹片锚具	穿心式

续表

预应力筋品种	锚具形式			张拉机械
	固定端		张拉端	
	安装在结构之外	安装在结构之内		
高强钢丝束	夹片锚具	挤压锚具 墩头锚具	夹片锚具	穿心式
	墩头锚具		镦头锚具	拉杆式
	挤压锚具		锥塞锚具	锥锚式、拉杆式
精轧螺纹钢筋	螺母锚具		螺母锚具	拉杆式

2. 有粘结预应力的设计施工概念和构造

预应力混凝土结构设计工作可以为三个阶段，即概念设计、结构分析、截面设计和结构构造。

概念设计，即要选择结构类型和布置，初步确定主要结构构件的几何尺寸和预应力筋束形，确定应考虑的荷载和作用。在满足所有结构功能的同时，获得在某一特定情况下最经济的设计。

在结构分析阶段，实际的结构将简化为构件的组合体，并确定在这些构件中荷载的分布方式。通过计算求得整个结构的内力分布规律。

在截面设计和结构构造阶段，主要考虑结构构件对计算内力的反应，校核构件的几何尺寸，确定所需的预应力筋和普通钢筋数量，确定配筋细节和特殊构造细节。

有粘结预应力技术在建筑工程中一般用于板、次梁和主梁等各类楼盖结构，有粘结预应力钢绞线束若不含孔道摩擦损失，则其余预应力损失一般为10%～15%控制应力，孔道摩擦损失可根据束长及转角计算确定，对板式楼盖扁孔道一般在10%～20%控制应力，因此总损失预估为20%～30%；对框架梁圆孔道一般在15%～25%控制应力，因此总损失预估为25%～35%；有粘结筋极限状态下应力为预应力筋设计强度值。其中扁管有粘结筋布置可采用5根/束，双向均布；框架梁中预应力束宜采用较大集束布置，常见集束规格为5、7、9、12根/束。在设计中宜根据结构类型、预应力构件类别和工程经验，采取措施减少柱和墙等约束构件对梁、板预加应力效果的不利影响，具体措施如下：

（1）将抗侧力构件布置在结构位移中心不动点附近，采用相对细长的柔性柱子。

（2）大面积预应力混凝土梁板结构施工时，应考虑多跨梁板施加预应力和混凝土早期收缩受柱或墙约束的不利因素，宜设置后浇带或施工缝。后浇带的间距宜取50～70m，应根据结构受力特点、混凝土施工条件及施加预应力方式等确定。

（3）将梁和支承柱之间的节点设计成在张拉过程中可产生无约束滑动的滑动支座。

（4）梁板施加预应力的方向有相邻边墙或剪力墙时，应使梁板与纵向剪力墙之间暂时隔开，待预应力筋张拉后，再浇筑混凝土。

（5）同一层楼中，当预应力梁板周围有多跨钢筋混凝土梁板时，两者宜暂时隔开，待预应力筋张拉后，再浇筑混凝土。

（6）未能按（4）、（5）条的规定考虑柱、墙对梁和板侧向约束影响时，在柱、墙中可配置附加钢筋承担约束作用产生的附加弯矩，同时应考虑约束作用对梁板中有效预应力的影响。

3. 有粘结预应力施工工艺

（1）工艺流程

有粘结预应力施工工艺流程见图1-2-18。

（2）施工要点

1）预应力筋制作

钢绞线下料、编束与固定端锚具组装：

a. 下料：钢绞线的下料长度，应根据结构尺寸与构件之间间隔配合选用的各种锚夹具与连接器、张拉设备、张拉伸长值、弹性回缩值等各项参数进行计算确定。

b. 编束：钢绞线编束时，应先将钢绞线理顺，再用20号钢丝绑扎，间距2～3m，并尽量使各根钢绞线松紧一致。

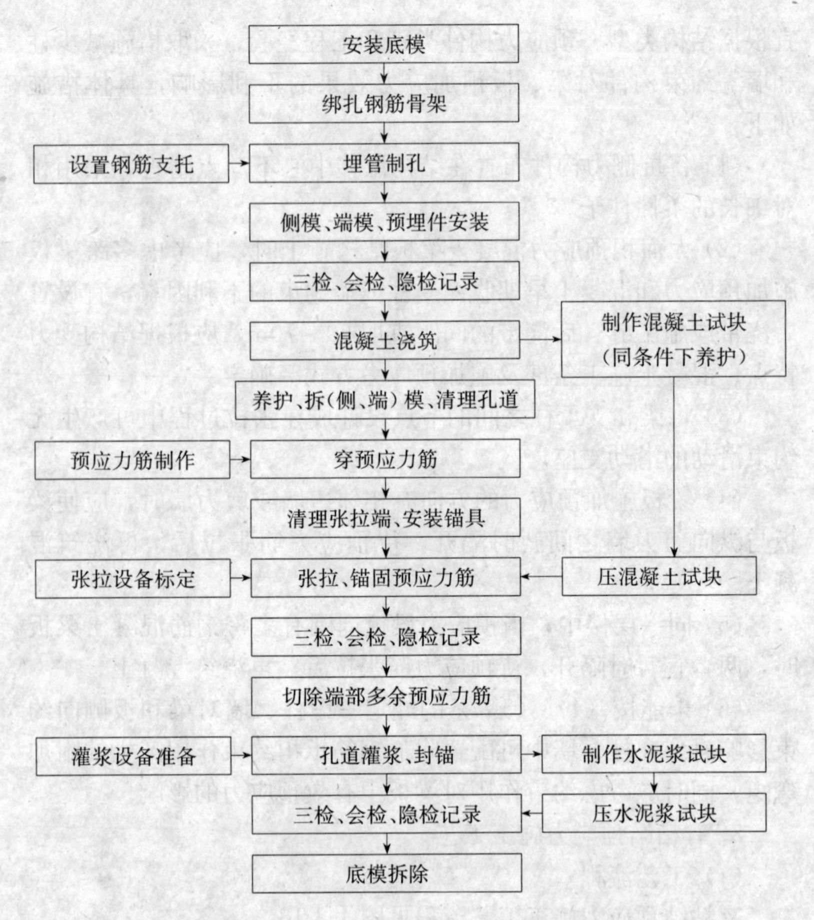

图 1-2-18　有粘结预应力施工工艺流程图

注：1. 三检：为自、互检和专职检查；会检为专职人员、甲方、监理会检；会检在首制及中间抽查进行。

2. 此流程为两端张拉工艺，一端张拉先穿束（与孔道设置同时进行）。

c. 固定端锚具组装：挤压锚具组装采用 YJ45 型挤压机。钢绞线挤压锚具挤压时，在挤压模内腔或挤压套外表面应涂润滑油，压力表读数应符合操作说明书的规定。钢绞线压花锚具成型时，应将表面的污物或油脂擦拭干净。梨形尺寸：对 $\phi^{S}15.2$ 钢

绞线不应小于 ϕ95×150；对 ϕ^S12.7 钢绞线不应小于 ϕ80×130；直线段长度，对 ϕ^S15.2 钢绞线不应小于 900mm。

2）预留孔道

①孔道成型方法：预应力筋的孔道形状有直线、曲线和折线三种。

目前预留孔道成型方法，一般均采用预埋管法。预埋波纹管法可采用薄钢管、镀锌钢管、金属和塑料螺旋管（波纹管）。

②孔道直径和间距

a. 预留孔道的直径应根据预应力筋的根数、曲线孔道形状和长度、穿筋难易程度等因素确定。孔道内径应比预应力筋或连接器外径大 10～15mm，孔道面积宜为预应力筋净面积的 3～3.5 倍，其选用规格见表 1-2-9～表 1-2-12。

b. 金属波纹管接长时应采用大一号同型波纹管作为接头管。接头管的长度宜取管径的 3～4 倍，一般接头管的长度：管径为 ϕ40～65 时取 200mm；ϕ70～85 时取 250mm；ϕ90～100 时取 300mm。管两端用密封胶带或塑料热缩管密封。塑料波纹管接长时，可采用塑料焊接机热熔焊接或采用专用连接管。

c. 预应筋孔道的间距与保护层应符合以下规定：

● 对预制构件，孔道的水平净间距不宜小于 50mm，孔道至构件边缘的净间距不应小于 30mm，且不应小于孔道直径的一半。

● 在框架梁中，预留孔道垂直方向净间距不应小于孔道外径，水平方向净间距不宜小于 1.5 倍孔道外径；从孔壁算起的混凝土最小保护层厚度，梁底为 50mm，梁侧为 40mm，板底为 30mm。

③灌浆孔、排气孔、泌水孔：在预应力筋孔道两端，应设置灌浆孔和排气孔。灌浆孔可设置在锚垫板上或利用灌浆管引至构件外。对连续结构中的多波曲线束，且高差较大时，应在孔道的每个峰顶处设置泌水孔；起伏较大的曲线孔道，应在弯曲的低点处设置排水孔；对于较长的直线孔道，应每隔 12～15m 左右设

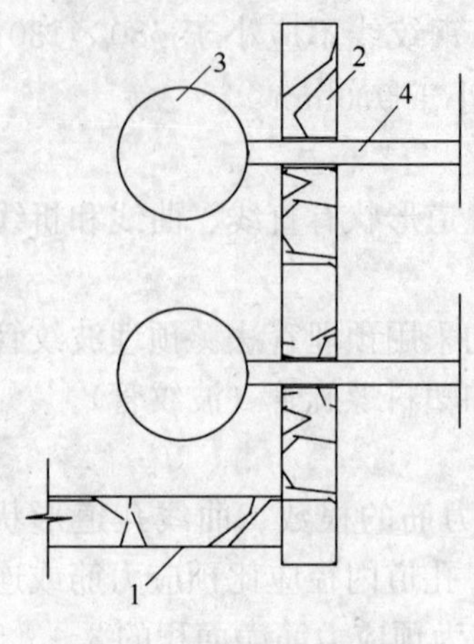

图 1-2-19 用木塞留灌浆孔

1—底模；2—侧模；3—抽芯管；4—ϕ20 木塞

置排气孔；孔径应能保证浆液畅通，一般不宜小于 20mm。泌水管伸出梁面的高度不宜小于 0.5m，泌水管也可兼作灌浆孔用。

灌浆孔的做法，对一般预制构件，可采用木塞留孔。木塞应抵紧钢管、胶管或波纹管，并应固定，严防混凝土振捣时脱开，见图 1-2-19。对现浇预应力结构金属波纹管留孔，其做法是在波纹管上开口，用带嘴的塑料弧形压板与海绵垫片覆盖并用铁丝扎牢，再接增强塑料管（外径 20mm，内径 16mm），见图 1-2-20。为保证留孔质量，金属螺旋管上可先不开孔，在外接塑料管内插 1 根钢筋；待孔道灌浆前，再用钢筋打穿螺旋管。

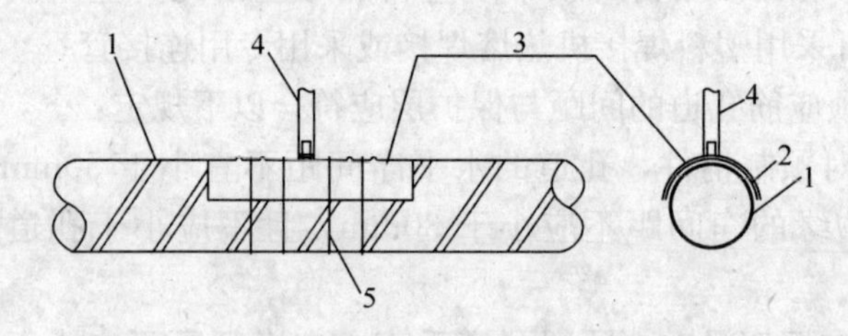

图 1-2-20 波纹管开孔示意图

1—波纹管；2—海绵垫；3—塑料弧形压板；4—塑料管；5—固定铁丝

④钢绞线束端锚头排列，可按下式计算（图 1-2-21）：

相邻锚具的中心距 $a \geqslant D+20\text{mm}$ (1-2-1)

锚垫板中心距构件边缘的距离 $b \geqslant D/2+C$ (1-2-2)

式中 D——螺旋筋直径（当螺旋筋直径小于锚垫板边长时，按锚垫板边长取值，mm）；

C——保护层厚度（最小 30mm）。

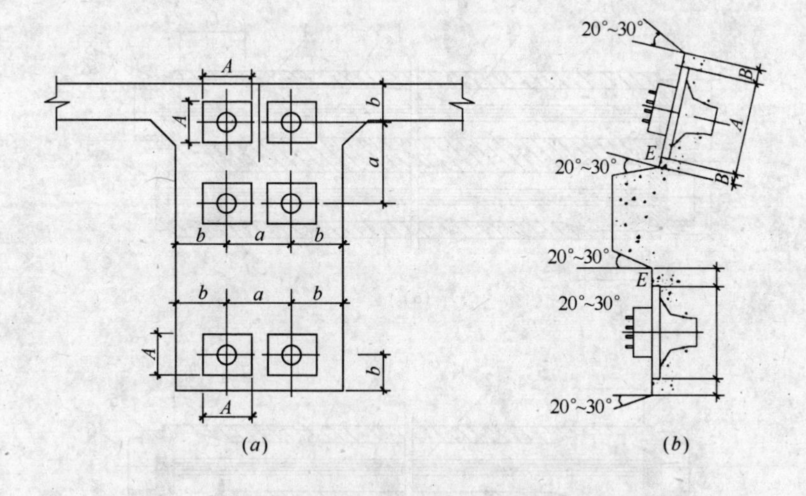

图 1-2-21 构件端部多孔夹片锚具排列

(*a*) 锚具排列；(*b*) 凹槽尺寸

B——凹槽底部加宽部分，参照千斤顶外径确定；

A—锚垫板边长；*E*——锚板厚度

⑤钢丝束端锚头排列：钢丝束镦头锚具的张拉端需要扩孔，扩孔直径＝锚杯外径＋6mm；孔道间距 S，主要根据螺母直径 D_1 和锚板直径 D_2 确定，可按下式计算：

一端张拉时：$S \geqslant \frac{1}{2}(D_1 + D_2) + 5\text{mm}$ (1-2-3)

两端张拉时：$S \geqslant D_1 + 5\text{mm}$ (1-2-4)

扩孔长度 l，主要根据钢丝束伸长直 Δl 和穿束后另一端镦头时能抽出 300～450mm 操作长度确定，可按下式计算：

一端张拉时：$l_1 \geqslant \Delta l + 0.5H + (300 \sim 450)\ \text{mm}$ (1-2-5)

两端张拉时：$l_2 \geqslant 0.5(\Delta l + H)$ (1-2-6)

式中 H——锚杯高度（mm）。

孔道布置见图 1-2-22。采用一端张拉时，张拉端交错布置，以便两束同时张拉，并可避免端部削弱过多，也可减少孔道间距。采用两端张拉时，主张拉端也应交错布置。

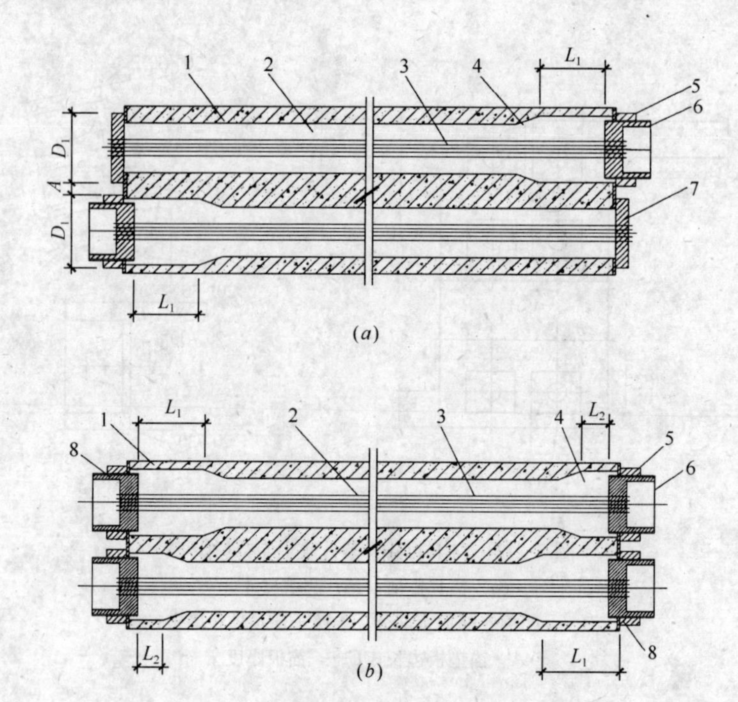

图 1-2-22　钢丝束镦头锚固系统端部扩大孔布置

(a) 一端张拉；(b) 两端张拉

1—构件；2—中间孔道；3—钢丝束；4—端部扩大孔；5—螺母；6—锚环；7—锚杯；8—主张拉端

⑥孔道管安装基本要求：一是在外荷载的作用下，有抵抗变形的能力；二是在浇筑混凝土过程中，水泥浆不能渗入管内。据此要求，需进行波纹管的合格性检验。

a. 波纹管安装过程中应尽量避免反复弯曲，以防管壁开裂，同时还应防止电焊火花烧伤管壁。波纹管安装后，管壁如有破损，应及时用粘胶带修补。

b. 金属波纹管或塑料波纹管安装前，应按设计要求在箍筋上标出预应力筋的曲线坐标位置，点焊 ϕ10～12 钢筋支托。金属波纹管支托间距：圆形宜取 1.0～1.2m，扁形宜取 0.8～1.0m。波纹管安装就位后，应与钢筋支托可靠固定，避免浇筑混凝土时

波纹管上浮，引起严重质量事故。

塑料波纹管的钢筋支托筋间距不大于0.8～1.0m。塑料波纹管接长，采用熔焊法或高密度聚乙烯塑料套管。塑料波纹管与锚垫板连接，采用高密度聚乙烯套管。塑料波纹管与排气管连接，在波纹管上热熔排气孔，然后用塑料弧形压板连接。塑料波纹管的最小弯曲半径为0.9～1.5m。

c. 竖向预应力结构采用钢管成孔时应采用定位支架固定，每段钢管的长度应根据施工分层浇筑高度确定。钢管接头处宜高于混凝土浇筑面500～800mm，并用堵头临时封口。竖向预应力孔道底部必须安装灌浆和止回浆用的单向阀，钢管接长宜采用丝扣连接。

d. 钢管混凝土浇筑时，宜采用通孔器通孔或采用其他孔道保护措施。

e. 金属波纹管的长度：可根据实际工程需要确定，一般每根取4～6m。

f. 金属波纹管搬运与堆放：金属波纹管在室外保管时间不宜过长，不得直接堆放在地面上，并应采取有效措施防止雨露和各种腐蚀性气体的影响。金属波纹管搬运时应轻拿轻放。

g. 金属波纹管合格性检验：金属波纹管外观应清洁，内外表面无油污，无引起锈蚀的附着物，无孔洞和不规则的折皱，咬口无开裂、无脱扣。

3）穿束：预应力筋可在浇筑混凝土前（先穿束法）或浇筑混凝土后（后穿束法）穿入孔道，应根据结构特点、施工条件和工期等要求确定。

①先穿束法，分为三种做法，即先装管后穿束；先装束后装管；束与管组装后置入。钢丝束应整束穿，钢绞线优先采用整束穿，也可采用单根穿。

②后穿束法可在混凝土养护期内进行，不占工期，便于用通孔器或高压水通孔，穿束后即行张拉，易于防锈，但穿束较为费力。

③穿束的方法可采用人力、卷扬机或穿束机单根穿或整束穿。对超长束、特重束、多波曲线束等宜采用卷扬机整束穿，束的前端应装有穿束网套或特制的牵引头。穿束机适用于穿大型桥梁与构筑物的单根钢绞线，穿束时钢绞线前头宜套一个弹头形壳帽。采用先穿束法穿多跨曲线束时，可在梁跨的中部处留设穿束助力段。

④竖向孔道的穿束，宜采用整束由下向上牵引工艺，也可单根由上向下控制放盘速度穿入孔道。

⑤一端锚固，一端张拉的预应力筋应从内埋式固定端穿入。应在浇筑混凝土前穿入。当固定端采用挤压锚具时，孔道末端至锚垫板的距离应满足成组挤压锚具的安装要求；当固定端采用压花锚具时，从孔道末端至梨形头的直线锚固段不应小于设计值。预应力筋从张拉端穿出的长度应满足张拉设备的操作要求。

⑥混凝土浇筑前穿入孔道的预应力筋，应采取防腐措施。

4）张拉

①张拉依据和要求

a. 设计单位应向施工单位提出预应力筋的张拉顺序、张拉力值及伸长值。

b. 张拉时的混凝土强度，设计无要求时，不应低于设计强度的75%，并应有试验报告单。现浇结构施加预应力时，对后张楼板或大梁的混凝土龄期分别不宜小于5d和10d。为防止混凝土出现早龄期裂纹而施加预应力，可不受限制。

立缝处混凝土或砂浆强度，如设计无要求时，不应低于块体混凝土强度等级的40%，且不得低于15MPa。

c. 对构件（或块体）的几何尺寸、混凝土浇筑质量、孔道位置及孔道是否畅通、灌浆孔和排气孔是否符合要求、构件端部预埋铁件位置、焊渣及混凝土残渣（尤其预应力筋表面灰浆）的清理等进行全面检查处理。

d. 高空张拉预应力筋时，应搭设可靠的操作平台。

e. 张拉前必须对各种机具、设备及仪表进行配套校核及

标定。

f. 对安装锚具与张拉设备的要求：

● 钢绞线束夹片锚固体系：安装锚具时应注意工作锚环或锚板对中，夹片均匀打紧并外露一致；千斤顶上的工具锚孔位与构件端部工作锚的孔位排列要一致，以防钢绞线在千斤顶穿心孔内打叉。

● 安装张拉设备时，对直线预应力筋，应使张拉力的作用线与孔道中心重合；对曲线预应力筋，应使张拉力的作用线与孔道中心线末端的切线重合。

g. 工具锚的夹片，应注意保持清洁和良好的润滑状态。

h. 后张预应力束的张拉顺序应按设计要求进行，如设计无要求时，应遵守对称张拉的原则，还应考虑到尽量减少张拉设备的移动次数。

i. 预应力筋张拉控制应力应符合设计要求，施工时为减少预应力束松弛损失，可采用超张拉法，但张拉应力不得大于预应力束抗拉强度的80%。

j. 多根钢绞线同时张拉时，构件截面中断丝和滑脱钢丝的数量不得大于钢绞线总数的3%，但同一束钢丝只允许1根。

k. 实测伸长值与计算伸长值相差若超出±6%，应暂停张拉，在采取措施予以调整后，方可继续张拉。

l. 张拉后按设计要求拆除模板及支撑。

②张拉方式：根据预应力混凝土结构特点、预应力筋形状与长度以及施工方法的不同，预应力筋张拉方式有以下几种：

a. 一端张拉：预应力筋一端的张拉适用于长度不大于30m的直线预应力筋与锚固损失影响长度 $L_f \geq L/2$（L——预应力筋长度）的曲线预应力筋；如设计人员根据计算资料或实际条件认为可以放宽以上限制的话，也可采用一端张拉，但张拉端宜分别设置在构件的两端。

b. 两端张拉：预应力筋两端张拉适用于长度大于40m的直线预应力筋与锚固损失影响长度 $L_f < L/2$ 的曲线预应力筋。当

张拉设备不足或由于张拉/顺序安排关系等特殊因素，也可先在一端张拉完成后，再移至另一端张拉，补足张拉力后锚固。

c. 分批张拉：对配有多束预应力筋的构件或结构采用分批进行张拉的方式。由于后批预应力筋张拉所产生的混凝土弹性压缩对先批张拉的预应力筋造成预应力损失，所以先批张拉的预应力筋张拉力应加上该弹性压缩损失值或将弹性压缩损失平均值统一增加到每根预应力筋的张拉力内。

d. 分段张拉：在多跨连续梁板分段施工时，通长的预应力筋需要逐段进行张拉的方式。对大跨度多跨连续梁，在第一段混凝土浇筑与预应力筋张拉锚固后，第二段预应力筋利用锚头连接器接长，以形成通长的预应力筋。

e. 分阶段张拉：在后张传力梁结构中，为了平衡各阶段的荷载，采取分阶段逐步施加预应力的方式。所加荷载不仅是外载（如楼层重量），也包括由内部体积变化（如弹性缩短、收缩与徐变）产生的荷载。梁的跨中处下部与上部纤维应力应控制在容许范围内。这种张拉方式具有应力、挠度与反拱容易控制、材料省等优点。

f. 补偿张拉：在早期预应力损失基本完成后，再进行张拉的方式。采用这种补偿张拉，可克服弹性压缩损失，减小钢材应力松弛损失、混凝土收缩徐变损失等，以达到预期的预应力效果。此法在水利工程与岩土锚杆中应用较多。

③张拉顺序：预应力的张拉顺序，应使混凝土不产生超应力、构件不扭转与侧弯、结构不变位等，因此，对称张拉是一项重要原则。同时，还应考虑尽量减少张拉设备的移动次数。

a. 当构件截面平行配置 2 束预应力筋，不同时张拉时，其张拉力相差不应大于设计值的 50%，即先将第 1 束张拉 0～50% 力，再将第 2 束张拉 0～100% 力，最后将第 1 束张拉 50%～100% 力。

b. 图 1-2-23 所示为预应力混凝土屋架下弦杆钢绞线的张拉顺序。钢绞线的长度不大于 30m，采用一端张拉方式。图 1-2-23

(*a*) 中预应力筋为2束，用2台千斤顶分别设置在构件两端，对称张拉，一次完成。图1-2-23 (*b*) 中预应力筋为4束，需要分两批张拉，用2台千斤顶分别张拉对角线上的2束，然后张拉另2束。由于分批张拉引起的预应力损失，统一增加到张拉力内。

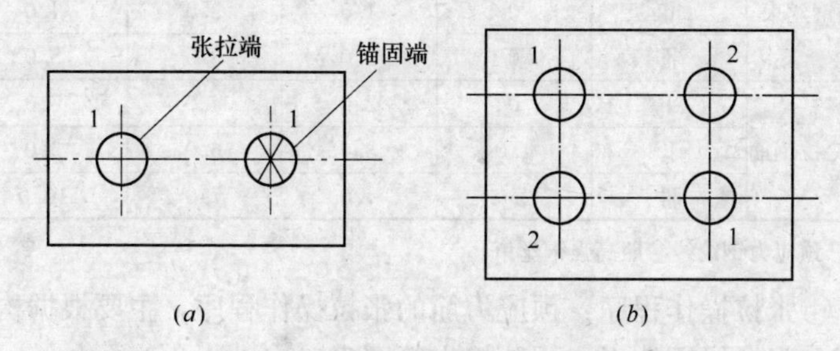

图1-2-23 屋架弦杆预应力筋张拉顺序
(*a*) —2束；(*b*) —4束
图中1、2为预应力筋分批张拉顺序

c. 图1-2-24所示为双跨预应力混凝土框架梁钢绞线束的张拉顺序。钢绞线束为双跨曲线筋，长度达40m，采用两端张拉方式。图1-2-24中4束钢绞线分两批张拉，2台千斤顶分别设置在梁的两端，按左右对称各张拉1束，待两批4束均进行一端张拉后，再分批在另端补张拉。这种张拉顺序，还可以减少先批张拉预应力筋的弹性压缩损失。

d. 预制构件平卧重叠构件张拉：后张法预应力混凝土屋架等构件一般在施工现场平卧重叠制作，重叠层数为3～4层。其张拉顺序宜先上后下逐层进行。为了减少上下层之间因摩擦引起的预应力损失，可逐层加大张拉力。不同的预应力筋与不同隔离层的平卧重叠构件逐层增加的张拉力百分数，列于表1-2-26。

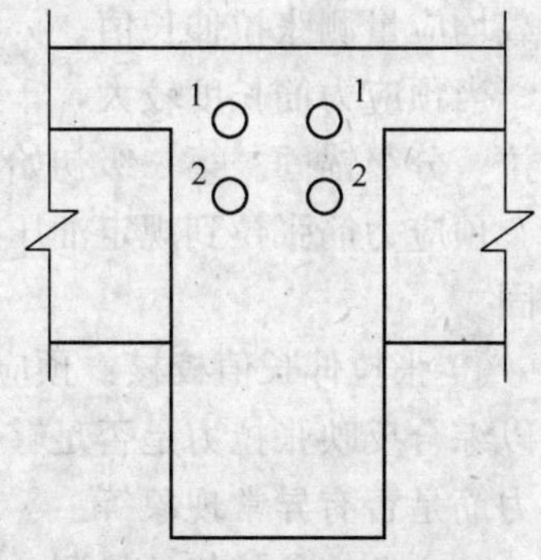

图1-2-24 框架梁预应力筋的张拉顺序

平卧重叠浇筑构件逐层增加的张拉力百分数　　表 1-2-26

预应力筋类别	隔离剂类别	逐层增加的张拉力百分数（%）			
		顶层	第二层	第三层	底层
高强钢丝束	Ⅰ	0	1.0	2.0	3.0
	Ⅱ	0	1.5	3.0	4.0
	Ⅲ	0	2.0	3.5	5.0
Ⅱ级冷拉钢筋	Ⅰ	0	2.0	4.0	6.0
	Ⅱ	1.0	3.0	6.0	9.0
	Ⅲ	2.0	4.0	7.0	10.0

注：预应力钢绞线参照高强钢丝束。

④张拉操作程序：预应力筋的张拉操作程序，主要根据构件类型、张拉锚固体系、松弛损失等因素确定。

a. 采用低松弛钢绞线时，张拉操作程序为：

$$0 \rightarrow P_j \text{ 锚固}$$

b. 采用普通松弛预应力筋时，按下列超张拉程序进行操作：

对镦头锚具等可卸载锚具 $0 \rightarrow 1.05P_j$ 锚固 $\xrightarrow{\text{持荷 2min}} P_j$ 锚固

对夹片锚具等不可卸载锚具 $0 \rightarrow 1.03P_j$ 锚固

以上各种张拉程序，均可分级加载，对曲线预应力束，一般以 $0.2 \sim 0.25P_j$ 为量伸长起点，分 3 级加载 $0.2P_j$（$0.6P_j$ 及 $1.0P_j$）或 4 级加载（$0.25P_j$、$0.5P_j$，$0.75P_j$ 及 $1.0P_j$），每级加载均应量测张拉伸长值。

当预应力筋长度较大，千斤顶张拉行程不够时，应采取分级张拉、分级锚固。第二级初始油压为第一级最终油压。

预应力筋张拉到规定油压后，持荷复验伸长值，合格后进行锚固。

⑤ 张拉伸长值校核：预应力筋张拉时，通过伸长值的校核，可以综合反映张拉力是否足够，孔道摩阻损失是否增大，以及预应力筋是否有异常现象等。

预应力筋伸长值的量测，应在建立初应力之后进行。其实际伸长值 ΔL 应等于：

$$\Delta L=\Delta L_1+\Delta L_2-A-B-C \tag{1-2-7}$$

式中 ΔL_1——从初应力至最大张拉力之间的实测伸长值（mm）；

ΔL_2——初应力以下的推算伸长值（mm）；

A——张拉过程中锚具楔紧引起的预应力筋内缩值，包括工具锚具、远端工作锚、远端补张拉工具锚等回缩值（mm）；

B——千斤顶体内预应力筋的张拉伸长值（mm）；

C——施加预应力时，后张法混凝土构件的弹性压缩值（其值微小时可略去不计，mm）。

关于推算伸长值，初应力以下的推算伸长值 ΔL_2，可根据弹性范围内张拉力与伸长值成正比的关系，用计算法或图解法确定。

采用图解法时，图 1-2-25 以伸长值为横坐标，张拉力为纵坐标，将各级张拉力的实测伸长值标在图上，绘成张拉力与伸长值关系线 CAB，然后延长此线与横坐标交于 O′点，则 OO′段即

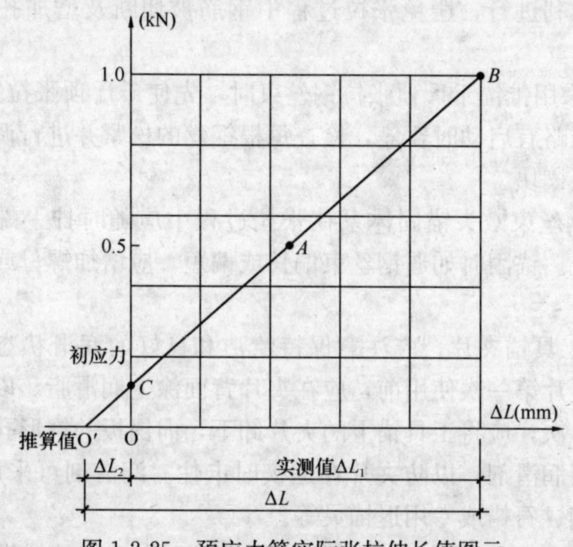

图 1-2-25 预应力筋实际张拉伸长值图示

为推算伸长值。

此外，在锚固时应检查张拉端预应力筋的内缩值，以免由于锚固引起的预应力损失超过设计值。如实测的预应力筋内缩量大于规定值，则应改善操作工艺，更换限位板或采取超张拉办法弥补。

⑥张拉安全注意事项

a. 在预应力作业中，必须特别注意安全。因为预应力持有很大的能量，万一预应力筋被拉断或锚具与张拉千斤顶失效，巨大的能量急剧释放，可能造成很大的危害。因此，在任何情况下作业人员不得站在预应力筋的两端，同时在张拉千斤顶的后面应设立防护装置。

b. 操作千斤顶和测量伸长值时，操作人员应站在千斤顶侧面，严禁用手扶摸缸体，并应严格遵守操作规程。油泵开动过程中，不得擅自离开岗位。如需离开，必须把油阀门全部松开或切断电路。

c. 张拉时应认真做到孔道、锚环与千斤顶三对中，以便张拉工作顺利进行，避免张拉过程中钢筋被切断及增加孔道摩擦损失。

d. 采用锥锚千斤顶张拉钢丝束时，先使千斤顶张拉缸进油，至压力表略有启动时暂停，检查每根钢丝的松紧并进行调整，然后再打紧楔块。

e. 钢丝束镦头锚固体系在张拉过程中应随时拧上螺母，以保证安全。锚固时如遇钢丝束偏长或偏短，应增加螺母或用连接器解决。

f. 工具锚夹片，应注意保持清洁和良好的润滑状态。新的工具锚夹片第一次使用前，应在夹片背面涂上润滑脂。以后每使用 5～10 次，应将工具锚上的夹片卸下，向锚板的锥形孔中重新涂上一层润滑剂，以防夹片在退楔时卡住。润滑剂可采用石墨、二硫化钼、石蜡或专用退锚灵等。

g. 多根钢绞线束夹片锚固体系如遇到个别钢绞线滑移，可

更换夹片，用小型千斤顶单根张拉。

5）孔道灌浆及封锚：预应力筋张拉后，孔道应立即灌浆，可以避免预应力筋锈蚀和减少应力松弛损失约20%～30%。利用水泥浆的强度将预应力筋和混凝土粘结成整体共同工作，以控制超载时裂缝的间距与宽度，并减轻梁端锚具的负荷状况。

①准备工作

a. 灌浆前应全面检查预应力筋孔道、灌浆孔、排气孔、泌水管等是否畅通。对抽芯成型的混凝土孔道宜用压力水冲洗后灌浆；对预埋管成型的孔道不得用水冲洗孔道，必要时可采用压缩空气清孔。

b. 灌浆设备的配备必须确保连续工作条件，根据灌浆高度、长度、形态等条件选用合适的灌浆泵。灌浆泵应配备计量校验合格的压力表。灌浆前应检查配套设备、输浆管和阀门的可靠性。在锚垫板上灌浆孔处宜安装单向阀门。注入泵体的水泥浆应经筛滤，滤网孔径不宜大于2mm。与输浆管连接的出浆孔孔径不宜小于10mm。

c. 灌浆前对锚具夹片空隙和其他可能漏浆处需采用高强度等级水泥浆或结构胶等方法封堵，待封堵材料达到一定强度后方可灌浆。

②浆体制作

a. 材料强度等级：孔道灌浆应采用不低于32.5级普通硅酸盐水泥配制的水泥浆，其质量应符合现行国家标准《通用硅酸盐水泥》（GB 175）的规定。

泌水率要求：灌浆用水泥浆的水灰比不应大于0.45；搅拌后3h泌水率不宜大于2%，且不应大于3%，泌水应能在24h内全部重新被水泥浆吸收。

泌水率试验，可采用500mL玻璃量筒（带刻度）。

减水剂要求：为了改善水泥性能，可掺缓凝减水剂，其外加剂的质量及应用技术应符合现行国家标准《混凝土外加剂》（GB 8076）和《混凝土外加剂应用技术规范》（GB 50119）的规定。其掺量应经试验确定，水灰比可减至 0.35～0.38。严禁掺入各种含氯化物或对预应力筋有腐蚀作用的外加剂。

孔道灌浆用水泥和外加剂进场时应附有质量证明书，并作进场复验。

注：对孔道灌浆用水泥和外加剂用量较少的一般工程，当有可靠依据时，可不作材料性能的进场复验。

b. 浆体流动性及测试方法：水泥浆将应有足够的流动度。水泥浆流动度可用流锥法或流淌法测定。采用流锥法测定时，流动度为 12～18s；采用流淌法测定时为 130～180mm，即可满足灌浆要求。

- 用流锥法测定流动度试验。图 1-2-26 示出流锥仪的尺寸，用铁皮或塑料制成。水泥浆总容积为 1825±50cm³，漏斗口内径为 10mm。容量杯为内径 108mm、净高 108mm，容积为 1000cm³。

测量方法：先用湿布湿润流锥仪内壁，向流锥仪内注入水泥

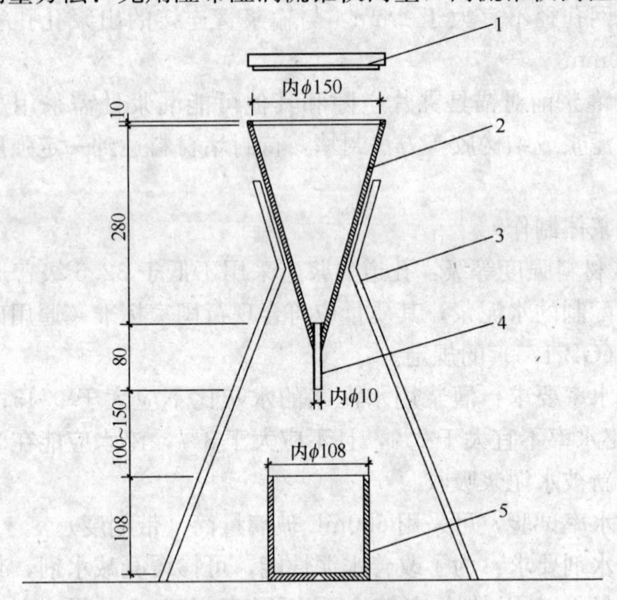

图 1-2-26　流锥仪

1—滤网；2—漏斗；3—支架；4—漏斗口；5—容量杯

浆，任其流出部分浆体以排出空气后，将容量筒放置在流锥仪出料口下方，用手指按住出料口，继续向锥体内注浆至规定刻度，打开秒表的同时松开手指。当水泥浆注满量筒时停止秒表。秒表指示的时间即水泥浆流出时间（流动值）。用流锥法连续作 3 次流动度试验，取平均值。

● 用流淌法测定流动度试验。图 1-2-27 示出流淌器的尺寸。测试时，先将流淌器放在玻璃板上，再将拌好的水泥浆注入流淌器内，抹平后双手迅速将其垂直地提起，在水泥浆自然流淌 30s 后，量垂直两个方向流淌后的直径长度。用流淌法连续作 3 次流动度试验，取平均值。

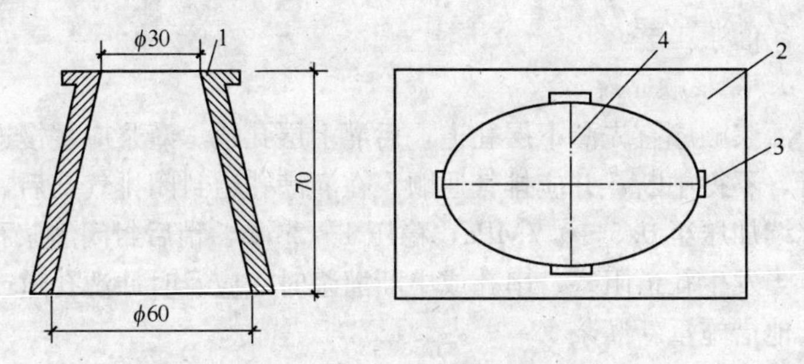

图 1-2-27 流淌器

1—测定器；2—玻璃；3—手柄；4—测量直径

● 灌浆用水泥浆的抗压强度不应小于 30MPa。水泥浆试块用边长 70.7mm 立方体制作。

● 灌浆用水泥浆应采用机械搅拌，以确保拌合均匀。搅拌好的水泥浆必须过滤置于贮浆桶内，并不断搅拌，以防泌水沉淀。水泥浆停留时间过长发生沉淀离析时，应进行二次搅拌。

③灌浆设备选用及注意事项：灌浆泵应根据灌浆高度、长度、形态等选用，并配备计量校验合格的压力表。灌浆泵使用注意事项：

a. 使用前应检查球阀是否损坏或存有干灰浆等；

b. 启动时应进行清水试车，检查各管道接头和泵体盘根是

否漏水；

c. 使用时应先开动灌浆泵，然后再放灰浆；

d. 使用时应随时搅拌灰斗内灰浆，防止沉淀；

e. 用完后，泵和管道必须清理干净，不得留有余灰。灌浆嘴（图 1-2-28）必须接上阀门，以保安全和节省灰浆。橡胶管宜用 5～7 层帆布夹层的厚胶管。

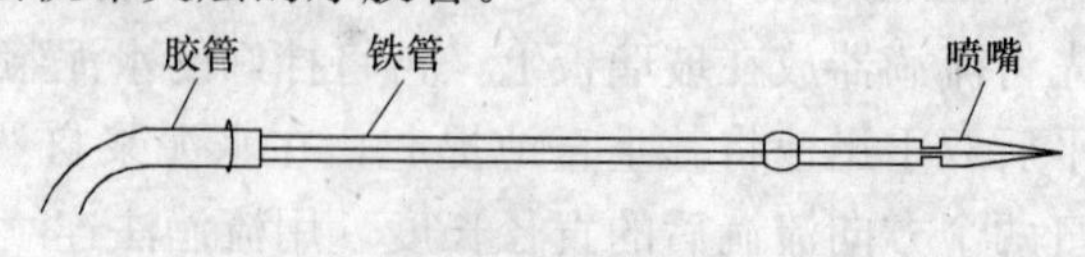

图 1-2-28 灌浆嘴

④灌浆工艺

a. 灌浆顺序

灌浆顺序宜先灌下层孔道，后灌上层孔道。灌浆应缓慢连续进行，不得中断，并应排气通顺。在灌满孔道封闭排气孔后，应再继续加压至 0.5～0.7MPa，稳压 1～2min，稍后封闭灌浆孔。

当发生孔道阻塞、串孔或中断灌浆时，应及时冲洗孔道或采取其他措施重新灌浆。

b. 灌浆方法

● 单跨孔道灌浆：对单跨结构的孔道应一次连续灌完。发现“串孔”，即一个孔道灌浆，另外孔道也溢出灰浆时，应及时将串浆孔道优先灌浆。特殊情况下，无法对全部孔道一次连续灌完时，应将未灌浆的孔道逐根用清水冲洗至溢出清水为止，留待下次灌浆。

在使用连接器的多跨连续结构，应在一跨预应力筋张拉完，即对该跨全部孔道灌注灰浆。不得在各跨都张拉完之后再一次灌浆。

● 冬季灌浆：当室外温度低于＋5℃时，孔道灌浆应采取抗冻保温措施，防止浆体冻胀使混凝土沿孔道产生裂缝。抗冻保温措施：采用早强型普通硅酸盐水泥，掺入一定量的防冻剂；水泥用温水拌合；灌浆后将构件保温，宜采用木模，待水泥浆强度上升后，再拆除模板。

● 二次灌浆：是在水泥浆泌水后进行的，以减少因泌水而造成孔道上方的空隙。例如，第一次灌浆的泌水率高达5%，待其泌水后，孔道上方存留泌水造成的空隙（积水）后，再第二次灌入泌水率达3%的水泥浆，挤出积水，灌入二次浆，结果泌水率为5%×3%=0.15%，即ϕ70mm孔道上方空隙是70×0.15%=0.103mm，达到孔道灌浆丰满的目的。二次灌浆的操作方法是第一次灌入泌水率较大的灰浆（使孔道上方因泌水而形成足够压灌二次浆的空隙），同时在一玻璃容器内注入一次浆，观察一次浆泌水后及时再压灌二次泌水率较小的灰浆，溢浆口首先排出清水，待溢出浓浆后即完成灌浆工作。二次灌浆的时机很重要，主要看二次压浆溢浆口是否能溢出清水。过早，就不能排出清水，过晚，灰浆硬化二次压浆进不去，因此要专人掌握，一次成功。一次与二次灌浆时间间隔在夏季约0.5h，春秋季约1h，冬季约1.5～2.0h，时间长短以观察一次浆泌水而定。二次灌浆时机要求较严格，适用于孔径ϕ70mm以上的孔道灌浆，50mm小孔径的孔道二次浆压不进去，说明不需采用二次灌浆工艺。

● 重量补浆：在孔道最高点300mm以上连续不断地补浆，直至浆体不下沉为止。

c. 试块制作与养护：灰浆试件标准尺寸为7.07cm^3。水泥浆取样应取用流动度目测较大者。同条件同班制作试件3组（9块）。一组标准养护，一组同条件养护以鉴定强度，一组备用。强度计算与统计方法与混凝土试件相同，但允许现场养护的试件加盖麻袋，随时充分洒水湿润，因为这样做可取得与孔道内的灰浆相近的养护条件。

d. 施工故障处理

● 孔道堵塞：主要成因是孔道内存有杂物或水泥浆结块。此时可将灌浆压力提高至0.8MPa。如仍不见效，可改用邻近的原泌水口作为进浆口，反向压灌，如果原进浆口溢出浓浆，说明该段已经灌通。如果仍不见效，应立即用清水清洗孔道，在混凝土上打孔分段重灌。打孔应防止伤害预应力筋。

● 泄漏，压力上不去：近孔道的混凝土有局部不密实，会造成泄漏，应立即停止灌浆，查出泄漏处，用毡片衬垫，再用木板顶紧，继续压浆堵漏。单用木板不垫毡片是不能堵漏的。

● 串孔：孔道间混凝土不密实可能造成一根孔道灌浆多根孔道溢浆，应优先压灌或交叉压灌串孔的孔道，争取时间，灰浆终凝后就会压不通了。

● 目测灰浆流动度：流动度跌落太大，应及时在允许范围内调整。

e. 灌浆后的工作：施工记录、质量检查、水泥浆强度试验。

⑤真空辅助压浆工艺

a. 原理：在压浆之前首先采用真空泵吸出预应力孔道中的空气，使孔道内的真空度达到－0.08～0.1MPa，并保持稳定。然后在孔道的另一端再用压浆机以大于0.7MPa的正压力将水泥浆压入预应力孔道。由于孔道内只有极少的空气，很难形成气泡；同时，由于孔道与压浆机之间的正负压力差，大大提高了孔道压浆的饱满度和密实度。在水泥浆中，减少了水灰比，添加了专用的添加剂，提高了水泥浆的流动性，减少了水泥浆的收缩。

b. 密封孔道：真空辅助压浆工艺的孔道成型采用预埋高密度聚乙烯塑料波纹管PT-PLUS，同传统的金属波纹管不同，这种塑料波纹管不仅密封性好，防腐性好，为预应力筋防腐又增加了一道坚实屏障。而且与钢管和金属波纹管相比，PT-PLUS塑料波纹管摩擦阻力小。

c. 水泥浆设计：真空吸浆法采用的水泥浆要符合以下要求：

水泥应采用普通硅酸盐水泥，强度等级不低于42.5；

掺加适量的外加剂；

水灰比采用0.30～0.35；

水泥浆拌合后3h泌水率控制在2%；

在水泥浆总容积为1.725±50cm^{3}的漏斗中，水泥浆的流动度值为10～15s（秒），且不大于18s。

d. 施工设备安装：真空吸浆装置安装见图 1-2-29。除了传统的压浆施工设备外，真空辅助压浆需要以下设备：

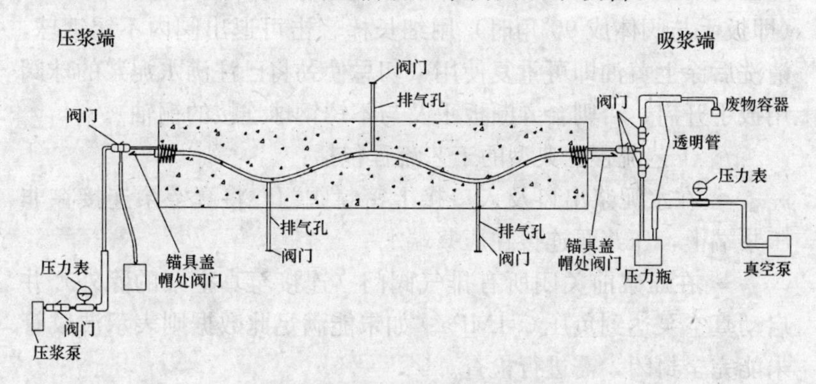

图 1-2-29 真空吸浆装置示意图

真空泵、压力表和控制盘；

压力瓶，可作为防护屏障防止稀浆混合料进入真空泵而损坏真空泵；

干净的加筋泌水管，能够承受较大的负荷；

气密阀及气密锚帽。

e. 真空灌浆泵使用注意事项及清理保养工作：

- 灌浆管应选用牢固结实的高强橡胶管，有压力时不易破裂。
- 灰浆进入灌浆泵之前应通过 1.2mm 的筛子。
- 真空泵放置应低于整条管道，启动时先将连接的真空泵的水阀打开，然后开泵；关泵时先关水阀，后停泵。
- 灌浆工作宜在灰浆流动性没有下降的 30min 内连续进行。
- 压浆工作完成后，卸下外接管路及附件。
- 清洗连接至负压容器上的透明喉管，以便下次压浆时容易分辨水泥浆是否从抽吸真空端流出。
- 在完成当日全部压浆后，必须将所有压浆喉管、压浆泵、负压容器、透明喉管、三向球阀等进行清理保养，以便下次压浆之用。

● 安装在压浆端和出浆端的球阀可在压浆后的 24h 内拆除并进行清理。清洗时将球阀用扳手拆开，在阀门保持关闭状态时（即扳手与阀体成 90°角时）用细长棒轻击可退出阀内不锈钢球，清洗后涂上黄油即可重复使用（切忌使劲将已注满水泥浆的球阀用扳手开启，否则会弄断扳手及与不锈钢球连接的铜轴）。

f. 工艺流程。典型的工艺流程包括：

● 在水泥浆出口及入口接上密封阀门。将真空泵连接在非压浆端上，压浆泵连接在压浆端上。

● 在压浆前关闭所有排气阀门（连接至真空泵的除外）并启动真空泵达到负压 0.1MPa。如未能满足此数据则表示波纹管未能完全封闭，需进行检查。

● 在保持真空泵运作的同时，开始进行压浆，直到水泥浆到达压力瓶上的三相阀门。

● 操作阀门将真空泵和水泥浆隔离，将水泥浆导向废物容器。继续压浆直至所溢出的水泥均匀。

● 关闭真空泵，关闭设在压浆泵出浆处的阀门。

● 将设在压浆盖帽上的阀门打开，打开压浆泵出浆处的阀门直至所有的水泥浆形状均匀。关上压浆盖帽上的阀门，保持压力 0.4MPa 继续压浆 30s。

● 关闭设在压浆泵出浆处的阀门，关闭压浆泵。

g. 真空辅助压浆技术的优点：

● 在真空辅助下，孔道中原有的空气和水被消除，同时，混杂在水泥浆中的气泡和多余的自由水亦被消除，增强了浆体的密实度。

● 浆体中的微沫浆及稀浆在真空负压下率先流入压力瓶，待稠浆流出后，孔道中浆体的稠度即能保持一致，使浆体密实度和强度得到保证。

● 真空辅助压浆的过程是一个连续迅速的过程，缩短了灌浆的时间。

● 孔道在真空状态下，减小了由孔道高低弯曲使浆体自身形成的压头差，便于浆体充盈整个孔道，尤其是一些异形关键部位。对于弯形、U形、竖向预应力筋更能体现真空灌浆的优越性。

● 因为在灌浆前要进行孔道压力测试（真空或正压力），这为孔道密封提供了保证。

● 作为一种全面的技术，真空辅助压浆要求施工现场具有高水平的质量管理，包括高水平的管理人员和操作队伍。这样，由于这种方法本身的性质决定了它具有高水平的质量控制。

6）端部处理

①构件张拉完毕后，应检查端部和其他部位是否有裂缝，并填写张拉记录表。

②后张预应力筋锚固后的外露部分宜采用机械方法切割。预应力筋的外露长度不宜小于直径的1.5倍，且不宜小于30mm。

③在桥梁结构中，锚头外要加套，用水泥浆将锚头封死，并认真地灌封混凝土，在封端混凝土以外再加防水膜防水，以防止侵蚀介质从锚头部分侵入预应力筋。

④锚具封闭保护应符合设计要求，当设计无具体要求时，预应力筋张拉端可采取凸出式和凹入式做法。采取凸出式做法时，锚具位于梁端面或柱表面，张拉后用细石混凝土封包形成凸头；采取凹入式做法，锚具位于梁（柱）凹槽内，张拉后用细石混凝土填充。

⑤锚具封闭前应先将周围混凝土冲洗干净、凿毛，并对凸出式锚头配置钢筋网片。

⑥锚具封闭保护宜采用与构件同强度等级的细石混凝土，也可采用微膨胀混凝土、低收缩砂浆等材料。

⑦凸出式锚固端的保护层厚度不应小于50mm，外露预应力筋的混凝土保护层处于一类环境时，不应小于20mm；处于二、三类易受腐蚀环境时，不应小于50mm。

⑧封锚混凝土应密实、无裂纹。

4. 施工质量验收

（1）预留孔道成型操作标准及施工允许偏差。

1）预留孔道成型操作标准（表 1-2-27）

预留孔道成型操作标准　　表 1-2-27

顺次	检查项目	标准
1	锚具下的承压板与端模板紧固	牢固、贴严
2	定位井子架	固定牢固
3	预埋管外观	平顺无小弯、接头裹严扎紧不漏浆
4	预设灌浆孔	接缝裹严扎紧，进浆塑料管无堵塞
5	埋入固定端	端部预埋管管口堵严
6	锚下钢筋网片或螺旋筋	数量和位置符合图纸要求
7	端部预留孔道口	无扁孔、歪孔、坍孔
8	沿孔道混凝土外观检查	无坍孔、拉裂
9	施工记录	记录完整无涂改、漏项，签署齐全

2）预留孔道成型施工允许偏差（表 1-2-28）

预留孔道成型施工允许偏差　　表 1-2-28

顺次	检查项目	标准
1	预埋管位置偏离设计位置	≤5mm（以底、侧模为基准）
2	锚具下设钢筋网片间距	±10mm
3	锚具下螺旋筋圈数	不小于规定圈数
4	承压板锚具底范围内外表面平整度	≤0.3mm
5	埋入固定端预应力筋净保护层	≥30mm
6	预埋管和承压板不垂直度	<1/10

注：偏差标准各有不同规范（如铁路、公路施工规范），规定不尽相同，应取用相应标准。

（2）后张法（有粘结）预应力筋加工、布筋、张拉操作质量标准和施工允许偏差及预应力分项工程制作与安装检验批质量验收记录、预应力分项工程张拉检验批质量验收记录。

1）后张有粘结预应力筋加工、布筋、张拉操作质量标准（表 1-2-29）

后张有粘结预应力筋加工、布筋、张拉操作质量标准

表 1-2-29

顺次	检查项目	标准
1	预应力筋材质检查	有出厂合格证、进场复验、现场抽检力学试验报告并可追溯
2	钢丝镦头外观检查	外观合格，镦头强度不低于母材标准强度的98%，并有记录
3	锚具、连接器（包括挤压锚）	有出厂合格证或试验报告，符合锚具相应标准
4	千斤顶-油压表计量标定	合格，无失效
5	锚具下承压板外表面及孔口	平整无残渣，孔道口无歪孔、扁孔
6	千斤顶安装	符合“三心一线”规定
7	固定端检查	锚具或钢丝镦头与支承件贴紧
8	结构混凝土质量及外形	工序检查合格
9	混凝土强度	有试验报告，符合规定
10	分阶段张拉顺序，张拉程序	符合规定
11	使用螺母螺杆锚固时	用专用扳子扭紧螺母，张拉端锚下不得插入U形垫板
12	夹片锚锚固预应力筋后	夹片尾端齐平
13	施工记录	完整齐全并有签署
14	施工技术工人资质认证	持证上岗

2）后张（有粘结）预应力筋加工、布筋、张拉施工允许偏差（表1-2-30）

后张（有粘结）预应力筋加工、布筋、张拉施工允许偏差

表 1-2-30

顺次	检查项目	标准
1	钢丝镦头尺寸	直径1.4～1.5d，高0.95～1.05d，d：钢丝直径
	5mm钢丝镦头	直径7.0～7.5mm，高4.8～5.3mm
2	钢丝镦头中心偏差	≤1mm
	两端镦头的钢丝束长短相对差	
	全长L≤6m	≤2mm
	全长L>6m	不超过L/5000并不大于5mm

续表

顺次	检查项目	标准
3	钢丝镦头强度	≥98%母材标准强度
4	一般钢丝下料长度	宜取±30mm
5	预应力筋张拉相对伸长值	偏离理论计算值±6%
6	预应力筋内缩值	夹片式锚不大于5mm，其他锚具不大于1mm
7	钢质锥形锚锚固后外露	高出锚环顶不小于3mm
8	张拉完成后，锚外多余筋切断	露出锚具外不小于30mm（另有规定时，按规定办理）
9	预应力筋锚固后，断裂或滑脱	总根数占该结构断面内全部预应力筋根数不多于3%，同一束不得断、滑多于1根

3）预应力分项工程制作与安装检验批质量验收记录，按《混凝土结构工程施工质量验收规范》（GB 50204—2002）执行。

4）预应力分项工程张拉检验批质量验收记录，按《混凝土结构工程施工质量验收规范》（GB 50204—2002）执行。

（3）后张（有粘结）孔道灌浆、封堵操作标准和检验批质量验收记录

1）后张（有粘结）孔道灌浆、封堵操作标准（表1-2-31）

后张（有粘结）孔道灌浆、封堵操作标准　　表1-2-31

顺次	检查项目	标准
1	水泥、外加剂、掺合料等材料质量	有合格证或试验报告
2	设备状况	设备正常、输浆管畅通、压力表完整
3	施工环境温度	低于35℃，高于0℃
4	冬期施工温度控制	搅拌热水不高于55℃，出浆温度不宜低于10℃
5	水泥浆配合比通知	有书面通知单
6	水泥浆净搅拌时间	≥2min

续表

顺次	检查项目	标　准
7	冬期施工孔道状况	确保无积冰
8	灌浆顺序	符合规定
9	灌浆时溢浆口	有正常浓浆溢出（二次灌浆法，前期有清水挤出）
10	泌水口及端部孔道	灰浆丰满
11	水泥浆搅拌完到灌入孔道	时间不超过 45min，输浆系统不放空
12	水泥浆搅拌各材料配料计量偏差	±2%
13	水泥浆强度	≥20MPa（不同规范要求不同，按相应规范执行）
14	施工记录	完整、签署齐全
15	技术工人资质	持证上岗

2）后张（有粘结）孔道灌浆、封堵检验批质量验收记录，按《混凝土结构工程施工质量验收规范》（GB 50204—2002）执行。

5. 预应力混凝土结构施工技术应用实例

【例 1】 国家大剧院预应力工程介绍

（1）工程概况

国家大剧院主体结构由歌剧院、戏剧院和音乐厅三部分组成，结构形式为框架剪力墙结构。主体结构坐落在半地下位置，笼罩在半球形椭圆巨型钢网架内。在主体结构的外侧，地上是一个呈四方形的钢筋混凝土巨型水池，部分水池的下面有裙房、车道和地下停车场等设施。平面布置如图 1-2-30 所示。

该工程由于结构形式复杂，荷载大。故在大跨度混凝土梁和巨型混凝土水池板内采用了预应力混凝土结构形式。

主要预应力应用部位有：

1）在歌剧院、音乐厅、戏剧院主体结构和主体结构外的地

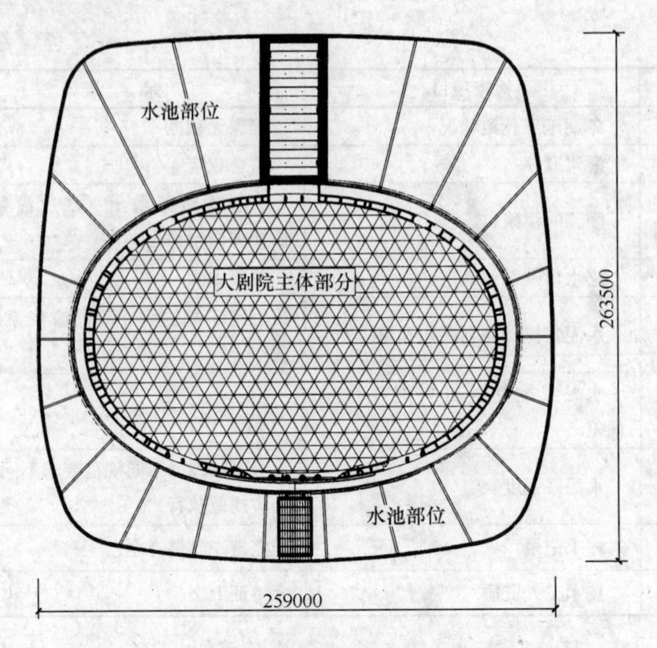

图 1-2-30　国家大剧院主体结构和水池平面图

下附属结构大跨度梁内，通常预应力混凝土梁跨度大于 20m，最大跨度为 30m。采用有粘结预应力结构形式。

2）在巨型混凝土水池板中使用了双层双向有粘结和部分无粘结预应力。

由于工程量大，预应力钢绞线的总用量约超过 1000t。预应力筋材料全部为 1860 级低松弛钢绞线，有粘结预应力张拉端锚具分别为 5 孔、7 孔、9 孔、12 孔夹片式群锚，无粘结预应力张拉端锚具为单孔锚，锚固端采用挤压式锚具。

（2）结构设计及施工要点

1）主体结构预应力工程

①预应力梁的基本设计原则：国家大剧院主体结构预应力梁，一般位于承受舞台的设备、汽车和消防车通道等荷载较大的部位，支座大多数位于剪力墙上，因此基本设计原则：预应力不参与抗震设计，地震力由普通钢筋来承担；预应力度不能太高，

预应力配筋主要平衡结构自重和控制梁的变形，其平衡荷载为梁板自重荷载的60%～80%。平均压应力不大于5MPa；预应力筋张拉端和锚固端在支座处的设置应靠近梁形心线附近，避免支座处产生过大的附加偏心弯矩；全部采用有粘结预应力形式。

②预应力梁的施工特点：如图1-2-31所示，主体结构的特点是结构不规则，结构内曲线多。预应力梁支座部位的剪力墙厚度通常为700mm，在剪力墙中设置暗柱，暗柱的主要受力钢筋通常为ϕ28～ϕ32，支座钢筋密度较大，不利于张拉端喇叭管的设置，多数锚具也不能凸出结构。因此张拉端在施工前都需要进行放样，排列出普通钢筋和喇叭管的位置。大部分的张拉端设置在梁端部剪力墙处的暗柱中，有些张拉端沿主跨梁跨过剪力墙设置在副跨梁的两侧，个别的有粘结预应力梁的张拉端由于找不到合适的张拉位置，改成无粘结预应力张拉端的形式。如图1-2-32～图1-2-34所示。

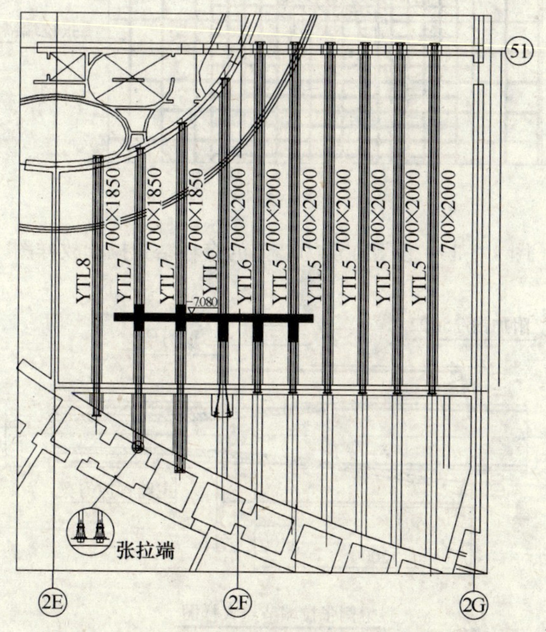

图1-2-31 主体结构内某区域预应力梁平面图

1. 预应力混凝土技术

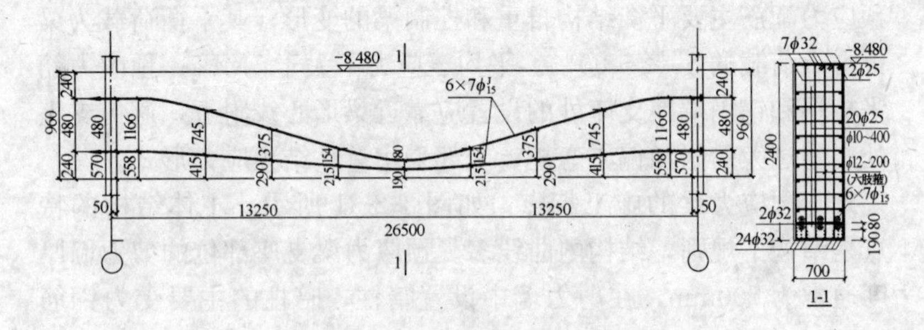

图 1-2-32　梁预应力筋曲线图

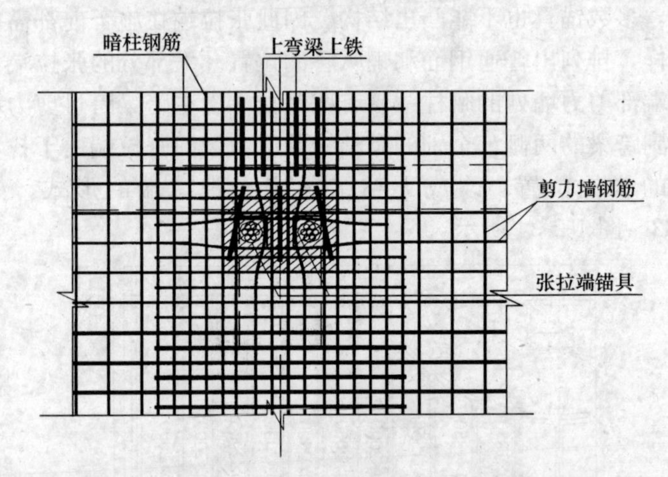

图 1-2-33　设置在剪力墙上的有粘结张拉端放样图

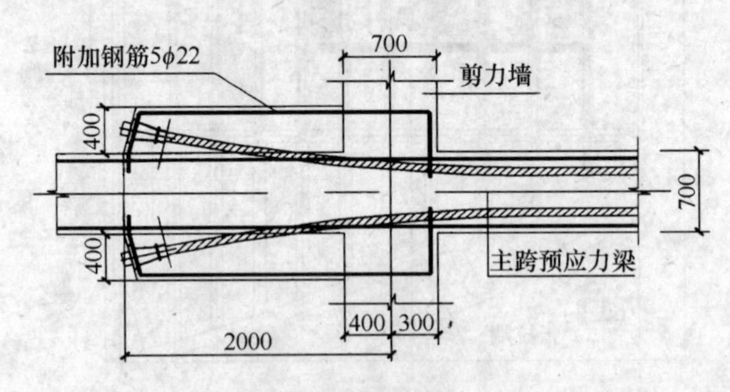

梁侧张拉端节点大样图

图 1-2-34　张拉端设置在梁两侧的节点图

2）水池结构预应力工程

①基本设计原则：大剧院水池采用预应力钢筋混凝土结构，整个水池实际上由 8 个独立的水池 22 个区格组成，水池被下面的基础联结成一个整体。水池的总盛水量约为 2 万 t。水池底板的混凝土板厚为 680mm，混凝土强度等级为 C40，水池深度 450mm。预应力设计主要是考虑温度应力问题。因此在水池结构板中，适度地施加部分预应力，控制水池的温度变形和裂缝的产生。

超长结构预应力设计中，一般均采用无粘结预应力形式，无粘结预应力施工方便，并能够很好地控制温度裂缝的产生。但在大剧院水池工程中，沿主要温度应力方向采用了有粘结预应力形式，这给施工带来了很大的不便，但有粘结预应力比无粘结预应力的抗裂性能更可靠。有粘结预应力在张拉灌浆后，浆体和预应力筋间产生了握裹性，预应力筋的变形和混凝土结构的变形一致，在裂缝处更能够充分发挥预应力筋强度优势来抑制裂缝的产生和展开。

②预应力筋的布筋形式：（图 1-2-35）由于水池结构呈椭圆形，预应力筋的分布形状应与结构的受力形式相一致，通过

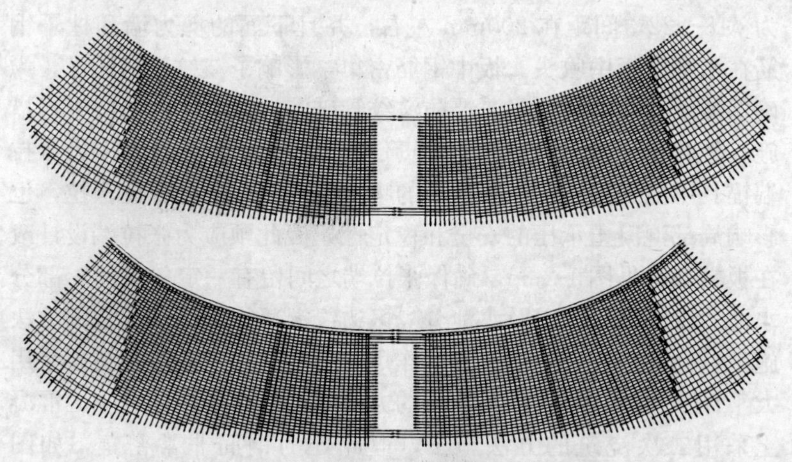

图 1-2-35　南区水池板内上下层预应力筋布置平面图

ANSYS 有限元分析后，我们根据主应力线的形状和可施工的条件，确定预应力筋的布置形式。由于池底板较厚，靠过去单层布置预应力筋的方法，达不到整个截面受力均匀的效果，实体元分析结果表明，整个水池结构上表面的温度变化要大于水池结构下表面的温度变化，因此在水池底板中采用双层双向的预应力布筋方法，使预应力筋在板中形成了两层网，上层预应力网的密度略大于下层预应力网的密度，两层预应力网均匀地布置在池底板的混凝土中，更有效地控制混凝土水池底板的温度变形。

③预应力施工：预应力施工前必须做好施工组织设计，提前考虑到可能出现的各种问题和解决方案，在 680mm 厚的板中布置两层四排预应力筋，施工难度相当大，主要的施工难点是：预应力波纹管的定位问题，如图 1-2-35 所示，波纹管在水池板内沿环向平面呈曲线布置，径向则是放射形直线布置，为保证波纹管的定位准确，采用全站仪定点、分层铺放波纹管施工的方法控制波纹管的位置。铺设四层波纹管，预应力矢高控制马凳制作采用 ϕ18 钢筋，且用量非常大，为达到尽量减少马凳用量的目的，将预应力矢高控制马凳与上铁马凳合二为一，沿预应力波纹管的铺设位置均匀地铺放在板内。水池底板结构中普通钢筋直径通常为 ϕ18～22，间距在 200mm 左右，并且下面的剪力墙和柱子钢筋在水池底板中收头。板中钢筋密集，影响了波纹管的通过，为确保波纹管的通道通畅、严防波纹管破漏，采取了严格的管理措施，使每根波纹管的铺设施工责任到人。在水池边缘预应力张拉端锚具不能外露，部分张拉端的喇叭管重叠，既不方便张拉，也影响局部混凝土承压的安全和稳定性，因此预应力张拉端设计改在板端部，见图 1-2-36，确保张拉端之间留有一定的空间，部分水池边缘的混凝土以及水池分隔区边缘混凝土采用二次浇筑方法施工，同时也起到封堵锚具的作用。有粘结预应力筋张拉，采用大千斤顶主拉和小千斤顶补拉的方法施工，由于水池分隔区混凝土采用二次浇筑的方法施工，但此处的钢筋非常密集，如图 1-2-37所示，没有大千斤顶的张拉工作空间，在不得已的情况

下，采用在另一端用大千斤顶张拉到设计值后，再在另一端分隔区采用小千斤顶补拉的方法进行张拉。由于相当数量的波纹管灌浆长度超过50m，灌浆施工时为保障灌浆密实，采用分段连续接力式灌浆的方法确保浆体在波纹管内密实。

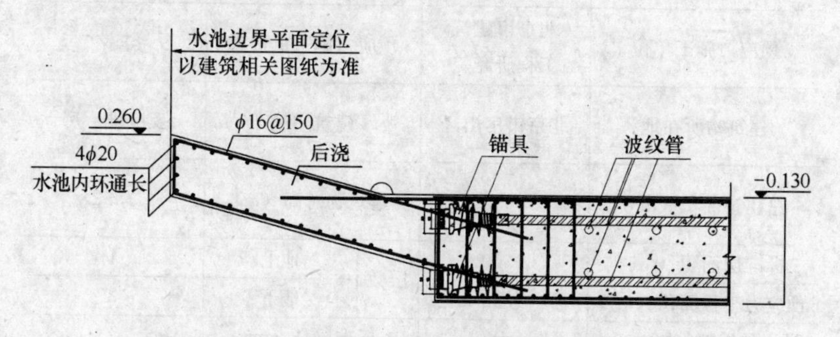

图 1-2-36 水池边缘预应力筋张拉端节点图

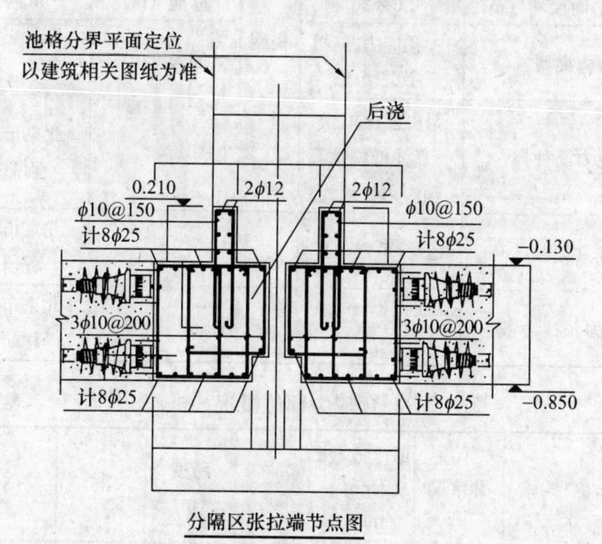

图 1-2-37 水池分隔区边缘预应力筋张拉端节点图

【例 2】 中国先进研究堆工程

(1) 工程概况

本工程简况见表 1-2-32，预应力部位概况见表 1-2-33。

1. **预应力混凝土技术**

本 工 程 简 况 **表 1-2-32**

设计单位	核工业第四研究设计院			
施工单位	中国核工业第二四建设公司	预应力施工时间		2005～2006 年
预应力施工单位	北京市建筑工程研究院	预应力施工负责人		李铭
建筑物所在地	北京市房山区	建筑用途		反应堆厂房
总建筑面积（m^2）	5636	建筑物总高（m）		35.2
标准层面积（m^2）	1300	层数	地上	1
预应力工程面积（m^2）	1300		地下	3
最大伸缩缝间距（m）	无	标准层高（m）		
建筑物平面尺寸（m）	36×36	柱网	标准（m）	36m 跨井字梁
结构类型	预应力井字梁楼盖		最大（m）	
预应力筋种类	ϕ15.2 1860 级高强低松弛预应力钢绞线	生产厂家		北京市建筑工程研究院
锚具类型	B&S 系列锚具	生产厂家		北京市建筑工程研究院
预应力张拉设备	YCN150	生产厂家		北京市建筑工程研究院

预应力部位概况 **表 1-2-33**

名称	井字梁	厚度或截面尺寸（mm）	600×2500	跨度（m）	36	跨高比	14.4
设计荷载（kN/m）		设计平衡荷载（kN/m）			混凝土强度等级	C40	
预应力配筋数量	$3\times5\phi^S15.2$ $3\times7\phi^S15.2$				张拉控制应力	$0.75f_{ptk}$（1395MPa）	
预应力配筋方式	钢绞线曲线				张拉方式	两端	

(2) 结构设计要点

反应堆的顶板结构为大空间承重体系，采用 36m 跨双向有粘结预应力井字梁结构，其平面位置见图 1-2-38。预应力井字梁截面尺寸为 600mm×2500mm，跨度为 36000mm，跨高比为 14.4，混凝土强度等级为 C40，预应力筋采用 1860 级高强低松弛预应力钢绞线。YL-1、YL-1a 配置 6 孔预应力筋，每孔 7 束；YL-2、YL-2a 配置 6 孔预应力筋，每孔 5 束。有粘结预应力筋在梁中分成两排曲线布置，其曲线坐标见图 1-2-39。张拉端节点设置在梁的端部，为了保证端部能承受住巨大压力，在梁端设置了 5 组钢筋网片，与群锚锚固体系配件螺旋筋共同承受梁端局部压力，其张拉端节点见图 1-2-40 锚具选用北京市建筑工程研究

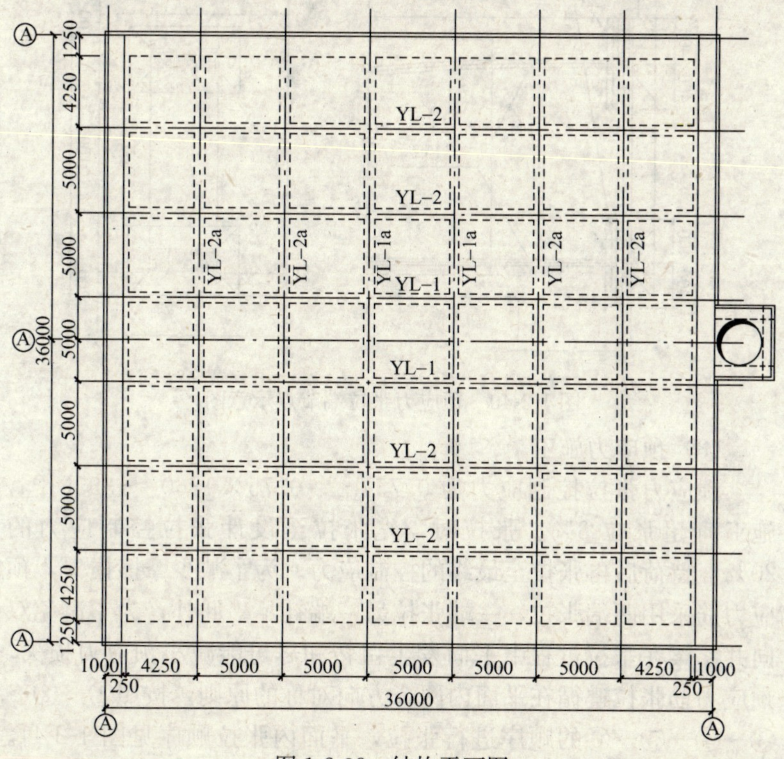

图 1-2-38 结构平面图

院生产的B&S群锚体系，锚具效率系数$\eta_A \geqslant 0.95$，试件破断时的总应变$\varepsilon_u \geqslant 2.0\%$。

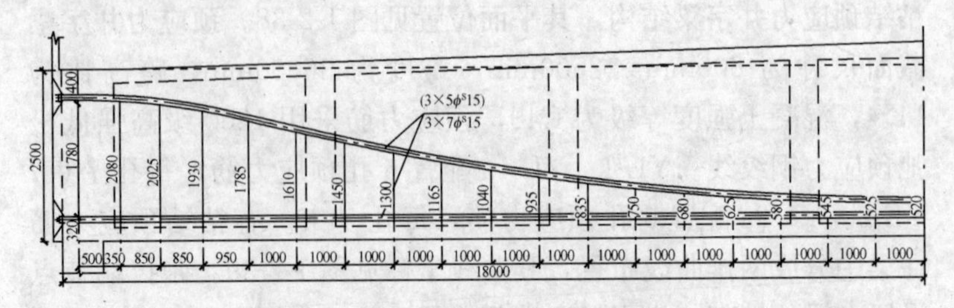

图 1-2-39　预应力筋剖面位置图

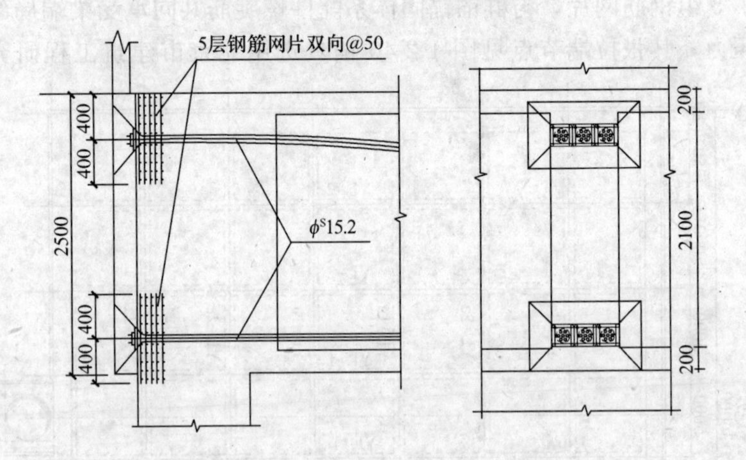

图 1-2-40　预应力张拉端节点示意图

（3）预应力施工

预应力张拉控制应力为$0.75f_{ptk}=0.75\times1860=1395$MPa，施工时超张拉3%。张拉时，先张拉至设计张拉控制应力的20%，持荷后再张拉至最终的控制应力。为了减少摩擦损失，预应力筋采用两端张拉，一端张拉另一端补足。此外，为了避免双向井字梁在张拉过程中平面发生扭转和尽可能减小预应力损失，预应力筋张拉遵循在平面内两个方向对称的原则。按照①→②→③→④→⑤→⑥的顺序进行张拉，平面内张拉顺序见图 1-2-41。梁内预应力筋张拉也要遵循对称的原则。按照①→②→③→④→

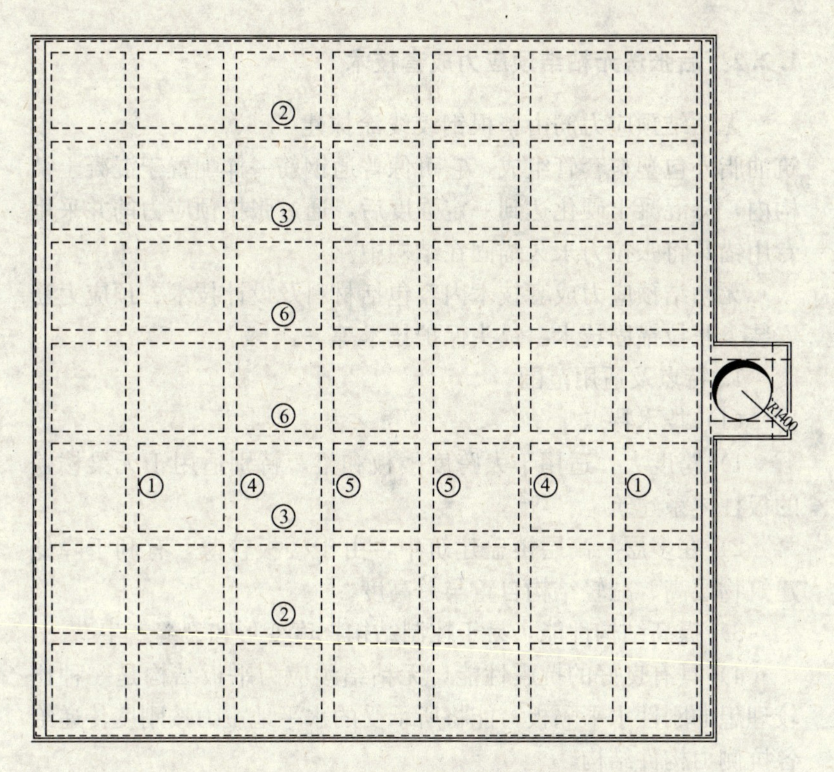

图 1-2-41 预应力井字梁张拉顺序

⑤→⑥的顺序进行张拉，梁内各孔预应力筋张拉顺序见图1-2-42。

预应力孔道灌浆采用 42.5 级的普通硅酸盐水泥。由于孔道长度和曲线斜率均较大，给灌浆带来了一定难度。在保证灌浆料水灰比的前提下，加大灌浆料的流动性，在水泥浆中按 8% 的掺量加入了 ANG 添加剂。加入添加剂的灌浆料在流动性、膨胀性、强度等方面都得到了改善，在本工程的灌浆中起到了很好的作用。

① ⑤ ④

③ ⑥ ②

图 1-2-42 梁内各孔预应力筋张拉顺序

1.2.2 后张法无粘结预应力成套技术

无粘结预应力筋由单根钢绞线涂抹建筑油脂外包塑料套管组成，它可像普通钢筋一样配置于混凝土结构内，待混凝土硬化达到一定强度后，通过张拉预应力筋并采用专用锚具将张拉力永久锚固在结构中。

无粘结预应力成套技术内容包括材料及设计技术、预应力筋安装、张拉锚固技术、锚头保护技术等。

1. 特点及适用范围

(1) 技术特点

1) 跨度大。适用于大跨度楼板和梁，特别适用于无梁楼盖的板柱体系建筑。

2) 在多层、高层楼盖建筑中，由于楼板较薄，有利于降低建筑物层高、减轻结构自重与总高度。

3) 提高结构性能，易于控制结构挠度变形和裂缝产生。

4) 具有良好的抗震性能，无粘结预应力平板结构是一种比较理想的刚性水平隔板，能将所承受的水平地震力按刚度传递给各抗侧力构件结构。

5) 具有良好的抗腐蚀性能。

6) 能简化施工工艺，加快施工进度，但不能进行曲线配筋，经济效益显著。

(2) 适用范围

无粘结预应力技术适用于多高层房屋建筑的楼盖结构、基础底板、地下室墙板等，用于承担大跨度或超长混凝土结构在荷载、温度或收缩等效应下产生的裂缝，提高结构、构件的性能。也可用于筒仓、水池等承受拉应力的特种结构，还可以应用于桥梁和加固工程。

2. 材料及设备

(1) 材料

1) 混凝土：无粘结预应力混凝土结构中，用于板的混凝土强度等级不应低于 C30，用于梁等其他构件的不宜低于 C40。

2）无粘结筋：无粘结预应力筋是以专用防腐润滑脂作涂料层、高密度低压聚乙烯塑料作护套的钢绞线制作而成，其断面图见图 1-2-43。

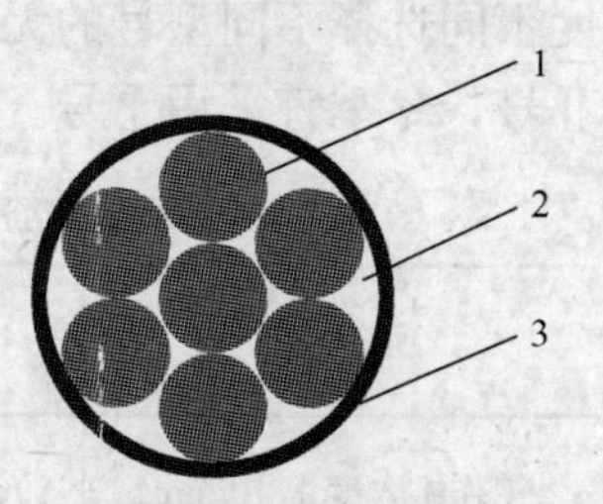

图 1-2-43 无粘结钢绞线断面图

1—钢绞线；2—油脂；3—塑料护套

①钢绞线的常用规格与性能：钢绞线宜选用高强度低松弛预应力钢绞线，性能应符合国家标准《预应力混凝土用钢绞线》（GB/T 5224—2003）和建筑工业行业标准《无粘结预应力钢绞线》（JG 161—2004）。其常用规格与性能见表 1-2-34。

无粘结预应力筋常用规格与性能　　表 1-2-34

名称	项目	钢绞线规格及性能	
钢绞线	外径	12.70	15.20
	抗拉强度（MPa）	1860	1860
	弹性模量（MPa）	1.95×10^5	1.95×10^5
	延伸率（%）	3.5	3.5
	无粘结筋与护套壁的摩擦系数 μ	0.04～0.1	0.04～0.1
	无粘结筋护套壁（每米）局部偏差对摩擦的影响系数 κ	0.003～0.004	0.003～0.004
	截面积（mm^2）	98.7	140
防腐润滑脂	质量（g/m）不小于	43	50
高密度低压聚乙烯	护套厚度（mm）	1.0	1.0

注：1. 根据不同的用途及工程要求，可供应其他强度和直径的无粘结预应力筋。
2. 表内 μ、κ 值也可根据实测值确定。

②专用防腐润滑油脂技术要求：无粘结预应力筋涂层采用的防腐润滑脂应符合中华人民共和国建筑工业行业标准《无粘结预应力筋专用防腐润滑脂》（JG 3007—93）的规定。油脂的涂层厚度以重量计，涂层要连续且均匀，不能夹带气泡。应根据施工温

度不同选择不同型号的无粘结专用防腐润滑脂，一般夏季宜采用Ⅱ号，冬季宜采用Ⅰ号。其技术要求见表1-2-35。

无粘结筋专用防腐润滑脂技术要求　　表1-2-35

项目	质量指标		试验方法（应用标准）
	Ⅰ号	Ⅱ号	
工作锥入度1/10mm	296～325	265～295	《润滑脂和石油脂锥入度测定法》（GB/T 269）
滴点（℃）不低于	160		《润滑脂滴点测定法》（GB/T 4929）
水分（%）不大于	0.1		《润滑脂水分测定法》（GB/T 512）
钢网分油量（100℃，24h）（%）不大于	8.0		《润滑脂钢网分油测定法（静态）》SH/T 0324
腐蚀试验（45号钢片，100℃，24h）	合格		《润滑脂腐蚀试验法》SH/T 0331
蒸发量（99℃、24h）（%）不大于	2.0		《润滑脂和润滑油蒸发损失测定法》（GB/T 7325）
低温性能（－40℃，30min）	合格		《低温性能测定法》（SH 0387）附录二
湿热试验（45号钢片，30d）（级）不大于	2		《防锈油脂湿热试验方法》（GB/T 2361）
盐雾试验（45号钢片，30d）（级）不大于	2		《防锈油脂盐雾试验法》（SH/T 0081）
氧化安定性（99℃，100h，78.5×10⁴Pa） A　氧化后压力降，（Pa）不大于 B　氧化后酸值，（mgKOH/g）不大于	 14.7×10⁴ 1.0		《润滑脂氧化安定性测定法》（SH/T 0325） 《石油产品酸值测定法》（GB/T 264）
对套管的兼容性（65℃，40d） A　吸油率（%）不大于 B　拉伸强度变化率（%）不大于	 10 30		《塑料耐油性试验方法》（HG 2—146） 《塑料拉伸试验方法》（GB 1040）

③无粘结筋用塑料套管的技术性能：无粘结筋塑料护套宜选用高密度低压聚乙烯，这种材料强度高，韧性好，低温下不易产生脆裂，对擦伤和徐变都有较高的抵抗能力，技术性能应符合国家标准《高密度聚乙烯树脂》(GB 11116—1989）的规定。

（2）锚固系统

无粘结预应力筋锚固系统应按设计图纸要求选用，其锚固性能的质量检验和合格验收应符合现行国家标准《预应力筋用锚具、夹具和连接器》(GB/T 14370)、《混凝土结构工程施工质量验收规范》(GB 50204—2002）及现行行业标准《预应力筋用锚具、夹具和连接器应用技术规范》(JGJ 85）的规定。

无粘结预应力混凝土结构体系中的无粘结筋与混凝土没有粘结，永远处于自由状态，预应力筋借助锚具与混凝土共同工作，因此，锚具是保证结构质量和安全的主要因素。除锚具质量必须达到国家规范Ⅰ类标准外，其锚固系统必须达到完整、统一。特别是使用期间的保护、防锈蚀等应做出严格规定。锚固系统分张拉端和固定端两种形式。锚具选用应考虑无粘结预应力筋的品种及工程应用的环境类别，对常用的单根钢绞线无粘结预应力筋，其张拉端宜采用夹片锚具（圆套筒式或垫板连体式夹片锚具），埋入式固定端宜采用挤压锚具或经预紧的垫板连体式夹片锚具。

1）张拉端：张拉端锚固系统构造有两种形式：

①锚具凸出混凝土表面。当建筑允许有外包混凝土小梁时，采用此种端部做法。由夹片、锚环、承压板、螺旋筋组成，详见图 1-2-44。

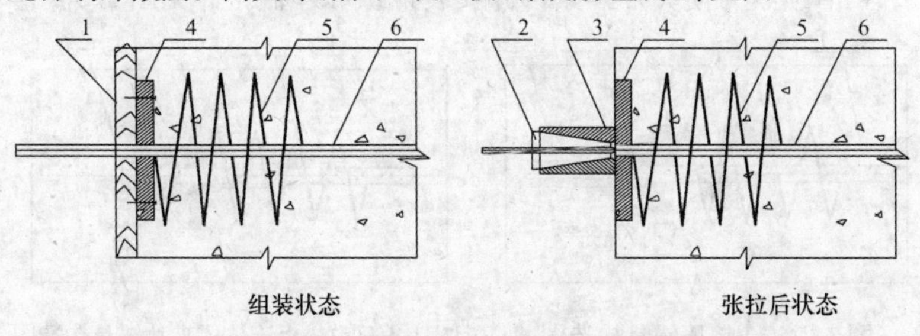

图 1-2-44　锚具凸出混凝土表面

1—端部模板；2—夹片；3—锚环；4—承压板；5—螺旋筋；6—预应力筋

②锚具凹进混凝土表面。当建筑物不允许有外包混凝土小梁时，采用此种端部做法。由夹片、锚环、承压板、螺旋筋、塑料穴模和塑料护杯套组成。详见图 1-2-45。

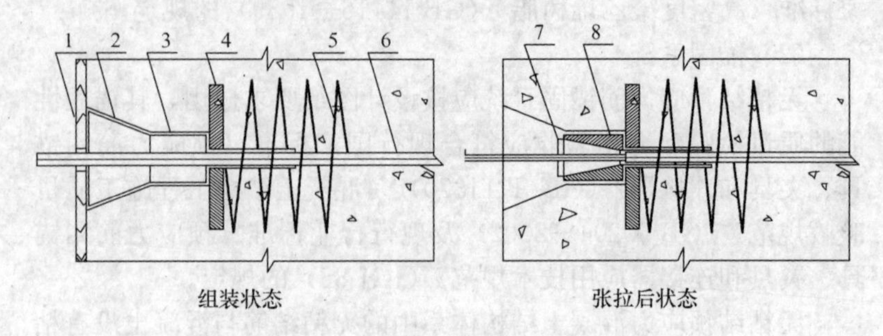

图 1-2-45　锚具凹进混凝土表面

1—端部模板；2—穴模；3—护杯套；4—承压板；5—螺旋筋；6—预应力筋；7—夹片；8—锚环

2）固定端：一般采用挤压式锚具和垫板连体式夹片锚具，固定端必须埋设在结构构件的混凝土中，做法有两种：

①挤压锚具：其构造由挤压锚具（由套筒、直夹片或硬钢丝螺旋圈组成）、承压板、螺旋筋组成。挤压锚具由专用挤压设备将挤压锚套筒、夹片（或硬钢丝螺旋圈）组装在端部。详见图 1-2-46。

②垫板连体式夹片锚具，其构造由铸造锚具、夹片和螺旋筋、外盖组成，该锚具应预先用专用紧楔器以预应力筋张拉力的 0.75 倍顶紧力使夹片预紧，并安装带螺母外盖。详见图 1-2-47。

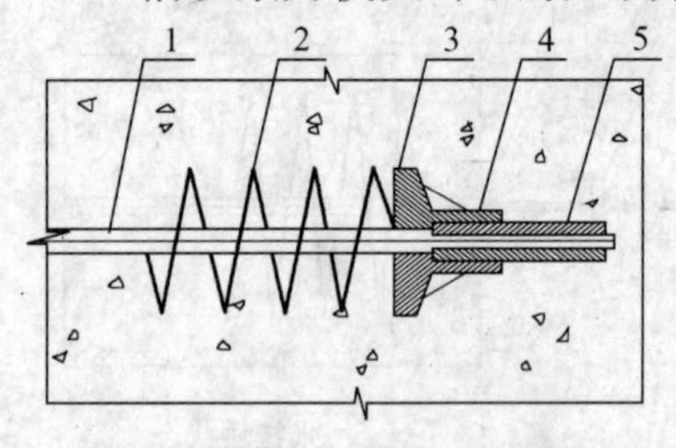

图 1-2-46　挤压锚具构造图

1—预应力筋；2—螺旋筋；3—承压板；4—挤压锚具；5—套筒

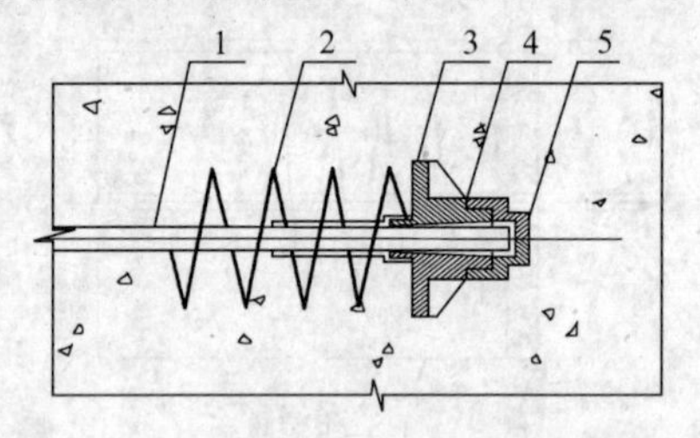

图 1-2-47　垫板连体式夹片锚具构造图

1—预应力筋；2—螺旋筋；3—承压板；4—铸造锚环；5—外盖

（3）常用设备

无粘结预应力钢绞线为工厂生产，预应力筋制作（下料和端部组装）可在工厂和现场进行。无粘结筋宜采用适用单根张拉的多功能轻型穿心式千斤顶及配套油泵，其常用制作及张拉设备见表 1-2-36。

制作设备及张拉设备 **表 1-2-36**

设备名称	型　号	功　能
砂轮切割机		切断钢绞线
挤压机及配套油泵	JY-45 型挤压机 ZB4-500 型油泵 ZB1-630 型挤压机	制作挤压锚或组装整体锚
小型千斤顶张拉设备及配套油泵	YC20D 型千斤顶 ZB4-500 型油泵 ZB1-630 型油泵	预应力筋张拉

3. 无粘结预应力设计和施工概念与构造

无粘结预应力技术在建筑工程中，一般用于板和次梁类楼盖结构。

（1）一般建筑工程板、次梁类楼盖结构的技术指标

在一般工业、民用建筑和构筑物工程中采用无粘结预应力混凝土梁板结构时，其技术指标见表 1-2-37。

无粘结预应力混凝土梁板结构的跨高比及通用跨度选用范围 **表 1-2-37**

构件类别		跨高比		通用跨度（m）
		连　续	简　支	
单向板		40～45	35～40	7～10
柱支承双向板	无托板	40～45	—	7～10
	带平托板	45～50	—	9～12
周边支承双向板		45～50	40～45	10～12
柱支承双向密肋板		25～30	—	10～15
框架梁		15～22	12～18	<9

续表

构件类别	跨高比		通用跨度(m)
	连 续	简 支	
次 梁	20～25	16～20	9～15
扁 梁	20～25	18～22	10～15
井字梁	20～30		12～36
悬挑梁	10		
单向密肋梁	18～28		9～15
空心板	40～45		12～27

注：1. 外挑的悬挑板，其跨高比不宜大于15。

2. 以柱中心向各向延伸计，平托板的延伸长度不宜小于板跨度的1/6，平托板的厚度宜大于1.5倍板厚。

3. 周边支承双向板的跨高比，宜按柱网的短向跨度计；柱支承双向板的跨高比，宜按柱网的长向跨度计。

4. 扁梁的宽度不宜大于柱宽加1.5倍梁高，梁高宜大于板厚度的2倍。

5. 无粘结预应力混凝土用于工业建筑（含仓库）或荷载较大的梁板时，表中所列跨高比宜按荷载情况适当减小。

6. 当有工程实践经验并经验算符合设计要求时，表中跨高比可适当放宽。

（2）无粘结预应力筋张拉损失值

预应力损失值包括锚具变形和预应力筋内缩、无粘结筋与孔道摩擦和应力松弛、混凝土的收缩和徐变、分批张拉后无粘结筋所产生的混凝土弹性压缩等损失。孔道摩阻损失可根据束长及转角计算确定，其余预应力损失一般为控制应力的10%～15%（板式8%～15%），因此预应力总损失预估为控制应力的15%～25%。

无粘结预应力在极限状态下应力处于有效应力值和预应力筋设计强度之间，一般可取有效应力值再加200～300MPa。无粘结预应力筋的总损失设计取值不应小于80MPa。

（3）楼板预应力筋布置

1）多跨单向平板：预应力筋采取纵向连续曲线配筋方式，曲线预应力筋的形状与板所承受的荷载形式、活荷载与恒荷载的比值等因素有关。

2）柱支承多跨双向板（即无梁楼盖，或板柱体系建筑）

①按柱上板带和跨中板带布筋，见图 1-2-48（*a*）无粘结筋分配在柱上板带的数量可占 60％～75％，其余 25％～40％分配在跨中板带。

②一方向均布，另一方向集中布置，见图 1-2-48（*b*）。均布方向的无粘结筋最大间距不得超过板厚的 6 倍，且不宜大于 1m；集中布置的无粘结筋，宜分布在各离柱边 1.5h（板厚）的范围内。

③双向集中布置，见图 1-2-48（*c*）。两个方向的无粘结预应力筋都集中在柱轴线附近。

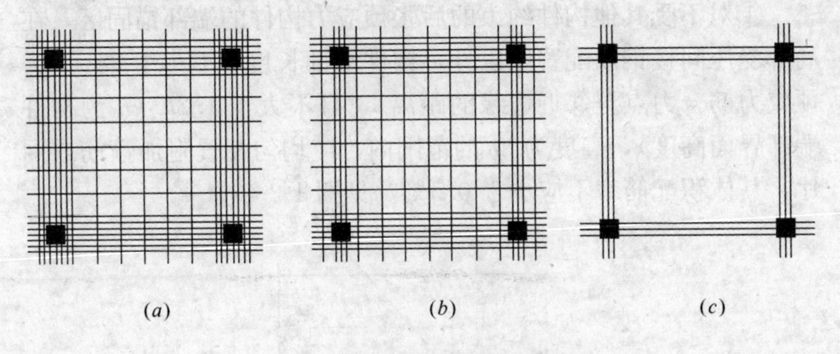

图 1-2-48　无粘结筋的布置形式

（*a*）按柱上板带利跨中板带布筋；（*b*）一方向均布，另一方向集中布置；（*c*）双向集中布置

以上三种布筋方式每方向穿过柱子的无粘结预应力筋数量不得少于 2 根。

（4）设计原则及施工构造

1）设计原则：在无粘结预应力设计中，宜根据结构类型、预应力构件类别和工程经验采取如下措施，以减少柱和墙等约束构件对梁、板预加应力效果的不利影响。

①将抗侧力构件布置在结构位移中心不动点附近，采用相对细长的柔性柱子；

②板的长度超过 60m 时，可采用后浇带或临时施工缝对结

构分段施加预应力；

③将梁和支承柱之间的节点设计成在张拉过程中可产生无约束滑动的滑动支座；

④当未能按上述措施考虑柱和墙对梁、板的侧向约束影响时，在柱、墙中可配置附加钢筋承担约束作用产生的附加弯矩，同时应考虑约束条件对梁、板中有效预应力的影响。

在无粘结预应力混凝土现浇板、梁中，为防止由温度、收缩应力产生裂缝，应按照现行国家标准《混凝土结构设计规范》（GB 50010）有关要求适当配置温度、收缩及构造筋。

2）施工构造

①对不受其他构件约束的后张预应力构件的端部锚固区，在局部受压间接钢筋配置区以外，构件端部长度 l 不小于 $3e$（e 为预应力筋合力点至邻近边缘的距离），且不大于 $1.2h$（h 为构件端部界面高度），高度为 $2e$ 的范围内，应均匀配置附加箍筋或网片，其体积配筋率不应小于 0.5%。见图 1-2-49。

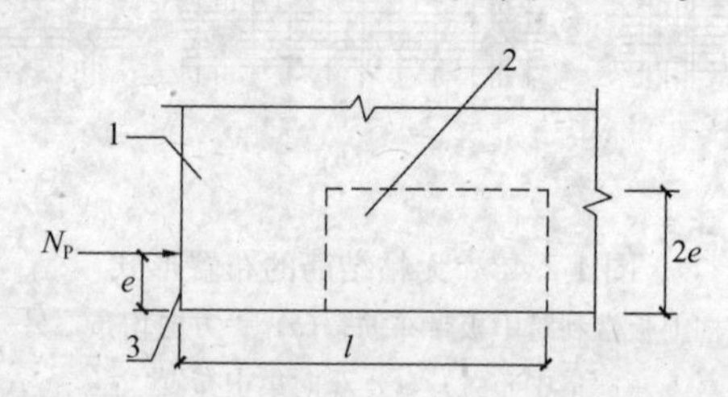

图 1-2-49　防止沿孔道劈裂的配筋范围

1—局部受压间接钢筋配置区；2—附加配筋区；3—构件端面

②在构件中凸出或凹进部位锚固时，应在折角部位混凝土中配置附加钢筋加强。对内埋式固定端，必要时在锚垫板后面配置传递拉力的构造钢筋。

③构件中预应力筋弯折处应加密箍筋或沿弯折处内侧设置钢筋网片。

④当构件截面高度内作用有集中荷载时，如该处设置的附加吊筋影响预应力筋孔道铺设，可将吊筋移至预应力孔道的中间，

或改为等效的附加箍筋。

⑤弯梁中配置预应力筋时，应在水平曲线预应力筋内侧设置U形防崩裂的构造钢筋，并与外侧钢筋骨架焊牢。

⑥当框架梁的负弯矩钢筋在梁端向下弯折碰到锚垫板等埋件时，可缩进向下弯、侧弯或上弯，但必须满足锚固长度的要求。

⑦在框架柱节点处，预应力筋张拉端的锚垫板等埋件与柱主筋相碰时，可将柱的主筋移位，但必须满足柱正截面承载力的要求。

⑧在现浇结构中，受预应力筋张拉的影响可能出现裂缝的部位，应配置附加构造钢筋。

⑨为满足不同耐火等级的要求，无粘结预应力筋的混凝土保护层最小厚度，应符合表1-2-38和表1-2-39的规定。

板的混凝土保护层最小厚度（mm）　　表1-2-38

约束条件	耐火极限（h）			
	1	1.5	2	3
简　支	25	30	40	55
连　续	20	20	25	30

梁的混凝土保护层最小厚度（mm）　　表1-2-39

约束条件	梁　宽	耐火极限（h）			
		1	1.5	2	3
简支	$200 \leqslant b < 300$	45	50	65	采取特殊措施
	$\geqslant 300$	40	45	50	65
连续	$200 \leqslant b < 300$	40	40	45	50
	$\geqslant 300$	40	40	40	45

注：当防火等级较高、混凝土保护层厚度不能满足表列要求时，应使用防火涂料。

⑩板中无粘结预应力筋的间距为200～500mm，最大间距可取板厚的5倍，且不宜大于1m。抗抗温度应力用的无粘结预应力筋的间距不受此限制。板中无粘结预应力筋采取带状（3～4

根）布置时，其最大间距可取板厚的10倍，且不宜大于2.4m。

⑪平板结构开洞，要求预应力筋避让时，应按图1-2-50布置。预应力筋折转坡度应大于1∶6，预应力筋的高度定位不变。施工时满足不了上述布置要求时，应与设计单位协商采取措施解决。

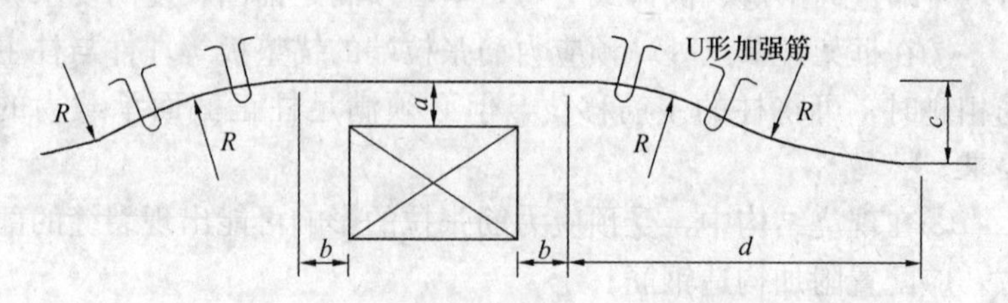

图1-2-50　洞口处无粘结筋构造要求

注：$a \geqslant 150$mm，$b > 300$mm，$R > 6.5$m，$d/c > 6$。

⑫板中无粘结预应力筋的张拉端宜采取凹入式做法。锚具下的构造可采用不同体系，但必须满足局部受压承载力。无粘结预应力筋和锚具的防护应符合结构耐久性的要求。

⑬梁中集束布置无粘结预应力筋时，宜在张拉端分散为单根布置，间距不应小于60mm，合力线的位置应不变。当一块整体式锚垫板上有多排预应力筋时，宜采用钢筋网片。

⑭无粘结预应力筋的固定端宜采取内埋式做法，设置在构件端部的墙内、梁柱节点内或梁、板跨内。当固定端设置在梁、板跨内时，无粘结预应力筋跨过支座处不宜小于1m，且应错开布置，其间距不宜小于300mm。

4. 施工工艺

无粘结筋的塑料套管取代了有粘结筋的孔道成型，套管内润滑油脂取代了有粘结孔道内浆体，因此在无粘结预应力混凝土结构施工中，不需要预留孔道、穿筋、灌浆等工序。是将已组装好的无粘结筋在浇筑混凝土之前，同非预应力筋一起按设计要求铺放在模板内，然后浇筑混凝土，待混凝土达到强度后，利用无粘结筋与周围混凝土不粘结，在结构内可做纵向滑动的特性，进行张拉锚固，借助两端锚具，达到对结构产生预应力的效果。

（1）工艺流程

施工工艺流程见图1-2-51。

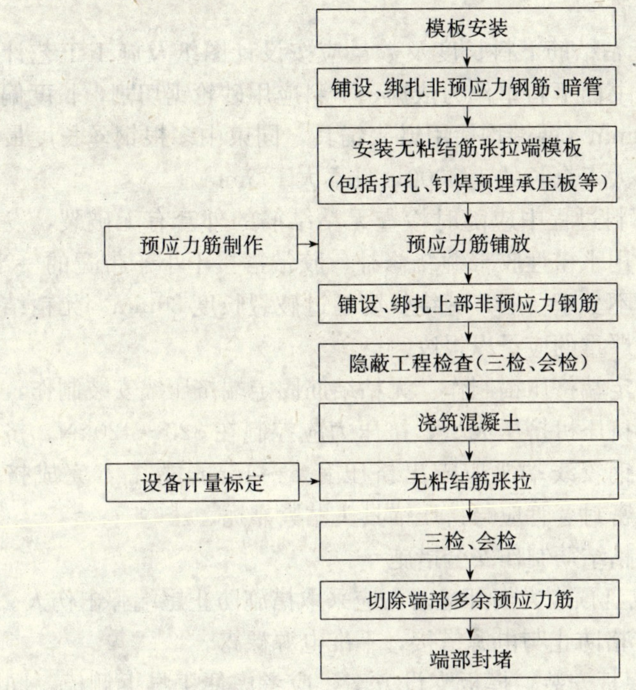

图1-2-51 施工工艺流程图

注：1. 三检为自检、互检、专职检查。

2. 会检由专职人员、甲方、监理会检，会检在首制及中间抽查进行。

（2）工艺要点

1）无粘结筋制作

①施工前确认条件：预应力筋材质控制是本工序施工重点之一，预应力筋应具有产品合格证、复验报告、抽样力学性能报告。无粘结筋的塑料套管应着重检查，凡发现套管完整但普遍有渗漏油现象（夏季高温情况）、褶皱脆裂（冬季低温情况）等异常现象，必须经过妥善处理或更换后方能使用。制作过程中使用挤压锚具及配件，应符合锚具标准，并按相关标准规定取样

送检。

②无粘结筋吊装和下料的要点

a. 无粘结筋吊运应用软钩起吊，吊点应衬垫软垫层，防止损伤外套管。

b. 无粘结筋下料长度及数量应按设计图纸及施工工艺计算确定，以书面下料单作为依据，下料应用砂轮锯切割，长度偏差宜为±30mm（两端均使用镦头锚具，同束中多根钢丝长度最大相对差不大于全长的1/5000，且不大于5mm）。

c. 下料过程中应随时检查无粘结筋的外套有无破裂，发现后应立即用水密性胶带缠绕修补，胶带搭接不小于带宽的一半，缠绕层数不少于2层，缠绕长度超过破裂长度30mm。无粘结筋外套破损严重的应予以报废。

③固定端挤压锚制作：无粘结筋固定端挤压锚安装制作，利用YJ-45挤压机挤压成型，挤压力应控制在320～420kN。挤压成型后，钢绞线端头应露出挤压套5～15mm左右，完成挤压后，塑料密封套管应与挤压锚具头贴紧靠拢。

④无粘结筋制作安全措施

a. 成盘预应力筋开盘时，应采取措施防止尾端弹击伤人。

b. 严格防止与电源搭接，不准电源裸露。

2）模板安装：模板支设方案，应考虑便于早拆侧模，同时侧模应便于固定锚具垫板等配件。

3）无粘结筋铺设

①铺筋

a. 底模安装后，应在模板面上按设计图纸要球标出无粘结筋的位置和走向，以便核查根数，并留下标记。

b. 铺放无粘结筋之前，应预设支撑钢筋或马凳，间距为0.8～1.2m，以控制无粘结筋的曲线高度，对平板一般隔2m设一马凳，跨中、支座处可直接分别与底筋、上筋绑扎。无粘结筋的垂直偏差在梁内为10mm，在板内为5mm，水平偏差30mm，目测横平竖直。在铺设时，应尽量避免各种管线将无粘结筋的矢高

抬高或降低。为了保证无粘结筋的单向曲线矢高要求，同方向无粘结筋和非预应力筋应配置在同一水平位置。

c. 无粘结筋双向曲线配置时，必须事先编排铺放顺序，避免无粘结筋互相穿插，确保曲线矢高。双向筋交叉点处标高如有矛盾，应优先保证较小跨度方向的预应力筋定位，并使另一方向的预应力筋顺滑通过。

d. 无粘结筋与其他预埋管线位置发生矛盾时，后者应予避让。

e. 多根无粘结筋组成集团束配置时，每根无粘结筋应保持平行走向，不得相互扭绞，铺放时可单根顺次铺设，最后以间距为1.2～15m用钢丝捆扎并束，其集团束最小净距大于粗骨料最大直径的4/3；曲线集团束竖直方向的净距为1.5倍的束径；曲线集团束的曲率半径应大于4m，折线预应力筋弯折处，宜采用圆弧过渡，其曲率半径可适当减小；单根钢绞线最小曲率半径为2.6m。

f. 平板结构开洞要求及无粘结预应力混凝土保护层厚度应满足施工构造的要求。

②端部节点安装：无粘结预应力筋张拉端锚垫板可固定在端部模板上，或利用短钢筋与四周钢筋焊牢。无粘结预应力筋曲线段的起始点至张拉锚固点应有一段不小于300mm的直线段，且锚具应垂直于预应力筋。当张拉端采用凹入式做法时，可采用塑料穴模或其他穴模，穴模外端面与端模之间应加泡沫塑料以防止漏浆。张拉端无粘结筋外露长度与所使用的千斤顶有关，应根据实际情况核定，并适当留有余量。无粘结预应力筋固定端的锚垫板应先组装好，按设计要求的位置固定。在梁、筒体等结构中，无粘结预应力集束布置时，应采用钢筋支托、定位支架或其他构造措施控制其位置。同一束的预应力筋应保持平行，防止互相扭绞。

③无粘结预应力筋铺设操作质量标准及铺放施工允许偏差见表1-2-40、表1-2-41。

无粘结预应力筋铺设操作质量标准　　表 1-2-40

序号	检查项目	标　　准
1	施工环境温度	≥－15℃
2	张拉端预应力筋轴线与承压板外表面	垂直
3	布筋后预应力筋走向平顺，无扭绞，无小弯	合格
4	无粘结筋塑料外套无破损	有破损处允许修补合格
5	锚下螺旋筋或网片	螺旋筋螺距全长位置符合图纸要求。网片间距偏差±10mm，数量位置符合图纸要求
6	埋入固定端与承压板	贴紧
7	埋入固定端纵向位置错开	宜大于 100mm
8	埋入固定端不互相重叠	不重叠
9	平板开洞避让	符合图纸要求或变更措施
10	平板结构单根预应力筋	边距大于规定，间距大于规定
11	施工记录	完整，有签署

无粘结预应力筋铺设施工允许偏差　　表 1-2-41

序号	检　查　项　目	标　　准
1	预应力筋定位与设计位置偏差（平板双向筋交叉点空间冲突不受此限）	垂直偏差：板内±5mm；梁内±10mm； 横向偏差：板内平顺；梁内±5mm
2	埋入端锚具保护层	简支梁不小于 70mm，连续梁不小于 60mm，简支板不小于 60mm，连续板不小于 40mm，压花锚、钢绞线不小于 30mm
3	承压板锚具底范围内外表面平整度	≤0.3mm

注：有些标准现行技术规程无明确规定，是为便于施工具体的可操作性而增加的。实施中以技术规程为准，其余只作参考。

4）混凝土浇筑及振捣：混凝土浇筑时，严禁踏压撞碰无粘结筋、支撑架以及端部预埋部件，确保预应力筋位置正确；张拉端、固定端混凝土必须振捣密实，以确保张拉操作的顺利进行。

5）预应力筋张拉

①张拉依据和要求

a. 设计单位应向施工单位交待无粘结筋张拉顺序、张拉值及伸长值。张拉时混凝土强度应以设计图纸要求为准，如无设计要求时，不应低于设计强度的75%，并应有试验报告单。现浇结构施加预应力时，混凝土的龄期应遵循：后张板不宜小于5d，后张大梁不宜小于10d。

b. 预应力筋的张拉顺序应按设计要求进行，如设计无特殊要求时，可依次张拉。为了减少无粘结筋松弛、摩擦等损失，实际施工时可采用超张拉法，一般超张拉103%～105%，张拉应力不得大于无粘结筋抗拉强度标准值的80%。

c. 张拉前必须对各种机具设备和仪表进行配套校核及标定。

d. 为避免大跨度梁施加预应力过程中产生压缩变形、柱顶附加弯矩及柱支座约束的影响，梁端支座可采用铰接钢支座，待预应力施加后，支座再与梁端埋件焊接，并用混凝土封堵平整。

②张拉前准备：端头清理：端部预埋钢板与锚具接触处的焊渣、毛刺、混凝土残渣等应清除干净。检查锚具承压板下混凝土质量，如有缺陷应首先修复完整。

张拉操作平台搭设：高空张拉预应力筋时，应搭设可靠的操作平台。张拉操作平台应能承受操作人员与张拉设备的重量，并装有防护栏杆。

③锚具及设备安装：张拉前后均应认真测量无粘结筋外露尺寸，并做好记录。

安装钢绞线夹片式锚固系统锚具时，应注意锚环或锚板对中，夹片均匀打紧并外露一致；千斤顶的工具锚孔位与构件端部工作锚具的孔位排列要一致，以防钢绞线在千斤顶穿心孔内打叉，引起断筋。安装设备时，对直线预应力筋应使张拉力的作用线与预应力筋中心线重合。对曲线预应力筋，应使张拉力的作用线与预应力筋中心线末端的切线重合，避免预应力筋张拉时被承压板切断。

④预应力筋张拉操作

a. 预应力筋的张拉方法，应根据设计和施工计算要求采取一端张拉或两端张拉。无粘结筋曲线配置或长度超过 40m 时，宜采取两端张拉。采取两端张拉时，宜两端同时张拉，也可一端先张拉，另端补张拉。对现浇预应力混凝土楼面结构，宜先张拉楼板、次梁，后张拉主梁。

b. 预应力筋的张拉步骤：应从零应力开始张拉，以均匀速度分级加载至 1.03 倍预应力筋的张拉控制应力直接锚固，对多根钢绞线束宜持荷 2min。当采用应力控制方法张拉时，应校核预应力筋伸长值。实际伸长值与计算伸长值的允许偏差为±6%，如超过允许偏差，应查明原因并采取措施后方可继续张拉。对特殊构造的预应力筋，应根据设计和施工要求采取专门的张拉工艺，如采用分阶段张拉、分批张拉、分级张拉、分段张拉、变角张拉等。

c. 对多波曲线预应力筋，可采取超张拉回缩技术提高内支座的张拉应力并减少锚具下口的张拉应力。

d. 预应力筋张拉时，应对张拉力、压力表读数、张拉伸长值、异常现象作出详细记录。

无粘结预应力筋张拉操作质量要求及施工允许偏差见表 1-2-42、表 1-2-43。

无粘结预应力筋张拉操作质量要求　　表 1-2-42

序号	检查项目	标准
1	施工环境温度	≥－15℃
2	锚具、连接器（包括挤压锚）	有出厂合格证或试验报告，符合Ⅰ类锚具标准
3	千斤顶、油压表计量标定	合格，无失效。有标定报告
4	锚承压板	平整、无残渣、预应力筋与承压板外表面垂直
5	千斤顶安装	符合“三心一线”

续表

序号	检查项目	标准
6	固定端检查	锚具与支承件贴紧
7	结构混凝土质量及外形	合格，特别是平板结构锚具承压板下混凝土应密实
8	混凝土强度	有试验报告，符合规定
9	分阶段张拉顺序，张拉程序	符合规定。平板单根无粘结筋可无顺序张拉
10	使用夹片锚具时	夹片尾端基本齐平，分布均匀
11	施工记录	完事、齐全，并有签署
12	施工技术工人资质认证	持证上岗

无粘结预应力筋张拉施工允许偏差　　表 1-2-43

序号	检查项目	标准
1	预应力张拉相对伸长值	偏离理论计算值±6%
2	预应力筋内缩值	夹片式锚不大于 5mm，其他锚具不大于 1mm
3	预应力筋锚固后，断裂或滑脱	总根数不超过结构同一截面全部预应力筋根数的 3%，同一束只允许 1 根钢丝断裂，断、滑筋束按比例相应降低张拉力

⑤端部处理

a. 锚固区的保护应有充分防腐蚀和防火保护措施。锚具的位置通常从混凝土端面缩进一定距离，前面还预留一个凹槽，张拉后，采用液压切筋器或砂轮切除超长部分，无粘结筋严禁用电弧焊切断，将外露出锚具夹片外至少 30mm 的无粘结筋切除后，涂防腐油脂并加盖塑料封端罩，最后浇筑混凝土。当采用穴模时，应用微膨胀混凝土或低收缩防水砂浆、环氧砂浆将凹槽堵平。

b. 锚固区的混凝土或砂浆保护层最小厚度，对于梁应不小于 25mm，对于板应不小于 20mm。

5. 施工质量验收

后张法预应力施工质量，应按现行国家标准《混凝土结构工程施工质量验收规范》（GB 50204）的规定进行验收，主要验收项目和一般验收项目的验收要点见表 1-2-44。

1. 预应力混凝土技术

施工质量验收主要控制项目表　　表 1-2-44

控制项目		检查内容	相关标准
主控项目	预应力筋进场检查	A. 外观检查 无粘结钢绞线涂层表面应均匀、光滑、无裂痕、无明显褶皱。钢绞线的捻距应均匀，切断后不松散	《预应力混凝土用钢绞线》(GB/T 5224—2003)
		B. 力学性能试验 钢绞线的力学性能，应抽样检验。每验收批应由同一规格、同一生产工艺制作的钢绞线组成，质量不大于 60t。对设计文件有指定要求的疲劳性能、偏斜拉伸性能等，应再进行抽样试验	
	锚具、连接器性能检查	A. 外观检查 从每批抽 10%的锚具且不少于 10 套，检查其外观质量和外形尺寸。其表面应无污物、锈蚀、机械损伤和裂纹。如果有一套表面有裂纹则本批应逐套检查，合格者方可进入后续检验组批	《预应力筋用锚具、夹具和连接器》(GB/T 14370)
		B. 硬度检验 对硬度有严格要求的锚具零件，应进行硬度检验。从每批中抽取 5%的样品且不少于 5 套，按产品设计规定的表面位置和硬度范围作硬度检验	
		C. 静载锚固性能试验 在通过外观检查和硬度检验的锚具中取 6 套样品，与符合试验要求的预应力筋组装成 3 个预应力筋-锚具组装件，由国家或省级质量技术监督部门授权的专业质量检测机构进行静载锚固性能试验。 说明：对于锚具用量不多的工程，如由供货方提供有效试验合格证明文件，经工程负责单位审议认可并正式备案，可不必进行静载验收试验	
	涂包质量检查数量	无粘结筋的塑料套管应完整无渗漏油（夏季高温情况）、无褶皱脆裂（冬季低温情况）	《无粘结预应力钢绞线》JG 161—2004

续表

控制项目		检查内容	相关标准
一般项目		1. 无粘结预应力筋使用前应进行外观检查，检查方式为目测，其护套表面应光滑、无裂纹、无明显褶皱。 2. 预应力筋用锚具和连接器使用前应进行外观检查，检查方式为目测，其表面应无污物、锈蚀、机械损伤和裂纹 3. 预应力筋端部挤压锚具制作时，压力表读数应符合操作说明书的规定，挤压后预应力筋外端应露出挤压套筒 1～5mm。检查方式为每工作班抽查 5%，目测或钢尺检查 4. 无粘结筋的铺设应符合表 1-2-41的要求，检查方式为目测 5. 锚固阶段张拉端预应力筋的内缩量应符合设计要求，但设计无要求的时候，应符合表 1-2-43 的规定 6. 后张法预应力筋锚固后的外露部分，宜采用机械方法切割，其外露长度不宜小于预应力筋直径的 1.5 倍，且不宜小于 30mm，检查方式为抽查总数的 3%，目测或钢尺检查	

6. 后张法无粘结预应力结构施工实例

北京首都国际机场 T3B 航站楼工程

(1) 工程概况

本工程简况见表 1-2-45，预应力部位概况见表 1-2-46。

工程简况　　1-2-45

设计单位	北京市建筑设计研究院	结构设计负责人	王春华
施工单位	北京建工集团	预应力施工时间	2004～2005 年
预应力施工单位	北京市建筑工程研究院	预应力施工负责人	许曙东
建筑物所在地	北京	建筑用途	机场

续表

总建筑面积（m^2）	14.1万	建筑物总高（m）		
标准层面积（m^2）		层数	地上	3
预应力工程面积（m^2）	14.1万		地下	2
最大伸缩缝间距(m)		标准层高（m）		
建筑物平面尺寸（m）	约1000×750	柱网	标准（m）	13.856
结构类型	框架		最大（m）	
预应力筋种类	ϕ^S15.2 1860级高强低松弛预应力钢绞线	生产厂家		北京市建筑工程研究院
锚具类型	B&S系列锚具	生产厂家		北京市建筑工程研究院
预应力张拉设备	YCN25	生产厂家		北京市建筑工程研究院

预应力部位概况 **表 1-2-46**

构件名称	截面尺寸（mm）	跨度（m）	混凝土强度等级	平均压应力（MPa）	预应力配筋数量	张拉控制应力	预应力配筋形式	张拉方式
墙	500		C40	1.1	4根/m	$0.75f_{ptk}$	直线	<40 一端张拉 >40m 两端张拉
	1300		C40	1.1	10根/m	$0.75f_{ptk}$	直线	
梁	1300×1000	13.856	C40	1	10根	$0.7f_{ptk}$	自然曲线	
	1300×900	13.856	C40	1.1	10根	$0.7f_{ptk}$	自然曲线	
	700×1000	13.856	C40	0.9	5根	$0.7f_{ptk}$	自然曲线	
	700×900	13.856	C40	1	5根	$0.7f_{ptk}$	自然曲线	
	500×1000	13.856	C40	1	4根	$0.7f_{ptk}$	自然曲线	
	500×900	13.856	C40	1.1	4根	$0.7f_{ptk}$	自然曲线	
板	150	13.856	C40	1.4	1.7根/m	$0.7f_{ptk}$	自然曲线	

(2) 结构设计要点

本工程柱网轴跨 13.856m，南北长约 1000m，东西长约 750m（总平面图见图 1-2-52）。为减少温度应力对结构的不利影响，设计对受温度应力影响较大的地下室外墙、地下二层、地下一层、一层、二层超长梁，及二层超长板内分别配置平均压应力为 lMPa 左右的无粘结预应力筋，采用了无粘结预应力技术，以抵抗四季、昼夜温度变化产生的部分拉应力。

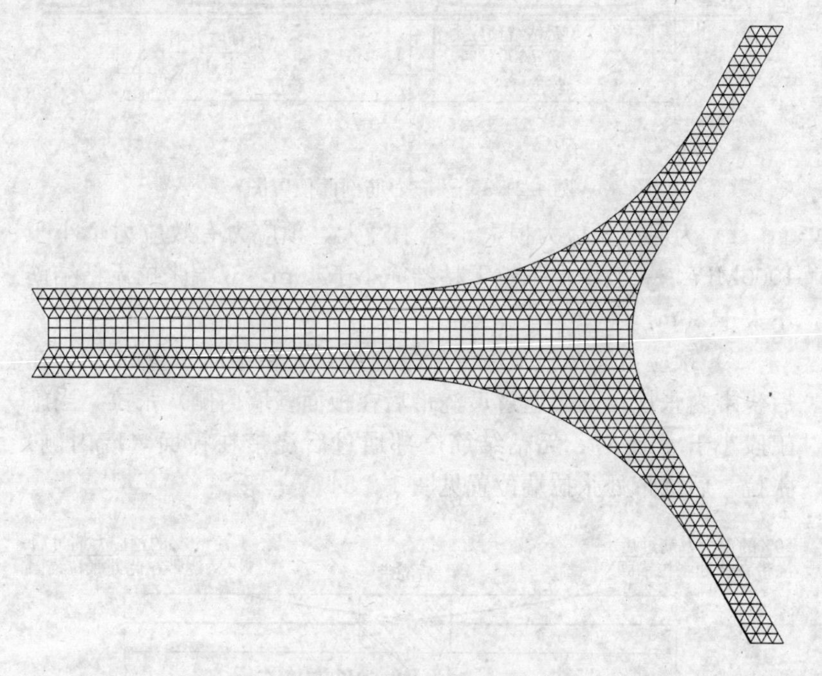

图 1-2-52 总平面图

本工程无粘结预应力筋采用 1860 级高强低松弛钢绞线，锚固体系采用北京市建筑工程研究院 B&S 全套预应力技术体系，张拉端锚具采用夹片式锚具，锚固端采用挤压式锚具。预应力筋均为温度筋，墙直线布置，梁板中为自然曲线布置。梁板中预应力张拉控应力为 $0.7f_{ptk}=0.7\times1860=1302$MPa，墙中预应力张拉控制应力为 $0.75f_{ptk}=0.75\times1860=1395$MPa，混凝土强度达到 75%设计强度后可进行预应力张拉。

（3）预应力施工

1）梁、板、墙中均为无粘结预应力筋，所有预应力筋均为温度筋，墙直线布置，梁板中为自然曲线布置。支座处固定在板的上铁，跨中固定在板的下铁。预应力筋剖面位置见图 1-2-53。

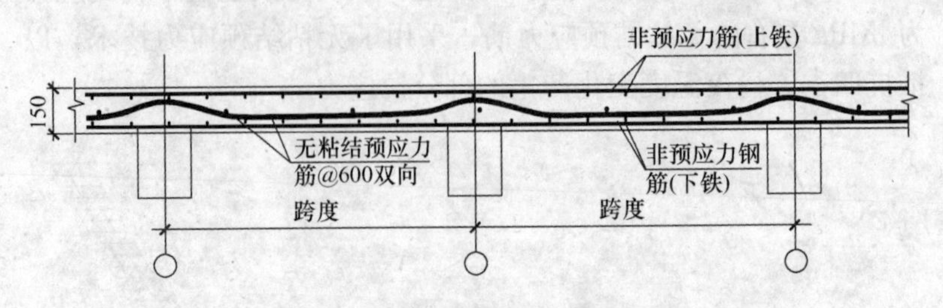

图 1-2-53　预应力筋剖面位置图

2）为保证预应力损失不至于过大，预应力有效应力不小于 1000MPa，一般单端张拉无粘结筋小于 40m，双端张拉无粘结筋不大于 80m。

3）预应力筋在施工后浇带处连续，无粘结筋总量的 50%在后浇带内张拉，50%通过后浇带后在板面（墙内侧）张拉，当施工段小于 40m 时，无粘结筋全部通过后浇带在板面（墙内侧）张拉。后浇带处张拉端位置见图 1-2-54。

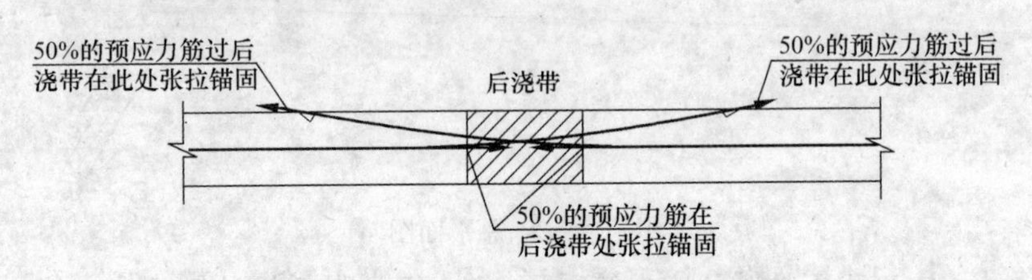

图 1-2-54　后浇带处张拉端位置图

4）当预应力筋过后浇带出板面张拉端位置靠近支座时，则将出板面张拉端位置设置在邻跨距柱（梁）1/3 跨度处附近，如果遇梁等钢筋较密，则可前后调整错过钢筋较密处（过柱的出板面张拉端位置见图 1-2-55）。锚固端节点处理方式同张拉端。

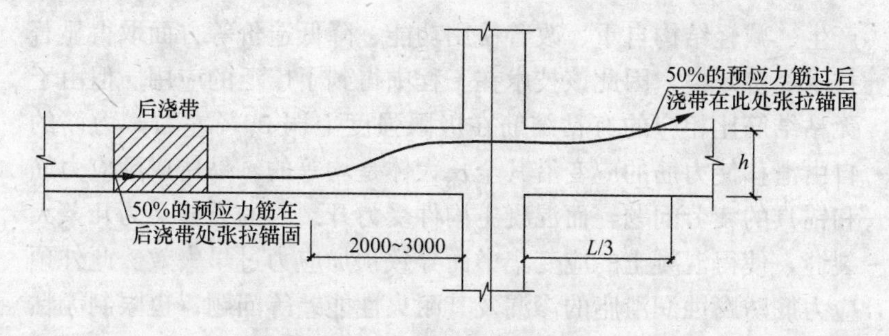

图 1-2-55　张拉端位置图

5）在一个断面上的预应力张拉端张拉时遵循对称的原则，使用两台张拉设备从中间向两侧顺序张拉。

6）由于在设计时预应力筋只考虑抵抗温度应力的作用，对承载力、变形等均没有考虑。因此，预应力张拉之前即可拆除支撑，不影响施工周期及支撑的周转。

1.2.3　后张法缓粘结预应力成套技术

1. 国内外发展概况

后张法预应力混凝土结构分为无粘结预应力及有粘结预应力两种结构形式。

后张法有粘结的预应力施工技术中，预应力筋的孔道设置及孔道灌浆这种工艺是该技术的重要环节，施工质量难以保证。预应力筋的孔道设置方式虽几经改进，却还没有彻底杜绝漏浆堵孔、压浆串流的事故，难度大。孔道压浆的密实度影响截面的设计强度、腐蚀预应力筋，尤其应用于腐蚀介质环境中钢材的防护已成为危及混凝土构件使用安全性和使用年限的极大隐患。

后张法无粘结技术施工中的无粘结筋，可如同非预应力混凝土结构一样，按设计要求进行铺放，浇筑混凝土。混凝土达到设计强度后，进行预应力筋的张拉锚固。由于无需制孔、灌浆工艺，简化了施工工序，减少了质量隐患。因此该技术在工程中得到了广泛的应用。并对结构在满足抗裂性能要求、控制温度裂缝产生、减轻结构自重、改善使用功能、降低造价等方面取得显著技术经济效益，因此该技术在工程中得到了广泛的应用。但由于无粘结筋比相应的有粘结筋在极限强度上弱 30%左右，力筋的自由滑移使力筋的应变沿其全长大体是均等的，易造成预应力筋和锚具的疲劳问题，而混凝土构件受力开裂时的裂缝又为几条大裂缝，使得混凝土的应变集中而导致预加应力过早失效。此外预应力筋防腐蚀润滑脂的渗漏及其耐火性能差等问题，也限制无粘结技术的使用。

缓粘结预应力技术体系是后张法中无粘结和有粘结预应力技术的结合，取各自所长，避各自所短，形成后张缓粘结预应力技术体系，使得预应力体系应用领域更广阔。缓粘结预应力筋的研制应用，实现了具有无粘结预应力混凝土结构施工工艺简单，克服了有粘结预应力混凝土结构预留孔道和灌浆复杂的工艺；同时具有有粘结预应力混凝土结构抗震性能好、极限状态预应力筋强度发挥充分、节省钢材的优势，并解决了无粘结预应力技术适用范围的局限性、润滑脂的缺点及有粘结预应力孔道灌浆质量的问题。因此，后张缓粘结预应力技术是一种值得大力推广的新技术。

20 世纪 90 年代，日本采用高强度钢绞线外套高密度聚乙烯塑料波纹管，中间填充冷固型环氧树脂生产出缓粘结钢绞线，并成功应用到桥梁中。近年来，国内开始对缓粘结预应力技术进行应用研究，并进行了工程应用。目前，北京市建筑工程研究院已研制出缓粘结预应力筋，并在工程中得到了成功应用。

2. 技术原理及主要技术内容

（1）技术原理

缓粘结筋由单根钢绞线涂包环氧基涂料，外包塑料套管（圆形、凹凸形）组成，是一种在预应力筋张拉前具有无粘结筋的特点，而后期又具有有粘结筋使用效果，可像普通钢筋一样配置在混凝土构件内，待混凝土达到一定强度后，涂料未固化期内，通过张拉预应力筋并用专用锚具锚固，张拉后，涂料在预期内硬化并与预应力筋、塑料套管牢固粘结成一体，将张拉力永久锚固在结构中。

（2）主要技术内容

包括材料及设计技术、预应力筋安装、单和多根钢绞线张拉锚固技术、锚头的保护技术等。

3. 技术指标及适用范围

（1）技术指标

缓粘结预应力技术适用于各种类型混凝土结构，其适用跨度和高跨比见表1-2-47，在高层建筑中采用此技术可在保证净高的前提下，显著降低层高和总高度，节省材料和造价；在多层、大面积楼盖结构框架中采用此技术可提高结构性能，简化梁板施工工艺，加快施工速度，节省钢材和混凝土，降低总造价。

缓粘结预应力适用跨度和高跨比　　表1-2-47

结构类型	适用跨度	经济跨度	高跨比
平板混凝土楼盖结构	8～15m	7～10m	1/50～1/40
单向、双向框架梁结构	12～40m	15～25m	1/25～1/18
密肋、扁梁结构	8～18m	9～15m	1/30～1/20

（2）适用范围

1）多、高或超高层建筑楼盖、转换层框架结构、基础底板、重荷载或地下室墙板等结构，以抵抗大跨度或超长混凝土结构，在荷载、温度、收缩等效应下产生的裂缝，提高结构构件的性能，降低造价。

2）用于筒仓、电视塔、核电站安全壳、海港码头、海上采油、水池等特种结构。

3）各类大跨度混凝土桥梁结构。

4. 材料与设备

（1）缓粘结预应力筋

缓粘结预应力筋是用缓慢凝固的专用缓粘结涂料，通过涂包装置均匀涂包在钢绞线表面，并通过挤出机、压纹装置等设备外包压纹塑料套管或圆形套管。目前缓粘结涂料主要有两类：一类为缓凝砂浆，另一类为环氧基树脂缓凝材料。

1）截面与规格：缓粘结预应力筋截面见图 1-2-56，规格见表 1-2-48。

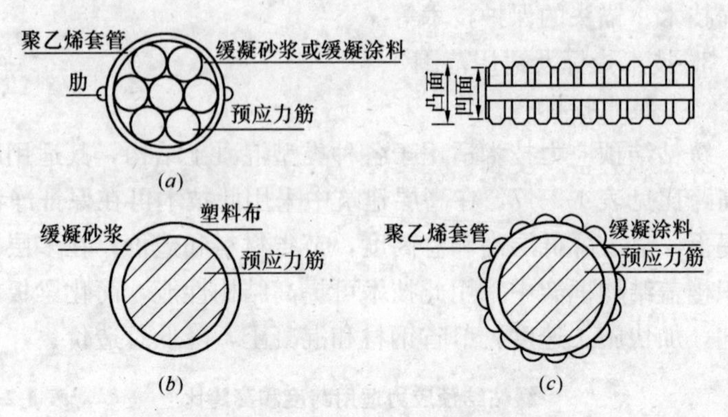

图 1-2-56　缓粘结预应力筋截面图

（*a*）缓粘结预应力筋；（*b*）缓粘结预应力筋剖面图（一）；

（*c*）缓粘结预应力筋剖面图（二）

缓粘结钢绞线规格表（mm）　　　　**表 1-2-48**

钢绞线公称直径	缓粘结预应力筋外径	套管厚度	涂层厚度	缓粘结筋与护套壁摩擦系数（μ）	缓粘结筋护套壁（每米）局部偏差摩擦系数（k）
12.7	17.5～19.0	1～1.5	1～1.5	0.122	0.0053
15.2	19.5～22.0	1～1.5	1～1.5	0.122	0.0053

2）缓粘结预应力筋特点：施工简单，省去了有粘结预应力的灌浆工艺。耐腐蚀性好，涂料是偏中性、碱性的，加外套管两重防腐构造，使用性能好，套管直径小，摩擦系数小，设计适用范围更广，能节约钢材。

3）缓粘结预应力筋特性：摩擦系数与无粘结筋相似；与混凝土粘结性能好，其粘结性能同钢材与混凝土的粘结强度或更高，耐腐蚀性好。

（2）缓粘结预应力所用材料

1）预应力筋：缓粘结预应力筋所使用的钢绞线应符合现行国家标准《预应力混凝土用钢绞线》（GB/T 5224）的规定。常用钢绞线的主要力学性能见表 1-2-49。

常用钢绞线的主要力学性能 **表 1-2-49**

公称直径 d_n（mm）	抗拉强度标准值 f_{ptk}（MPa）	抗拉强度设计值 f_{py}（MPa）	最大力总伸长率（$l_0 \geqslant$ 500mm）ε_{gt}（%）	公称截面面积 A_{pk}（mm^2）	理论质量（g/m）	应力松弛性能		弹性模量 E_s（MPa）
						初始应力相当于抗拉强度标准值的百分数（%）	1000h 后应力松弛率 r（%）	
12.7	1720	1220	≥3.5	98.7	775	对所有规格	对所有规格	1.95×10^5
	1860	1320						
	1960	1390						
15.2	1570	1110		140	1101	60	≤1.0	
	1670	1180						
	1720	1220				70	≤2.5	
	1860	1320				80	≤4.5	
	1960	1390						

2）缓粘结涂料：目前国内使用的缓粘结涂料有缓粘结砂浆和环氧基树脂两类。

①缓粘结砂浆：缓粘结砂浆是由水泥、水、砂和复合缓凝添加剂按照一定比例搅拌而成的。

这种砂浆在 5～40℃密闭条件下，能在 30d 内不凝结，30d 后开始逐渐硬化，最终抗压强度大于 30MPa。成本低，制造工艺复杂，应用范围受到限制。

a. 缓凝砂浆的缓凝机理：一是由于复合缓凝剂吸附于水泥颗粒表面或水化物表面，使得水分子和 Ca^{2+}、SO_4^{2-} 等离子与 C_3A 类物质作用程度变弱，难以较快地生成钙矾石结晶，从而起到缓凝作用；二是由于缓凝剂与 Ca^{2+} 离子作用，在水泥颗粒表面形成不溶性物质膜，阻碍了水泥矿物成分正常的水化作用，

而起到缓凝作用，当不溶性物质膜内渗透压增大使之破裂，暴露出新的熟料表面时，又会消耗缓凝剂生成不溶性物质，直到消耗尽缓凝剂后，才能使水泥正常水化，使缓凝砂浆硬化具有强度。

缓粘结砂浆具有较强的流变特性，使预应力筋在其中滑动，并随龄期增长，缓粘结砂浆与预应力筋逐渐粘结，并产生较大的粘结强度，但强度随缓凝剂掺量的增加而降低。

b. 技术配方：缓凝涂料按所处的环境温度范围分为低温、中温、高温三个技术配方，温度越高所需的凝固时间越短。缓凝涂料的配方除了考虑环境温度因素外，还要考虑施工工期的要求，确保张拉前缓凝涂料不固化。

② 环氧基树脂缓凝材料：环氧基树脂缓凝材料由环氧树脂、硬化剂、增塑剂、稀释剂、填料（也可不加）等材料组成，应为中性和碱性材料。胶粘剂主剂选用环氧基类树脂。根据主剂固化机理，选用其缓慢固化的固化剂。缓粘结涂料可根据使用要求（使用期限、使用环境温度、湿度要求）配制不同固化时间的配方。

通过控制环氧树脂硬化促进剂的添加量可以自由确定硬化时间，这种涂料在未硬化时与油脂有同等黏度，预应力筋张拉后，这种涂料自然硬化并与钢材、塑料套管粘结。

a. 目前国内外应用的环氧基树脂涂料为冷固型环氧树脂。该材料分为潮湿养护型、热效应型两种。

潮湿养护型受温度的影响小，无需考虑使用条件下的差异及大体积混凝土的高水化热影响，除了需要等较长时间才可以张拉预应力筋外，几乎可用于所有情况。

热效应型通过控制环氧树脂硬化促进剂的添加量可以自由确定硬化时间，以适应各种温度条件和施工进程。

b. 环氧基树脂涂料特性

粘结硬化特性：缓凝涂料的粘结性是依据后期缓凝涂料的硬化而得到的。粘结硬化时间及容许张拉时间随树脂种类、外界环境、温度不同而变化。

硬化前涂料的粘结抵抗力：硬化前树脂的粘结抵抗力与无粘结预应力筋用润滑脂相似，缓凝涂料 0.1～0.2MPa，油脂 0.2MPa。缓粘结筋实测摩擦系数 $k=0.0053$、$\mu=0.122$，与无粘结预应力筋摩擦系数 $k=0.004$、$\mu=0.12$ 相比基本一致。硬化前树脂的粘结抵抗力如果过大，会造成张拉时预应力损失太大，预应力使用效率降低。

● 硬化后涂料的强度：硬化后树脂的强度要不低于混凝土抗压强度的 1.5 倍，混凝土抗拉强度的 10 倍。

● 硬化后涂料与钢材的粘结特性：硬化后树脂与钢材的粘结强度是水泥浆与钢材粘结强度的 2 倍。

● 固化过程中涂料体积几乎没有变化，将预应力筋和套管粘结牢固。

c. 缓粘结涂料的性能要求

● 涂料应满足缓粘结预应力筋生产、铺放、混凝土浇筑、预应力筋张拉施工周期内未硬化，在张拉期间，虽然有树脂的粘结抵抗力等作用，但缓粘结预应力筋的摩擦系数与无粘结预应力筋基本一样，缓粘结预应力筋在张拉期限内应符合《无粘结预应力钢绞线》（JG 161—2004）的要求。具有与无粘结润滑脂同等黏度。张拉后应迅速固化。固化后缓粘结预应力筋与混凝土的粘结性能非常好，几乎同有粘结预应力筋与混凝土的粘结强度相当或更高。

● 缓粘结涂料组成材料属于中性或碱性，具有良好的耐腐蚀性，确保在高应力状态下的预应力钢绞线免受腐蚀。

● 缓粘结筋制作均应适应在工厂里完成，适用于流水作业，可大批量生产。

这两种类型的树脂涂料均可获得有粘结构件的性能和效果。但是，造价高限制了其应用范围。目前国内正在研究、开发价位合理、满足技术性能要求的新产品。

3）塑料套管：涂包环氧基缓粘结涂料预应力筋的外套管选用低压高密度聚乙烯塑料波纹管或圆形管。

4）缓粘结预应力筋制作：

①制作工艺：制作工艺与无粘结预应力筋制作工艺基本相似，只在挤出成型后增加塑料压纹工艺，其工艺流程如下：

钢绞线放线→涂包缓粘结涂料→挤塑机包塑→冷却水初冷→塑料管压纹→冷却→牵引→收线

②工艺设备：涂包工艺所用设备由放线盘、涂包缓凝涂料装置、挤塑机、初冷装置、塑料压纹装置、冷却水槽、牵引机、收线装置等组成。

③挤塑涂包工艺牵引速度：10～18m/min。

（3）锚具

缓粘结预应力筋应根据所采用的预应力筋及适用的结构情况合理选用单孔或多孔锚具，张拉端可选用夹片锚，固定端可选用夹片锚、挤压锚或压花锚，锚具性能应符合《预应力筋用锚具、夹具和连接器》（GB/T 14370）的规定。

（4）节点做法及锚固区保护

缓粘结预应力筋的张拉、锚固端及锚固区保护做法可参考《无粘结预应力混凝土结构技术规程》（JGJ 92—2004、J 409—2005）的做法。

1）单根预应力筋的张拉、锚固端做法见图 1-2-57、图1-2-58。

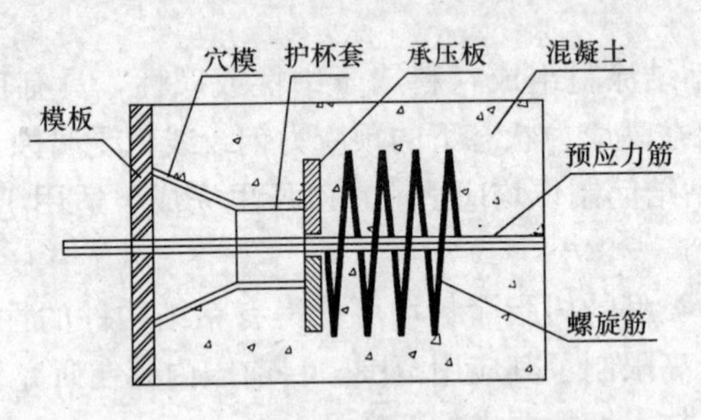

图 1-2-57　张拉端节点示意图（单根）

2）多根预应力筋集中布置时张拉端、锚固端做法见图 1-2-59、图 1-2-60。

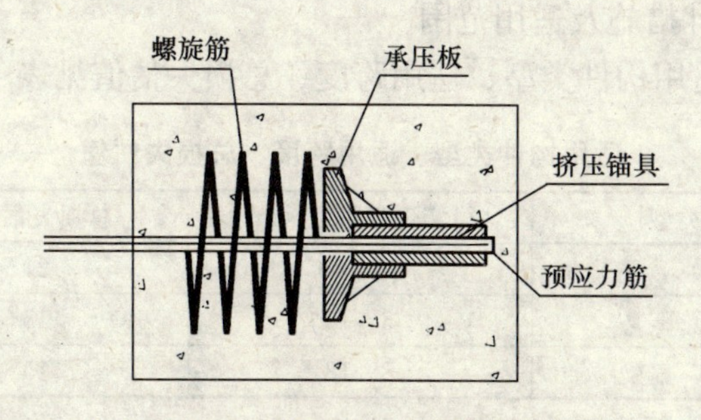

图 1-2-58　锚固端节点示意图（单根）

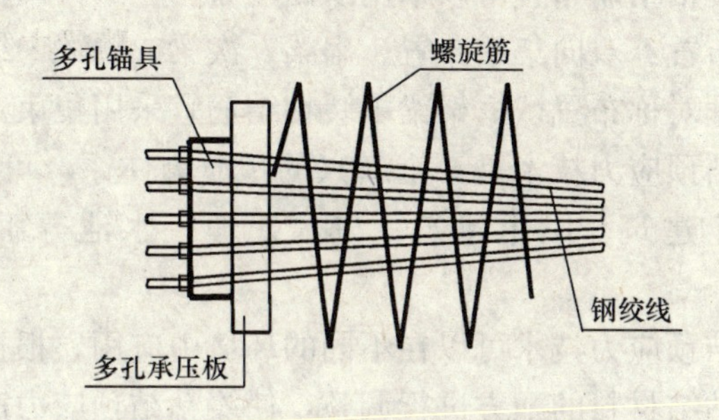

图 1-2-59　张拉端节点示意图（多根）

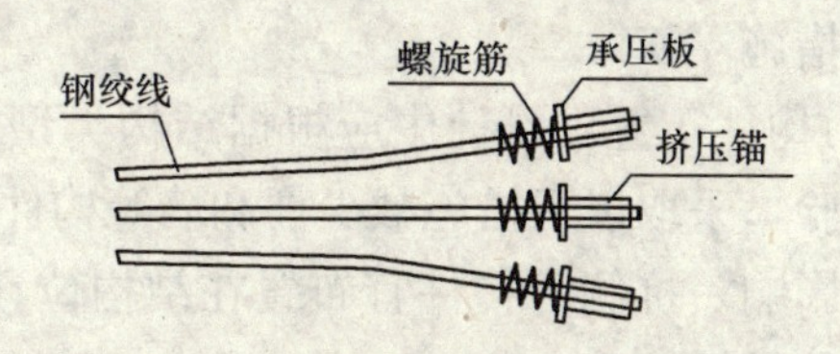

图 1-2-60　锚固端节点示意图（多根）

（5）常用缓粘结预应力筋下料设备

1）350mm 砂轮机：用于缓粘结预应力筋的下料切断。

2）挤压机及配套油泵：用于单端张拉的缓粘结预应力筋埋入时固定端制作挤压锚和组装整体锚所需设备，如 JY-45 等型号挤压机及配套油泵。

3）千斤顶及配套油泵：缓粘结预应力筋张拉一般采用小型 YCN-25、YCQ-20 前卡式千斤顶及 ZB0.6-63 或 STDB 小型油泵进行单根张拉，也可采用大型千斤顶及配套油泵进行整体张拉。

5. 设计措施及适用范围

（1）适用构件类型、适用跨度、总损失估值见表 1-2-50。

适用构件类型、适用跨度、总损失估值　　　表 1-2-50

构件类型	可实现的跨度（m）	总损失估值（%）
梁	15～40	20～30
板	8～15	15～25
密肋梁、扁梁	8～18	15～25

板中缓粘结筋布置可以采用双向均布；一个方向均布，另一方向集中布置：双向集中布置。扁梁、次梁、肋梁中缓粘结筋可以采用并排对称布置。框架梁中缓粘结筋宜采用集束布置。

缓粘结预应力技术是一个新兴的预应力体系，可以在水利、桥梁、工业建筑、民用建筑、污水处理厂水池等工程中广泛应用。

缓粘结预应力技术可以在不同的环境中应用，根据所处环境状况对缓粘结材料的配方进行调整，使缓粘结预应力筋的性能满足环境的要求。

（2）设计措施

1）抗侧力构件布置：设计中应根据结构类型、预应力构件类别、工作经验，采取以下措施减少柱和墙等构件对梁板预加应力效果的不利影响。抗侧力构件宜布置在结构位移中心点附近，采取相对细长的柔性构件。

2）超长结构分段施加预应力：当缓粘结预应力筋长度超过 30m 时，宜采用两端张拉；当预应力筋长度超过 60m 时，宜采取分段张拉和锚固。当有可靠的设计依据和工程经验时，缓粘结预应力筋的长度可不受此限制。

3）设滑动支座或配置附加钢筋解决约束构件的影响：预应力混凝土结构设计中，应确保预加应力能够有效地施加到预应力结构构件中，必要时应采取措施减少竖向支承构件或相邻结构对施加预应力的阻碍作用，并尽量避免对非预应力构件的不利影响。

4）按照现行国家标准《混凝土结构设计规范》（GB 50010—2002）的有关要求适当配置温度、收缩及构造钢筋，防止在缓粘结现浇预应力混凝土梁、板中由温度、收缩应力产生裂缝。

6. 施工工艺

（1）工艺原理

缓粘结预应力混凝土施工时，不需要预留孔道、穿筋、灌浆等工序，而是把预先组装好的缓粘结筋在混凝土浇筑前，同非预应力筋一道按设计要求铺放，然后浇筑混凝土。待混凝土达到强度后，利用预应力筋、塑料套管与缓粘结涂层之间不粘结，在结构内可作纵向滑动的特性，进行张拉锚固，借助两端锚具达到对结构产生预应力效果。张拉后，缓粘结涂料迅速固化并与预应力筋、塑料套管、混凝土粘结成一体，具有有粘结结构特性。

（2）工艺流程

缓粘结预应力筋的施工流程如下：

准备材料→配制缓凝材料→制作缓粘结筋→缓粘结筋铺设绑扎、三检会检、隐检验收→浇筑混凝土→设备计量、标定→预应力筋张拉、锚固、三检会检→切断端部多余预应力筋、锚固区防腐处理→工程验收

（3）施工要点

1）预应力筋现场制作

①下料：缓粘结筋的下料长度应按设计和施工工艺计算确定，下料应用砂轮锯切割。

②制作固定端的挤压锚：制作挤压锚具时应遵守专项操作规定。在完成挤压后，护套应正好与挤压锚具头贴紧靠拢。压花锚具成型采用压花机并按其操作程序进行。

③在使用连体锚作为张拉端锚具时，必须加套颈管，并切断护套，安装穴模。

④编束：缓粘结筋成束布置时，应先将筋理顺，再用 20 号

钢丝绑扎，间距1～1.5m，并尽量使各根筋松紧一致。

2）模板：底模板在建筑物周边宜向外挑出，以便早拆侧模，侧模应便于可靠固定锚具垫板。

3）铺筋

①底模安装后，应在模板面上标出预应力筋的位置和走向，以便核查根数并留下标记。

②为保证缓粘结预应力筋的曲线矢高要求，应合理编排非预应力底筋。

③缓粘结预应力筋的曲率可用马凳控制，间距为1.0～1.5m。

④缓粘结预应力筋为双向曲线配置时，必须事先编序，制订铺放顺序。成束筋可单束穿也可整束穿，应避免各束间不平行、互相交叉。

⑤缓粘结预应力筋与预埋电线管发生位置矛盾时，后者应予避让。

⑥在施工中缓粘结筋的护套如有破损，应对破损部位用塑料胶带包缠修补。

4）端部节点安装

①固定端挤压式锚具的承压板应与挤压锚固头贴紧并固定牢靠。

②张拉端缓粘结预应力筋应与承压板垂直，承压板和穴模应与端模紧密固定。

③穴模外端面与端模之间应加泡沫塑料垫片，防止漏浆。

④张拉端缓粘结预应力筋的外露长度与所使用的千斤顶有关，应具体核定并适当留有余量。

5）混凝土浇筑及振捣：混凝土浇筑时，严禁踏压缓粘结预应力筋、支撑架以及端部预埋部件；张拉端、固定端混凝土必须振捣密实，以确保张拉操作的顺利进行。

6）张拉

①张拉依据和要求

a. 设计单位应向施工单位提出缓粘结预应力筋的张拉顺序、

张拉力。

b. 张拉时混凝土强度设计无要求时，不应低于设计强度的75%，并应有同条件养护试块的强度试验报告。现浇结构施加预应力时，混凝土的龄期板不宜小于5d，梁不宜小于10d。为防止混凝土早期裂缝而施加预应力，可不受此限制。缓粘结预应力筋施工时要注意缓凝期的限制，张拉必须在缓凝期结束前完成。

c. 锚具安装前需先做清理和检查工作：锚垫板周围的杂物、锚垫板后混凝土的密实性、预应力筋表面清理。锚具安装时锚板应对中，夹片应夹紧，且缝隙均匀、外露一致；千斤顶上的工具锚孔位与构件端部工作锚的孔位排列要一致，以防钢绞线在千斤顶穿心孔内打叉。设备安装时，对直线预应力筋，应使张拉力作用线与预应力筋中心线重合；对曲线预应力筋，应使张拉力作用线与预应力筋中心线末端的切线重合。

d. 张拉前必须对各种机具、设备及仪表按规定进行校核及标定。高空张拉作业时，应搭设可靠操作平台。

e. 缓粘结预应力筋张拉顺序应按设计要求进行，如设计无特殊要求时，可依次张拉。成束布筋结构张拉时，对同一束预应力筋应整束张拉。对直线束或平行排放的单波曲线束，如整束张拉有困难时，可采用单根张拉工艺，但应考虑相互影响。对特殊预应力构件或预应力筋应根据设计和施工要求采取专门的张拉工艺，如采用分阶段张拉、分批张拉、分级张拉、分段张拉、变角张拉等。对多波曲线预应力筋可采用超张拉回松技术提高内支座处的有效应力并提高锚具下口的有效应力。总之预应力束张拉顺序应按设计要求进行，如设计无要求时，尚应遵守对称张拉原则，还应考虑到尽量减少张拉设备的移动次数。

f. 为减少缓粘结预应力筋松弛、摩擦等损失，可采用超张拉法。

g. 张拉后，按设计要求拆除模板及支撑。

②张拉操作

a. 张拉千斤顶前端的附件配置与锚具形式有关，应具体

处置。

b. 张拉时要控制给油速度。

c. 缓粘结预应力筋曲线配置或长度超过 40m 时，宜采取两端张拉。

d. 张拉前后，均应认真测量缓粘结预应力筋外露尺寸，并做好记录。

e. 为减少预应力束松弛损失，可采用超张拉法，但张拉力不得大于预应力束抗拉强度的 80%。多根钢绞线同时张拉时，构件截面中断丝和滑移的数量不得大于钢绞线总数的 3%，且一束钢绞线只允许一根。

f. 张拉程序宜采用从应力为零开始张拉，至 1.03 倍预应力筋的张拉控制应力直接锚固。

g. 同时校核伸长值，实际伸长值对计算伸长值的偏差应在±6%之间。

h. 缓粘结预应力筋张拉时，应逐根填写张拉记录，经整理签署验收存档。

7）端部处理：张拉后，应检查端部和其他部位是否有裂缝，填写张拉记录表并采用液压切筋器或砂轮锯切断超长部分的缓粘结预应力筋，严禁采用电弧切断。将外露缓粘结预应力筋切至 30mm 后，涂专用环氧砂浆，最后浇筑混凝土。当采用穴模时，应用微膨胀细石混凝土或高强度等级砂浆将构件凹槽堵平。在桥梁结构中，锚头外加锚罩，用水泥浆将锚头封死，并认真灌封混凝土，在封端外作防水处理，防止侵蚀介质从锚头进入锈蚀预应力筋。

（4）张拉安全注意事项

1）施工作业员、特殊工种人员必须持证上岗，施工人员进场作业必须戴安全帽。

2）在四外临空、高空作业时，应搭设每平方米载重 100kg 的外挑脚手架，并设有防身栏，操作面下面 5m 左右设有 3m 宽的水平安全网，额定张拉力 25t 以上的张拉设备及灌浆设备不得放置在悬挑脚手架上；当结构脚手架局部作业面围护有缺陷及高空作业情况，操作人员必须系安全带；安全带挂在结构内安全的立管上。

3）预应力筋吊运时应按工地塔式起重机的吊装规定，将预应力筋捆扎牢靠，不得超载；预应力筋解捆时，应防止预应力筋弹开伤人。

4）穿束和张拉地点上下垂直方向应避免与其他工种同时施工。

5）张拉作业时，放置保管好锚夹具、工具和机具，严防高空坠落伤人。在任何情况下，千斤顶油缸后部、预应力筋端部正后方位置严禁站人，油管接头处和张拉油缸端部严禁手触、站人。在张拉过程中，施工作业人员不得离开岗位。机电设备发生故障自己不得拆动，报告机电人员处理。

6）油泵与千斤顶的操作者须紧密配合，只有在千斤顶就位妥当后方可开动油泵。油泵操作人员必须精神集中，平稳给油、回油，密切注视油压表读数，张拉到位或缸体到最大行程时，需及时回油，以免油压力瞬间速度加大，造成缸体爆裂伤人。

(5) 质量验收及标准

缓粘结预应力混凝土结构在施工过程中的质量验收可以按照现行国家标准《预应力混凝土用钢绞线》(GB/T 5224—2003)、《混凝土结构工程施工质量验收规范》(GB 50204—2002)、《混凝土结构设计规范》(GB 50010—2002)、《无粘结预应力混凝土结构技术规程》(JGJ 92—2004、J 409—2005) 等。

7. 工程应用介绍

目前，缓粘结预应力技术已在新建厂房、污水处理厂水池、酒店公寓、高架桥等工程中应用，取得显著的社会经济效益。

【例 1】 1994 年 6 月，在上海市成都路内环线某高架桥工程中使用缓粘结预应力技术。该工程由 2 座匝道桥和 1 座高架桥组成，长约 400m，桥面总宽 55.5m，总投资 1 亿多元。2 座匝道桥连续梁因两侧设置有 3m 人行道，桥面宽达 15m。桥面板横向预应力筋采用了缓粘结预应力钢绞线。2000 多根缓粘结预应力钢绞线的实际应用，达到了预应力混凝土的设计效果，满足了施工要求。由于缓粘结预应力体系省去了成孔、灌浆用的材料和设备，以及预应力筋布置灵活方便，因而大大地简化了施工过程，节省工程造价 20%左右。

【例 2】 天津力神锂离子电池扩建工程为框架结构，整体三层，局部两层，建筑面积 42336m^2，结构总长 180m，宽 72m。首层、二层基本柱网为 6.0m×12.0m，三层基本柱网为 12.0m×12.0m。动、静荷载大，跨度大，工期紧，技术难点多，质量要求严格。为了降低层高，保证楼层净空，满足使用功能和外观要求，设计采用预应力混凝土结构，同时满足了 120m 长车间布设伸缩缝的要求。该工程大面积使用缓粘结预应力筋。该技术有诸多优点，如增加张拉长度、减少工期、提高材料的耐久性和安全度、降低成本等。在预应力施工过程中，还进行了全结构反拱测量检测，验证结构构件预应力分布状态和预应力工作程度，从而达到检验和控制预应力施工质量的目的。

【例 3】 北京青少年宫：2007 年，北京市青少年宫工程整体造型及平面形状均为非规则体系，同时竖直方向也与地面形成一定角度，科技含量很高，施工难度较大。整栋建筑由 1～6 号楼六部分组成，1～5 号楼之间三层以下由 6 号楼连接形成整体。设计在 1 号楼－1、1、2、3 层顶板，2 号楼－1、1、2、3、4 层顶板，3 号和 4 号楼 1、2、3、4、5 层顶板，6 号楼－2、－1、2 层顶板中采用预应力（空心）楼板技术，结构的概念设计中引入了抗震加强带的设计理念，在加强带部位均采用了缓粘结预应力技术。

【例 4】 2005 年，北京力鸿生态家园工程中为降低楼板厚度，满足结构净高要求，储备良好的抗震性能，经多方案比较论证，标准层楼板采用了缓粘结预应力技术。

【例 5】 2005 年 8 月，缓粘结预应力技术在山西阳高污水沉淀池工程中应用，其中缓粘结预应力钢筋是采用 1860MPa 级低松弛预应力钢绞线涂敷缓凝持种树脂制成的。

参考资料

[1] 混凝土结构工程施工质量验收规范（GB 50204—2002）. 北京：中国建筑工业出版社，2002.
[2] 混凝土结构设计规范（GB 50010—2002）. 北京：中国建筑工业出版社，2002.
[3] 无粘结预应力混凝土结构技术规程. JGJ 92—2004、J 409—2005）. 北京：中国建筑工业出版社，2005.
[4] 建筑工程预应力施工规程（CECS 180：2005）. 北京：中国计划出版社，2005.
[5] 章建庆等. 缓粘结预应力筋的研制和应用. 海威姆预应力技术，2003（1）.
[6] 刘文华等. 缓粘结预应力钢绞线的试验研究. 海威姆预应力技术，2003（1）.
[7] 易圣得. 日本预应力混凝土桥梁新技术—缓粘结 PC 钢材. 海威姆预应力技术，2003（1）.

1.2.4 大跨度现浇混凝土预应力空心楼盖体系成套技术

1. 国内外发展概况

国外自 20 世纪 50 年代已在房建、桥梁板结构工程中应用。我国起步较晚，1989 年，北京市建筑工程研究院在北京市科委的支持下，立项研究并在试点工程应用。完成了结构受力试验、管芯成型工艺、现浇施工工艺的研究，并成功应用了 3 个项目。10 年来，很多厂家在此成果的基础上，对成孔材料进行了广泛深入的探索，相继提出了纸质管芯、金属螺旋管芯、塑料管芯、薄壁水泥管芯、高密度聚苯材质芯材，成孔形状有圆形、椭圆形、多边形、方形。

管芯材料的开发应用，为现浇空心楼盖的推广应用提供了有利条件，促进了该项技术迅速在房建、桥梁工程中广泛应用，取得了显著的社会和经济效益。

为了满足建筑功能对结构跨度、柱网开间不断提高的要求，大跨度现浇混凝土预应力空心楼盖体系正在替代传统的普通钢筋混凝土梁板结构、密肋楼盖、预应力梁板结构和装配式空心楼盖体系，并在大量实际工程应用，如 19m 跨北京海淀体育中心综合训练馆、16.8m 跨总参八局食堂、19.5m 跨最高人民检察院办公楼、24.6m 跨北京电视中心演播厅、16.8m×25.5m 跨中船科技大厦等工程楼盖中采用了该技术，取得了满意效果，并为该项技术的广泛应用提供了设计、施工经验。

截至目前，预应力空心楼盖体系已广泛应用于多层建筑和高层建筑，成功应用于办公楼、教学楼、展览大厅、停车楼、厂房等房建工程，在满足结构强度和刚度的前提下，单向受力体系的楼板跨度达到 19m，双向受力体系的楼板跨度达到 27m，推广面积也达到年均 100 万 m^2。作为一种新型实用的结构体系，预应力空心楼盖体系集空心楼板和预应力技术之优点，在适用跨度范围内能有效地减轻楼板自重，节约钢材和混凝土用量，增强结构整体性，通过技术的推广应用，获得了较好的经济效益和社会效益，并获得了较好的实用功能。

2. 基本原理和主要技术内容

（1）基本原理

大跨度现浇预应力空心楼盖体系是一种由现浇钢筋混凝土结构、空心楼盖和后张预应力技术结合为一体的大跨楼盖结构，也就是通过内模（筒芯或箱体）在板内形成永久性孔芯，获得较大的空心率，以达到减轻结构自重，并结合预应力达到改善结构受力特性的目的。

（2）主要技术内容

包括材料及设计技术、内模（筒芯或箱体）安装固定技术、预应力筋铺设、预应力筋张拉锚固、锚头保护及灌浆技术（后张有粘结技术）等。

其详细内容见《混凝土结构设计规程》（GB 50010—2002）、《无粘结预应力混凝土结构技术规程》（JGJ 92—2004、J 409—

2005)、《现浇混凝土空心楼盖技术规程》(CECS 175：2004)。

3. 技术特点及适用范围

(1) 特点

预应力空心楼盖体系是适应大跨度结构的一种新型实用结构体系，集空心楼板和预应力技术之优点，在适用跨度范围内能有效地减轻楼板自重，节约钢材和混凝土用量，增强结构整体性，具有较好的实用功能和社会经济效益。

预应力空心楼板的特点：

1) 用途广泛，跨度大，可获得较佳的使用空间；

2) 减少明梁或采用无梁结构，最大限度地增加楼层净高，同时降低模板施工难度和加快施工速度；

3) 结构自重轻，可减少竖向支撑和基础承载力；

4) 中空楼板可获得良好的隔声效果；

5) 中空楼板可获得良好的隔热效果；

6) 预应力空心楼板是多种技术、多种材料的结合，施工难度增加，施工质量要求严格。

(2) 适用范围

适用于大跨度民用与工业建筑，如办公楼、教学楼、展览大厅、停车楼、厂房，还适用于市政桥梁板。

工程结构经济适用跨度：单向 12.0～19.0m；双向 14.0～27.0m。

(3) 典型空心楼盖结构应用形式

1) 无梁楼板（图 1-2-61）

2) 梁板结构体系（图 1-2-62）

4. 主要材料及常用制作设备

(1) 预应力筋和锚固体系

预应力筋采用 ϕj15.2 高强低松弛钢绞线，标准强度 $f_{ptk}=1860$MPa，张拉控制应力 $\sigma_{con}=0.7\sim0.75f_{ptk}$ (MPa)；规格和力学性能应符合国家标准《预应力混凝土用钢绞线》(GB/T 5224—2003) 和《无粘结预应力钢绞线》(JG 161—2004) 的

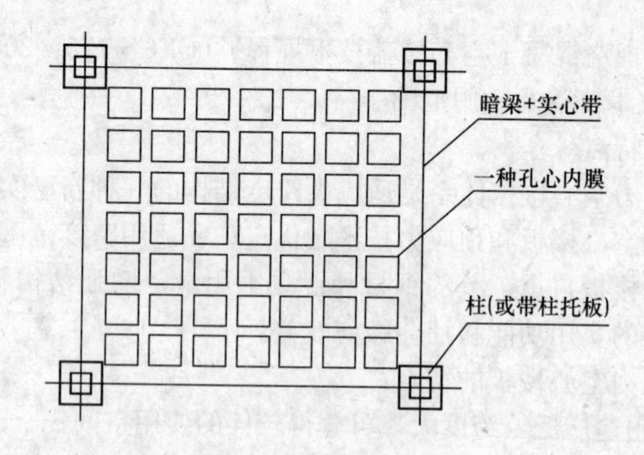

图 1-2-61　无梁楼板结构形式

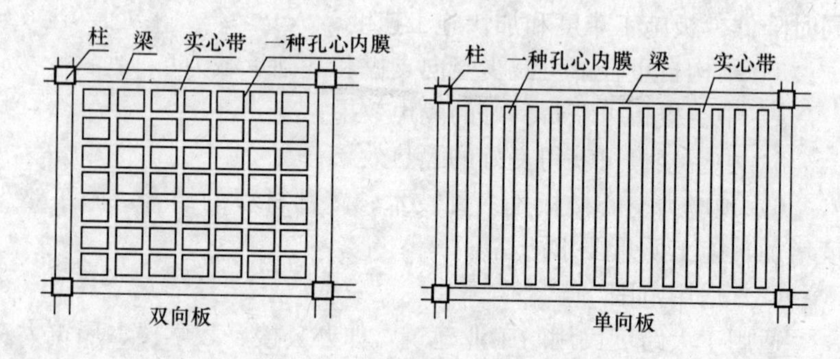

图 1-2-62　梁板结构形式

规定。

锚固系统应按设计图纸要求选用，其锚固性能的质量检验和合格验收应符合国家标准《预应力筋用锚具、夹具和连接器应用技术规程》（JGJ 85—2002）、《混凝土结构工程施工质量验收规范》（GB 50204—2002）的规定。

锚具宜选用“Ⅰ”类锚具：锚具效率系数 $\eta_a \geqslant 0.95$，试件破断时的总应变 $\varepsilon_u \geqslant 2\%$。锚具选用时应考虑预应力筋品种和工程应用环境，单根无粘结筋和缓粘结筋张拉端宜选用夹片式锚具，固定端宜采用挤压锚具或经顶紧的垫板连体式夹片锚具。

（2）常用孔芯材料

按材质分类：纸质管芯、金属螺旋管芯、塑料管芯、薄壁水泥管芯、高密度聚苯材质管芯等的芯材。

按成孔形状分类：圆形、椭圆形、多边形、方形。

国内、外常用孔芯材料，见表 1-2-51。

表 1-2-51

	1990 年前	1990～2000 年	～目前
国内	纸质筒芯	纸质筒芯	BDF 管
		水泥管芯	GBF 管
		金属波纹管	金属波纹管
			加强塑料管
			高密度聚苯材质
国外	抽芯成孔	水泥管芯	
	钢管	大直径金属波纹管	
	水泥管	加强塑料管	

目前常用的管芯材料中，薄壁水泥管用量最大，实行工厂化模具成型，室内温湿度环境养护，成孔规范，具有强度高、壁薄、质轻、不燃、施工安装方便、对钢筋无锈蚀等优点，但相比其他材质的管芯，存在易破损、不易修补、浇筑混凝土时吸水的缺点。

高密度聚苯管芯可模具发泡成型，也可利用聚苯板手工成型，外部再包裹防护材料，具有强度高、质轻和易于安装修补的优点，但存在污染环境和具有可燃性（燃烧时释放有毒气体）的缺点。

金属管芯则使用机器卷压钢带制成，具有强度高、质轻、不易破损的优点，但存在端头封堵的问题和价格相对较高的缺点。

（3）其他主要材料

混凝土强度等级 C40 以上；钢筋采用 HRB335 和 HRB400。有粘结预应力用波纹管。

(4) 制作张拉设备和机具

参照前述有关无粘结和有粘结预应力内容。

5. 设计与构造形式

(1) 设计原则

预应力空心板剖面见图 1-2-63，预应力空心楼盖在各个受力阶段直至承载能力极限状态下，其结构受力表现与实心楼盖结构受力表现基本相同，因此在楼面荷载作用下空心楼盖结构内力分析可参照实心板内力的计算方法。

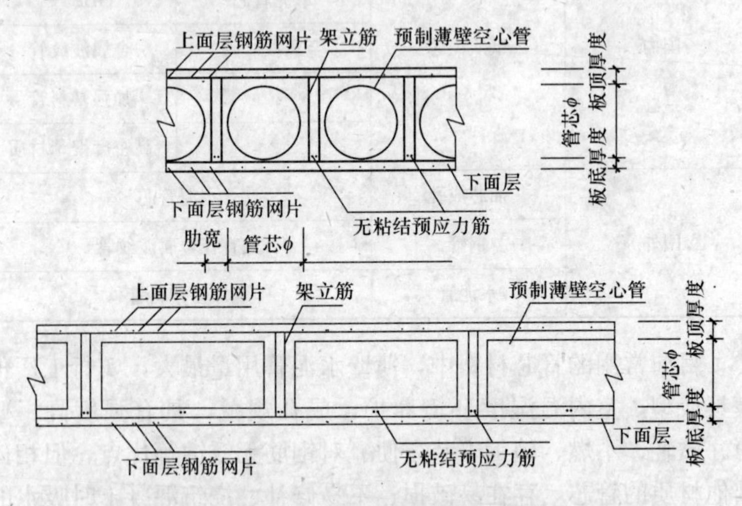

图 1-2-63　预应力空心板剖面示意

(2) 空心板等效计算截面

设计单向空心板时，根据面积相等、惯性矩相等的原则，取单位宽度（一个空心管中心距）范围内空心管截面等效为矩形截面，将空心板当做宽度为单位宽度、高度为空心板厚度，经计算所得腹板宽度、翼缘厚度的工字形截面。

设计双向空心板时，平行和垂直空心管方向截面均按折算工字形截面，按空间框架结构进行力学计算。

(3) 工程结构跨度

1) 预应力单向空心板：$L_x/L_y>2$，单向布管按面积折算工字形截面刚度。

2）预应力双向空心板：$L_x/L_y \leqslant 2$，单向布管，管芯长度不大于 1200

管径方向，肋宽：60～120mm；按面积折算工字形截面刚度。

垂直管径方向，肋宽取 2 倍管径方向肋宽；直接取工字形截面刚度。

注：双向板横向跨度 L_x；纵向跨度 L_y。

（4）结构形式及典型结构跨高比

1）单向预应力混凝土空心楼板：

跨度 12.0～19.0m；跨高比 35～40。

2）有边界约束的双向预应力混凝土空心楼板：

跨度 14.0～27.0m；跨高比 42～48。

3）无边界约束的双向预应力混凝土空心楼板：

跨度 14.0～27.0m；跨高比 40～45。

（5）基本尺寸

管径：200～550mm（≤0.7 板厚）；

肋宽：60～120mm［折算 0.20 板厚（≥0.25 管径），且不小于 60mm］

（双向板，垂直管径方向，肋宽取管径方向肋宽的 2 倍）；

板顶厚度：50～90mm（折算 0.16 板厚，且不小于 50mm）；

板底厚度：50～90mm（折算 0.16 板厚，且不小于 50mm）；

实心带：350～800mm（不小于 350mm）；

空心率：30％～45％（不大于 50％）。

（6）构造措施

为固定管芯和加强实心带抗剪切能力，空心管肋间构造性设置箍筋；或空心管肋间上下铁间设置拉筋。

6. 施工工艺与质量控制

（1）工艺原理

大跨度现浇混凝土预应力空心楼盖施工时，在未浇筑混凝土之前，将孔芯材料铺设在板内，获得较大空心率以减轻结构自重，并在肋梁中配置预应力（无粘结、有粘结、缓粘结）筋，然后浇筑混凝土，待混凝土达到强度后，进行预应力张拉锚固，对混凝土构件产生预压力，改善构件受力特性。

（2）工艺流程（图 1-2-64）

图 1-2-64　工艺流程图

施工准备→支模板→绑扎空心板底筋、肋梁钢筋和预埋水电管线→铺设预应力筋→铺设空心管→绑扎板面钢筋→预应力节点安装→隐检验收→浇筑混凝土→预应力张拉→（有粘结灌浆）→端部封堵

1）材料进场检测

①钢材：按现行规范《混凝土结构工程施工质量验收规范》（GB 50204—2002）的相关规定进行复检和有见证复检试验；

②预应力筋和锚具：规格、力学性能符合国家规范要求；

③空心管：检测要求及方法，见表 1-2-52。

表 1-2-52

项目	外观	外径平直度	吸水率	抗压、折
要求	平整、平直、无破损	无侧弯、无凹凸不平	≤18%	抵抗成人的踩压
方法	肉眼观测及直尺	肉眼观测及直尺	水中浸泡 10h	成人踩压管芯不破损

2）支模板

①按现行规范《混凝土结构工程施工质量验收规范》（GB 50204—2002）的相关规定；

②由于跨度大，应适当起拱 2‰；

③模板支撑体系应进行抗浮验算，且安装时支撑体系端部应固定牢固。

模板及其支架应根据工程结构形式、荷载大小、地基土类别、施工设备和材料供应等条件对其承载力、刚度和稳定性进行设计验算，还要考虑在空心板浇捣混凝土时管芯浮力对板下支撑的影响，特别进行支撑体系的稳定性验算。

由于空芯板的支撑体系需要在预应力筋张拉后才能拆除，为节省模板用量，楼板模板及其支撑建议采用快拆体系，同时要求梁板端模就位后其圆孔应与预应力筋张拉端伸出位置相对应。

3）按图绑扎梁板钢筋、肋梁钢筋和水电管线

4）铺设预应力筋和节点安装

①准备端模：预应力板端模应采用木模，若施工工艺有特殊要求也可采用其他模板。根据预应力筋的平、剖面位置在端模上打孔，孔径为 25～30mm。

②预应力筋矢高定位筋制作：定位筋可在现场制作，采用直径 10mm 圆钢筋。高度按施工翻样图的预应力筋矢高控制点高度，与空芯板中小肋梁的箍筋绑扎在一起。

③预应力筋铺放：预应力筋位置剖面示意及张拉端做法见图 1-2-65、图 1-2-66。

预应力筋的铺放步骤：

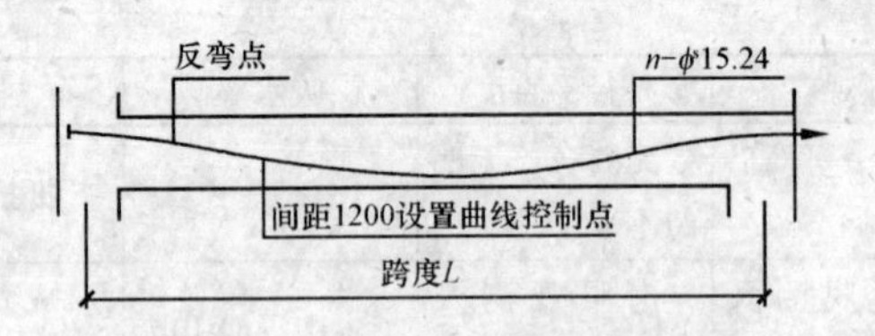

图 1-2-65　预应力布筋剖面示意图

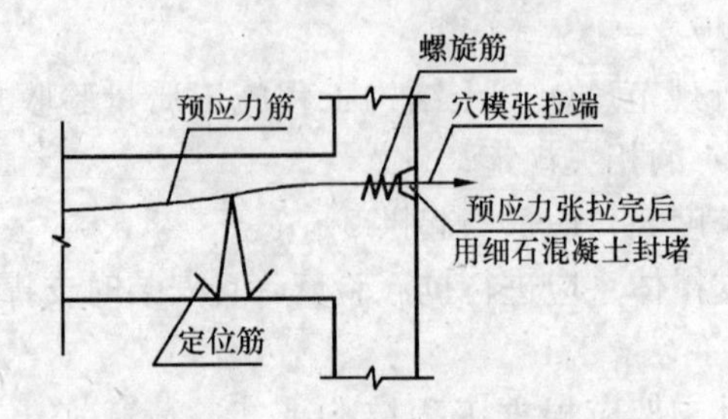

图 1-2-66　预应力张拉端示意图

● 安放架立筋：按照施工图纸中预应力筋矢高的要求，将架立筋安放就位并固定。架立筋的间距应能保证预应力钢筋的矢高准确、曲线顺滑，间距一般为 1.0～1.5m，根据施工图所要求的预应力筋曲线剖面位置，对其需支架立筋处和该位置处预应力筋重心线距板底的高度进行调整，并将预应力筋和架立筋绑扎牢固。

● 预应力筋铺放和节点安装：无粘结预应力筋应按施工图纸的要求进行铺放，铺放过程中其平面位置及剖面位置应定位准确。

由于部分预应力筋在空芯板的小肋梁中，若采用一端张拉一端锚固时，在满足张拉空间要求下，张拉端可设在同一方向，如不能满足张拉空间要求，可将部分张拉端放置于另一侧。

肋梁内成束布置的无粘结预应力筋束应在距张拉端和锚固端 1.5m 处开始分散，避免端部混凝土受力过分集中，影响承压板和螺旋筋的安装固定，同时方便预应力筋的张拉。分散后的预应力筋中心高度应满足设计要求。

● 双向板预应力筋的铺放：空芯板中预应力筋为双向布置时，应保证预应力筋的设计矢高，编制合理铺放顺序，并与非预应力筋的铺设走向、位置协调一致，以达充分发挥预应力筋的作用。

● 节点安装：根据建筑立面要求，采用张拉端凹入混凝土内的节点组装方法或其他的张拉端方式。节点安装要求和节点做法参见本手册有关无粘结和有粘结预应力内容。

5）空心管安装固定：按管芯安放位置弹线后，绑扎板底钢筋和预埋管线，再绑扎固定肋片和钢筋网片、安放成型管芯。空芯管安放定位后，应用可靠的连接件将空芯管与支撑体系固定，以免在混凝土浇筑过程中发生空芯管上浮。

① 固定方式：为防止浇捣混凝土时管芯移位，造成混凝土实心肋的尺寸偏差，管芯的固定是空心楼板施工工序的重要控制措施之一，具体如下措施：

● 有肋梁，图 1-2-67 肋梁间设置空心管，管下放置垫块或架立钢筋支撑后固定，确保其平面和空间位置。

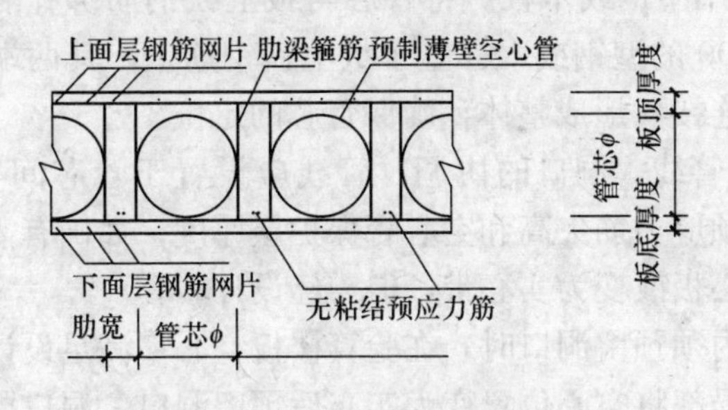

图 1-2-67 有肋梁剖面示意图

● 无肋梁，见图 1-2-68。预先在模板上划线定位，设置定位卡具，管下放置垫块或架立钢筋支撑后固定，以保证平面位置和空间位置；垫块多采用预制水泥砂浆垫块，不易制作时也可使用架立钢筋，但应在架立腿上刷涂防腐油漆。

②固定点设置及抗浮措施：振捣混凝土时，混凝土可简化视为一种液态，液态混凝土的密度视为 $\rho=2.5\text{kg/cm}^2$，再考虑振

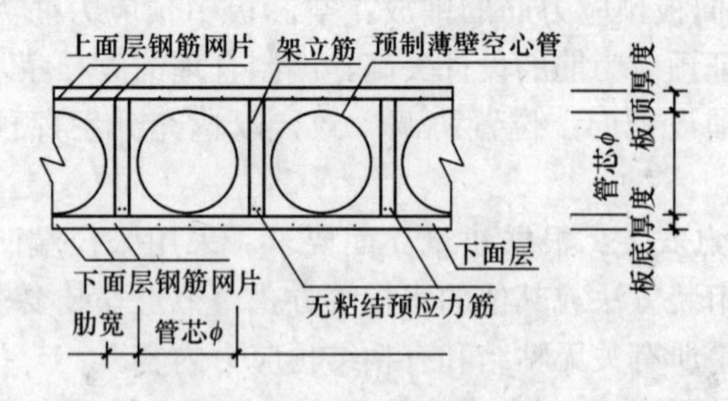

图 1-2-68　无肋梁剖面示意图

捣瞬间的冲击力，使管芯在振捣混凝土时向上浮动，因此必须采取适当的措施，防止管芯的上浮，确保空心板厚度和管芯上下保护层的厚度，必要时应验算在混凝土浮力和振捣扰动作用下的管芯抗浮力。其抗浮措施有：

- 管芯直接与板底支撑固定，管芯与肋梁钢筋绑扎牢固后，再固定于模板下经验算端部连接牢固的水平支撑，绑扎点间距不大于 50cm，要求绑扎牢固。

- 采用型钢或木杠。将管芯与板上铁钢筋绑扎后，用间距不大于 1500 的型钢或木杠置于板上铁钢筋上，其两端与板边的梁柱钢筋连接，形成整体，确保管芯的定位。

6）与管线、洞口的协调：管线应设置于管芯间实心肋内，不得影响预应力筋矢高和空心管保护层厚度；如确有需要，也可局部将空心板改变为实心带，但需经设计验算。

当板内须预留洞口时，在验算楼板空心率满足设计要求的前提下，可局部将空心位置变为实心后预留洞口，洞口周围应设置加强构造钢筋。

7）隐蔽验收：按现行规范《混凝土结构工程施工质量验收规范》（GB 50204—2002）的相关规定进行自检评定和隐蔽验收；重点对钢筋绑扎、预应力筋铺放安装、管芯定位及有无破损进行检查，检查合格后才能浇筑混凝土。

8）浇筑混凝土

①浇筑前清洁和润湿：采用水泥薄壁管时，为防止空心管吸

水而影响混凝土的表面质量，应在浇筑混凝土前对空心管喷水湿润，但不能浇水过量。

②浇捣混凝土：应采用小直径振动棒或平板式振动器，以防管芯下部混凝土出现振捣不实，而且在振捣时，不能直接振动于管芯上，防止管芯破损。

混凝土浇筑宜采用泵送施工，如板厚大于240mm，建议采取分层浇筑成型，当管芯为筒芯时，宜沿顺筒方向推进浇筑。混凝土拌合物的坍落度不宜小于160mm。为保证管芯下保护层和较小的肋宽处混凝土振捣密实，宜采用30mm小型振动棒，并避免振碰内膜、预应力筋和定位马凳。

9）预应力张拉及防护处理

①预应力张拉：预应力张拉采取张拉力控制和伸长值校核的双控措施，施工时可采用超张拉法，但预应力不应大于钢绞线抗拉强度标准值的80%。

- 混凝土达到设计允许张拉的强度方可进行张拉，设计无要求时，不应低于设计强度的75%；张拉之前，总包单位必须提供混凝土试块强度报告。

- 预应力张拉前应确定张拉顺序，如有必要时还需进行分级张拉。如采用有粘结预应力筋时，张拉前应先用小千斤顶对预应力筋逐根进行预紧。

- 张拉千斤顶与压力表配套标定、配套使用，有效期不超过半年。压力表宜用精度为1.5级的标准（精密）压力表。

- 预应力筋实际伸长值与理论值的相对允许偏差为±6%。当张拉完最后一级时若伸长值仍不够，可以静待3～6h，当预应力筋中应力重分布后再次张拉使之达标。

根据下列规范公式计算预应力筋伸长值ΔL：

$$\Delta L=\frac{F_{pm}\cdot L_p}{A_p\cdot E_p};其中\ F_{pm}=F_j\left[1-\frac{\kappa L_p+\mu\theta}{2}\right],\kappa=0.004;\mu=0.12$$

式中 F_{pm}——预应力筋扣除损失后的有效拉力（kN）；

L_p——预应力筋的计算长度（mm）；

A_p——预应力筋的截面面积（mm^2）；

E_p——预应力筋的弹性模量（kN/mm^2）。

②张拉注意事项

● 张拉中，要随时检查张拉结果，理论伸长值与实测伸长值的误差不得超过施工验收规范允许范围，否则应停止张拉，待查明原因，并采取措施后方可张拉。

● 预应力筋张拉前严禁拆除板下支撑，预应力筋全部张拉后方可拆除板下支撑。

③张拉后防护处理：张拉后锚具外露预应力筋预留不少于30mm，多余部分应用机械方法切断。张拉端清理干净后，用微膨胀混凝土或环氧砂浆封堵，密封后预应力筋不得外露。

10）现浇预应力空心楼盖体系的施工控制措施，关键控制点描述如下：

①预应力筋、钢筋材质检验控制；

②空心管进厂检验，包括：规格外径检查，管芯平直度检查，管芯有无破损，管芯抗折、抗压检查，管芯吸水率检查（水泥管和纸管）；

③预应力筋矢高、顺直和节点固定的控制；

④空心管固定、平直，管芯间实心肋的控制；

⑤空心楼板的上下保护层的控制，即空心管抗浮固定的控制；

⑥混凝土浇筑前预应力筋铺放和节点的成品保护；空心管铺放定位的成品保护；混凝土浇筑后养护的控制。

11）施工安全技术

①环境保护

● 预应力施工过程中的各个环节、各个工序应注重环境的保护，正确使用易污染环境的材料和机具设备，施工过程中严格控制噪声，不扰乱其他工种人群。

● 对施工工艺进行不断革新，在预应力材料生产、制造和施工过程中树立环境保护意识。

● 对废弃的材料采取回收措施，防止对环境造成污染。

● 增强所有参与施工的管理人员及工人对环境保护的认识、责任和义务。

②安全管理

● 应与总包单位安全生产管理体系挂钩，建立自身的安全保障体系，由项目负责人全面管理，每个班组设安全员一名，具体负责预应力施工的安全。

● 在进行技术交底的，同时进行安全施工交底。

● 张拉操作人员必须持证上岗。

● 张拉作业时，操作人员严禁站在千斤顶正后方位置。张拉过程中，不得擅自离开岗位。

● 油泵与千斤顶的操作者必须紧密配合，只有在千斤顶就位妥当后方可开动油泵。油泵操作人员必须精神集中，平稳给、回油，应密切注视油压表读数，张拉到位或回缸到底时应避免回油压力瞬间迅速加大。

● 张拉过程中，锚具和其他机具严防高空坠落伤人。

● 预应力施工人员进入现场应遵守工地各项安全措施要求。

12）质量检验验收标准

①符合设计图、施工详图、设计变更洽商文件的要求。

②符合合同中对质量有约定条款的要求。

7. 典型工程

（1）典型工程一览表

见表 1-2-53。

（2）工程实例

1）富华金宝中心工程

富华金宝中心工程位于北京市王府井大街，建于 2003 年，是一栋商务写字楼，采用内筒外框结构，地上共 25 层，标准层预应力空心板最大跨度为 15.7m，标准跨度为 13.5。楼板采用无粘结预应力现浇空心板结构。该工程设计单位：原建设部建筑

大跨度现浇预应力混凝土空心楼盖典型工程一览表　　表 1-2-53

序号	工程名称	结构形式	板跨度（m）	板厚（m）	管径（mm）	跨高比	肋宽（mm）	折算板厚（mm）	肋中预应力筋数量	应用面积约（m^2）	工程所在地	施工时间
1	北京海淀体育中心综合训练馆	框架剪力墙	18	450	330	40	150	271.82	6	18100	北京	2000 年
2	林业大学综合教学楼	框架剪力墙	16	400	260	40	100	252.52	2	17300	北京	2001 年
3	华戎大厦	内筒外框	12.6	300	200	42	100	195.28	2	29800	北京	2002 年
4	总参八局食堂	框架剪力墙	16.8	450	300	37.3	150	292.93	4	4000	北京	2003 年
5	建华花园商业公寓	内筒外框	13.9	350	250	40	100	195.28	2	78500	北京	2003 年
6	成中大厦	内筒外框	11.7	300	210	39	150	203.79	2	53500	北京	2003 年
7	京门商住楼	框架剪力墙	16×16	340	250	双向受力	150	217.29	2	1600	北京	2003 年
8	富华金宝中心写字楼	内筒外框	13.5	350	250	38.6	110	213.65	2	75000	北京	2003 年
9	最高人民检察院办公用房	框架剪力墙	19.5	600	450	43.3	200	355.33	6	3300	北京	2004 年
10	军事医学科学院	框架剪力墙	14.2	400	280	35.5	140	363.37	3	3000	北京	2004 年

续表

序号	工程名称	结构形式	板跨度（m）	板厚（m）	管径（mm）	跨高比	肋宽（mm）	折算板厚（mm）	肋中预应力筋数量	应用面积约（m^2）	工程所在地	施工时间
11	稻香村食品加工厂	框架剪力墙	7.5×10	300	200	双向受力	60	179.17	0.5	24900	北京	2004年
12	北京华贸中心	框架剪力墙	16×16	500	350	双向受力	75	273.63	2	270	北京	2004年
13	北京宣武第二职业中心	框架剪力墙	17	400	300	42.5	150	242.93	2	6350	北京	2004年
14	庚坊国际发展中心写字楼	框架剪力墙	12	400	275	30	160	263.46	3	7300	北京	2004年
15	北京电视中心	框架剪力墙	24.6	1200	600	20.5	150	823.02	1	37200	北京	2004年
16	中科院天文台科研楼	框架剪力墙	16.8×15	550	400	双向受力	150	321.53	3	4100	北京	2005年
17	中船科技大厦	框架剪力墙	20.16×30.6	600	500	双向受力	150	297.93	8	4400	北京	2005年
18	北京西西4号地工程	框架剪力墙	16.8	600	450	37.3	200	355.33	6	23500	北京	2005年

设计院六所；土建总包单位：中建一局三公司；预应力空心板设计与施工单位：北京建筑工程研究院预应力所。

主要技术参数：

结构形式；框架剪力墙结构。

板混凝土强度等级：C40。普通受力钢筋 HRB335，直径为上铁 $\phi12$～下铁 $\phi16$。预应力空心楼板跨度 13.5～15.7m，板厚 350mm，跨高比 38.6～44.8。空心管材料：BDF 薄壁水泥管，管径：250mm。

预应力筋：采用无粘结预应力筋布置于肋梁中，束数为 2 束。预应力筋为 $\phi15.2$mm，$f_{ptk}=1860N/mm^2$，低松弛钢绞线。

2）北京电视中心工程

北京电视中心工程位于长安街上，目前是在施工程，主楼是办公用房，采用高层钢结构形式。裙楼地上 1 2 层，为钢筋混凝土框架剪力墙形式，裙楼属于演播厅，用于节目录制等一系列制作活动，因此使用上要求大跨度、大开间形式，并且对裙楼楼板的隔声和防振动有严格要求，因此在裙楼楼板的设计中采用了无粘结预应力现浇空心板技术，现浇楼板的跨度为 24.6m，板厚 1.3m，为达到减轻楼板自重的目的，采用了双层椭圆形空心管，管径为 500mm×600mm。该工程设计单位：北京建筑设计院四所；土建总包单位：城建集团一公司；预应力空心板设计与施工单位：北京建筑工程研究院预应力所。

主要技术参数：

结构形式：框架剪力墙结构。

楼板混凝土强度等级：C40。普通受力钢筋 HRB335，直径为 $\phi25$。

预应力空心楼板标准跨度 24.6m，板厚 1200mm，跨高比 20.5。

空心管材料：DBF 椭圆形薄壁水泥管，管径：500mm×600mm。

预应力筋：采用无粘结预应力筋曲线布置于肋梁中，束数为 20 束。预应力筋力 $\phi15.2$，$f_{ptk}=1860N/mm^2$，低松弛钢绞线。

为实现大空间效果和单向受力，沿 Y 轴方向，外框架柱之间设暗梁连接，暗梁尺寸 1200mm×600mm，采用有粘结预应力暗梁，暗梁中预应力筋数量为 32 束。

预应力空心板受力计算方法：按照单向板计算。

1.2.5 体外预应力体系

1. 概况

(1) 体外预应力的概念

体外预应力（简称外预应力）结构体系是后张预应力体系的重要分支之一。它与传统的布置于混凝土截面内的体内预应力筋相对应。外预应力结构体系是布置在承载结构混凝土构件截面之外的预应力筋，通过与混凝土结构构件本体锚固区域端块及设在高弯矩点处结构体内或体外的转向块，将预应力传递到结构。桥梁中外预应力筋的一般布置见图 1-2-69。

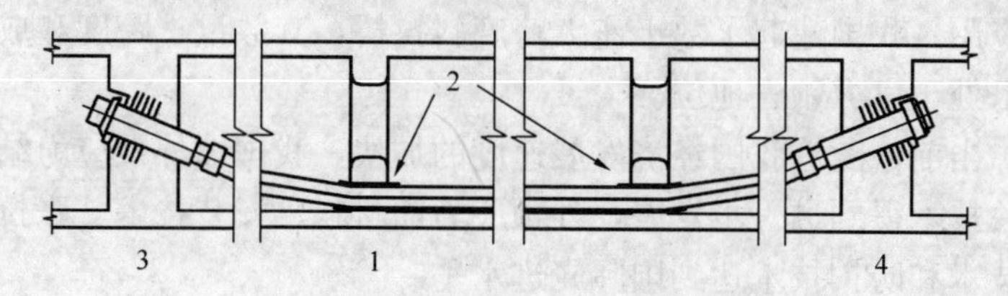

图 1-2-69 桥梁中外预应力筋的一般布置

1—外预应力束及套管；2—折角块；3—张拉端；4—固定端

(2) 国内外发展状况

外预应力的概念和方法产生于法国，由 Eugene Freyssinet 进行了首次应用。外预应力技术的发展历经了几个阶段，在工程中的大量应用则是从 20 世纪 70 年代末才开始的。早期外预应力工程由于没有解决耐腐蚀防护和构造措施等问题，未能体现出这项技术的优越性。20 世纪 60 年代末期，无粘结预应力和斜拉桥施工两项技术的产生和应用，解决了耐久性和构造设计的有关问题，为外预应力的发展创造了条件。在 70 年代，大量桥梁加固工程则为外预应力发展提供了契机。在这些采用外预应力加固桥梁的工程中积累了丰富的工程经验，为再建设新桥梁时重新考虑使用外预应力技术提供了依据。

1979 年 E. C. Figg 和 J. Muller 设计并建造了佛罗里达的 Long Key 桥，该桥充分证明了外预应力在桥梁建设中的优越性。20 世纪 80 年代，在 J. Muller、法国公路技术设计部（SETRA）及 M. P. Virlogeux 的影响下，美国与法国均大量采用外预应力技术建桥。此外，世界上许多国家也开始在桥梁工程、加固工程、大跨度屋盖结构工程等领域广泛使用外预应力技术。

外预应力在 20 世纪 50～60 年代在我国得到应用，典型工程如北京工人体育馆、奥运会游泳馆、浙江省体育馆等，但由于预应力筋材料和防腐及锚固技术不能较好地满足要求，应用范围很小。20 世纪 80 年代中期以后，随着预应力钢绞线、钢丝材料技术及锚固技术的发展，特别是外预应力筋防护技术的发展，该结构得到进一步应用。特别是在桥梁工程中斜外预应力筋得到广泛的应用，我国建起了数十座大跨度斜拉桥，其数量、跨度和成套技术处于世界领先地位。

当前，随着我国经济发展速度的加快，我国体外预应力结构相关技术得到进一步发展，外预应力筋材料、安装技术、张拉锚固技术和防护技术达到国际先进水平。

（3）优越性

外预应力结构体系特点是简化预应力筋曲线，减小摩阻损失；减小混凝土构件截面尺寸，减轻结构自重；可更换预应力筋，并便于在使用期内检测和维护；施工工艺简便，由于预应力筋与混凝土截面分离，提高了混凝土的质量和耐久性。因此，该体系在工程中广泛应用，提高结构性能，降低结构造价，具有显著的社会和经济效应。

2. 基本原理和技术内容

（1）体外预应力的分类

外预应力经过 20 年的发展和工程应用，已形成多种构造体系，其中主要构造体系如下：

体系一：钢绞线（钢丝束）穿入高密度聚乙烯管（HDPE）或钢管孔道中，张拉后，管内灌入水泥浆。该体系为有粘结外预应力体系，见图 1-2-70。

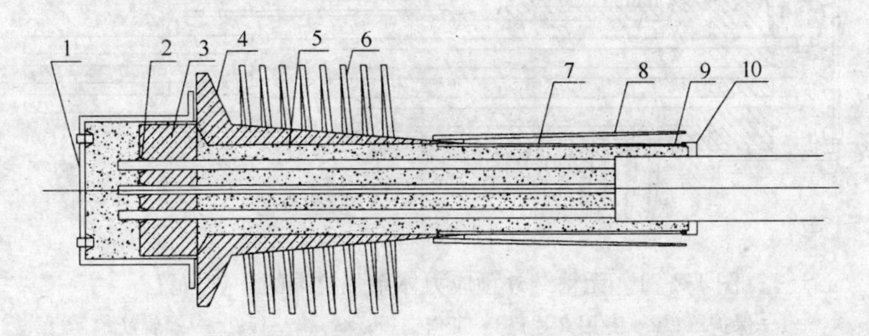

图 1-2-70 有粘结外预应力体系张拉端的一般布置

1—保护罩；2—工作夹片；3—工作锚板；4—锚垫板；5—内衬套；6—螺旋筋；7—密封筒；8—预埋管；9—密封装置；10—压盖

该体系由于孔道在结构体外，管道的铺设质量及其水密性容易检查和控制，而且预应力摩阻损失小。

体系二：外预应力筋由单根无粘结筋组成，将单根无粘结筋平行穿入 HDPE 管或钢管内，张拉之前，先完成灌浆工艺，由水泥浆体将单根无粘结筋定位。这种体系为无粘结体系，见图 1-2-71。

该体系单根无粘结筋摩阻损失小，可以采用单根张拉工艺，张拉设备体积小，容易操作；预应力筋具有多层保护（油脂、HDPE、浆体、外套管），其耐腐蚀性和防护安全性可靠；在使用期间，可重调预应力值、更换预应力筋。

在设计外预应力混凝土结构时，可依据结构所处的环境条件选择不同体系。

（2）基本原理

外预应力混凝土结构一般采用简化的折线预应力筋，预应力筋仅在锚固区域和转角块处与结构相连接承载结构主体。当混凝土达到设计强度后，通过对体外预应力筋进行张拉（或下压）、

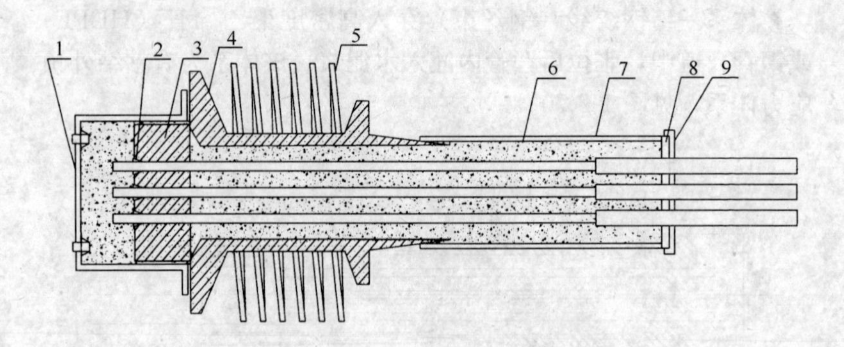

图 1-2-71 无粘结外预应力体系张拉端的一般布置

1—保护罩；2—专用夹片；3—工作锚板；4—锚垫板；5—螺旋筋；
6—密封筒；7—预埋管；8—密割装置；9—压盖

锚固，建立预应力。其结构的受力特性与无粘结结构类似。

（3）主要技术内容

主要技术内容包括：外预应力筋（束）材料及设计技术、外预应力筋安装、张拉技术，防护，维修及换索等技术。详细内容见《无粘结预应力混凝土结构技术规程》（JGJ 92—2004、J 409—2005）。

3. 技术指标及适用范围

（1）技术指标

外预应力筋采用高强度材料制作，作为主要受力构件，其外预应力筋性能应符合现行《桥梁缆索用热镀锌钢丝》（GB/T 17101）、《预应力混凝土用钢绞线》（GB/T 5224—2003）、《钢丝绳》（GB/T 8918）等相关标准。外预应力筋采用的锚固装置应满足《预应力筋用锚具、夹具和连接器》（GB/T 14370）及相关钢材料标准。外预应力筋的静载破断荷载一般不小于外预应力筋标准破断荷载的95%，破断延伸率不小于2%，预应力筋的控制应力值（σ_{con}）不宜超过$0.6f_{ptk}$，且不应小于$0.4f_{ptk}$。当有疲劳要求时，外预应力筋应按规定进行疲劳试验。

（2）适用范围

外预应力的主要应用范围：

①大跨度建筑工程的屋面结构、楼面结构等：

②预应力混凝土桥梁、特种结构；

③预应力混凝土结构的重建、加固和维修；

④临时性预应力混凝土结构和施工用临时性钢索。

4. 材料及设备

（1）材料

外预应力体系材料基本组成（图 1-2-72）内容包括体外预应力筋、防腐系统、锚固系统、转向装置和减振装置。

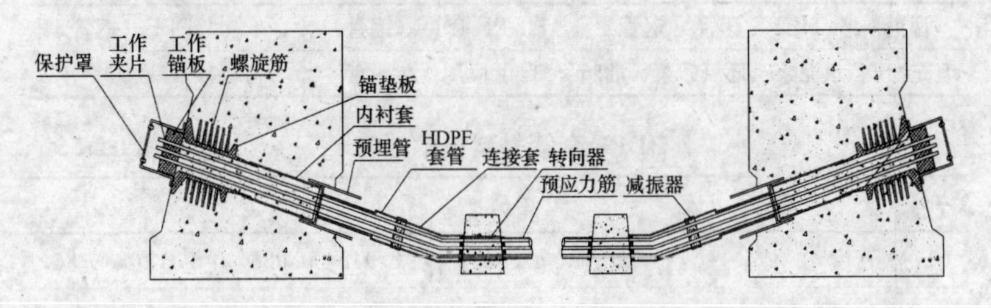

图 1-2-72 外预应力体系材料基本组成图

1）外预应力筋（束）及防腐体系

①外预应力筋（束）采用高强度材料制作，作为主要受力构件，其性能应符合现行《桥梁缆索用热镀锌钢丝》（GB/T 17101)、《预应力混凝土用钢丝》，(GB/T 5223)、《预应力混凝土用钢绞线》(GB/T 5224—2003)、《高强度低松弛预应力热镀锌钢绞线》(YB/T 152—1999) 等相关规定。外预应力筋材料可根据使用要求不同选用 $\phi5$、$\phi7$ 碳素或镀层碳素钢丝束，$\phi^s12.7$、$\phi^s15.2$ 普通钢绞线或涂层（镀锌、环氧喷涂、无粘结）钢绞线和不锈钢或优质碳素结构钢钢棒。目前钢绞线外预应力筋应用最为广泛。

②外预应力筋防腐体系由外套管和管内填充材料组成。外套管一般选用高密度聚乙烯（HDPE）或镀锌钢管。管内填充材料可选用水泥浆、环氧砂浆或防腐油脂等。

体外预应力钢绞线基本构造组成见表 1-2-54。外包 HDPE 套管材料技术性能见表 1-2-55。

填充材料水泥浆体材料质量要求，应符合现行国家标准《混凝土结构工程施工质量验收规范》（GB 50204—2002）的规定。专用防腐油脂的质量要求应符合现行行业标准《无粘结预应力筋专用防腐润滑脂》（JG 3007）的规定。

体外预应力钢绞线基本构造组成表　　表 1-2-54

钢绞线类型	普通钢绞线	环氧喷涂钢绞线	普通无粘结钢绞线	环氧喷涂无粘结钢绞线	普通无粘结成品索	环氧喷涂无粘结成品索
管道	HDPE 套管（钢管）		HDPE 套管（钢管）		外包 HDPE（钢管）	
填充材料	水泥浆、环氧砂浆、油脂		自由段属无灌浆型		自由段属无灌浆型	

HDPE 套管材料技术性能表　　表 1-2-55

序号	项　目	单位	指标	试验方法
1	密度	g/cm^3	0.942～0.988	GB 1033—86
2	熔融指数	g/10min	0.20	GB 3682—83
3	拉伸强度	MPa	≤20	GB 1040—79
4	屈服强度	MPa	≥16	GB 1040—79
5	断裂伸长率	%	≥650	GB 1040—79
6	硬度	ShoreD	≥60	GB 2411—79
7	冲击强度	kg－cm/cm	≥25	GB 1040—79
8	软化温度	℃	≥115	GB 1633—79
9	耐气候性能： （1）耐环境应力开裂性	H	≥1500	GB 1842—80
	（2）脆化温度	℃	≤－60	GB 5470—85
10	耐老化性能： （1）抗张强度保留率	%	≥80	GB 1633—85
	（2）伸长保留率	%	≥80	GB 7141—85
	（3）耐臭氧老化		无异常变化	

2）锚固系统：体外筋的锚固体系应按使用环境类别和结构部位、张拉工艺等设计、施工要求选用。可采用后张锚固体系或体外筋专用锚固体系，其性能应符合国家现行标准《预应力筋用锚具、夹具和连接器》（GB/T 14370）的规定。外力筋的静载破断荷载一般不小于其标准破断荷载的 95%，破断延伸率不小于 2%，使用应力一般在 0.4～0.5 倍标准强度。当存在疲劳受力时，应按规定进行疲劳试验。

预应力筋用锚具，可分为夹片锚具、墩头锚具、螺母锚具、冷铸和热铸锚具等。

对预应力钢绞线，宜采用夹片锚具；对预应力钢丝束，宜采用墩头锚具。也可采用冷铸锚具和热铸锚具；对于高强钢筋和钢棒，宜采用螺母锚具。

夹片锚具如果没有可靠的措施不得用于预埋在混凝土中的固定端；对于整体调束要求的钢绞线夹片锚固体系，可采用锚具外螺母支撑承力方式；承受低应力或动荷载的夹片锚具应有防松装置；不同生产厂的锚具部件不得组装使用。同时，按照不同的分类方式，锚具还可以分为如下类型：

①有粘结体系锚具：有粘结体系锚具允许替换整套锚具，主要适用于不需要调校及检测的外预应力钢绞线。此类锚固系统多为夹片式群锚体系。

②无粘结体系锚具：无粘结体系锚具的主要特点是可以调校外预应力钢绞线的应力。使用大直径的套管令喇叭管和锚具的安装更加容易，此类型的锚具使得体外筋应力能够被调校、卸载或替换。

3）传力节点：传力构造宜根据设计要求确定，构造宜由建筑外观、结构受力、施工安装、索力的准确建立及调整、是否换索等多种因素确定；外预应力筋端部传力构造宜由建筑外观、结构受力、施工安装等因素确定。可采用特制专用传力夹（包括锚固端、转向装置）。

4）减振装置：减振装置可用专用橡胶减振器制成，其性能应符合相应产品标准；减振装置也可采用特殊阻尼索制成。减振装置的安装与否应根据外预应力筋的支座距离、疲劳荷载、风振影响等因素确定。

(2) 设备

1) 制造设备：包括切割锯、挤压机、成套涂层设备。分别用于切割预应力筋、固定端挤压锚具安装、无粘结预应力筋外包涂层生成。

2) 安装设备：安装可分为人工安装和机械安装。其中机械安装要使用的主要设备有：放线盘和牵引设备。牵引设备有：卷扬机、捯链、起重机。

3) 张拉设备：体外预应力筋（外预应力筋）张拉设备由液压千斤顶、电动油泵、外油管及测力仪表等组成。

群锚体系张拉所需用的大吨位千斤顶是一种大孔径穿心单作用千斤顶，其类型有 YCD、YCQ、YCW 等。

YCD、YCW 型主要适用于 XM 型、QM 型锚具系列；YCQ 型主要适用于 OVM 型锚具系列。但这些千斤顶更换顶压器或增加撑脚后均可以通用。

群锚体系单根张拉时，也可采用小吨位穿心式千斤顶。

5. 体外预应力设计和构造

(1) 结构应用技术设计

1) 外预应力混凝土力学特性：外预应力混凝土结构根据结构设计需要，体外预应力筋可选用直线、双折线和多折线布置方式。一般采用简化的折线预应力筋，外预应力筋仅在锚固区域和转角块处与结构连接，外预应力结构的受力特性与无粘结预应力结构类似。在使用荷载状态下，可采用弹性分析方法设计；在极限状态下，外预应力混凝土结构一般应按无粘结预应力混凝土结构分析设计。

外预应力混凝土结构达到极限状态时，一般由于结构的过量变形、而不是外预应力筋的断裂而破坏，因此，必须配置合理的最小非预应力钢筋量，以控制裂缝的分布和宽度，并保证结构产生塑性变形的特性。非预应力筋在预应力混凝土结构中有两个重要作用：其一是由于结构的受力特征类似无粘结预应力混凝土结构，非预应力筋可改善结构受力特性；其二是由于预应力曲线为折线型，而且预应力筋在结构混凝土之外，因此，某些区域存在拉应力，非预应力筋可以弥补外预应力混凝土结构局部产生的裂缝问题。

2）外预应力筋的耐久性：外预应力混凝土结构的关键技术之一是外预应力筋的耐久性防护。早期外预应力混凝土桥梁结构的失效或损坏大多数是由于预应力钢材的锈蚀而引起。

①外预应力孔道防腐要求：

a. 抗环境侵蚀性、腐蚀性、防水及抗施工和安装损坏作用。

b. 抗使用状态下的损坏。

c. 特殊情况下的耐火性。

d. 孔道材料应具有徐变可控制的特性，并在转角块处能抵抗横向作用力。

②外预应力孔道填充材料要求：

a. 防护材料在整个预应力筋长度范围内填充密实，在使用期内能形成连续的延性保护层。

b. 不应发生与时间和温度相关的变形和沉淀。

c. 不应含有任何对预应力钢材有害的杂质。

③外预应力筋根据所处使用环境可以组合选用以下防腐方式：

a. 整束挤塑护套或双层挤塑护套；

b. 单根钢绞线镀层或涂层；

c. 单根钢绞线镀层或涂层＋挤塑护套；

d. 单根钢绞线镀层或涂层＋整索 HDPE 护套；

e. 整束钢管护套＋水泥浆；

f. 整束 HDPE 护套＋水泥浆。

④锚固系统耐久性要求：锚固区锚头按机械零件采用镀层防

腐，对可换索锚头应注射专用防腐油脂防护，锚固区与外预应力筋应沿全长封闭。室外环境中锚固区应采取设置排水孔或承压螺母上开设排水槽等良好的排水措施。

⑤传力节点按机械零件采用镀层防腐或定期涂刷防腐涂层：外预应力筋的耐久性防护是预应力混凝土结构重要技术，应根据不同环境要求选用不同的措施，满足使用要求。当外预应力筋有耐老化要求时，应在制作时，采用双层塑料，内层添加抗老化剂和抗紫外线成分，外层满足建筑色彩要求。

有防火要求时，应在塑料护套中添加阻燃材料或外涂满足防火要求的特殊涂料；外露钢制预应力筋、锚固区和传力节点应涂刷防火涂料。

3）节点设计：必须通过转向块导管变换方向，从而形成外预应力筋曲线配筋，在转角块导管与预应力钢材的接触区域，由于摩擦和径向力的挤压作用，如果转向块设计不合理或构造措施不当，预应力钢材容易产生局部硬化和摩擦损失过大作用。为避免产生附加应力，转角块和导管在结构使用期内不应对预应力钢材有任何损害，转角块的设计要求外预应力筋在转角点的位置必须高度准确。此外转交块具有传递外预应力筋产生的水平和垂直横向力作用。外预应力筋通过转向块转角点产生集中荷载，这个荷载应能通过转向块安全地传至混凝土结构。

体外预应力筋与结构构件之间通过锚固区节点和弯折节点相连接，因此锚固节点和转向节点是能够实现预应力效果的关键部件。两者均采用钢板和钢管焊接而成，为保证焊缝质量，钢板采用了剖角焊接。其设计应满足下列要求：

①体外束锚固区和转向块的设置应根据体外束的设计线型确定，对多折线体外束，转向块宜布置在距梁端 1/4～1/3 跨度的范围内，必要时可增设中间定位用转向块，对多跨连续梁采用多折线体外束时，可在中间支座或其他部位增设锚固块。

②体外束的锚固块与转向块之间或两个转向块之间的自由端长度不应大于8m，超过该长度应设置防振动装置。

③体外束在每个转向块处的弯折转角不应大于15°，转向块鞍座处最小曲率半径宜按照表1-2-56采用，体外束与鞍座的接触长度由设计计算确定。当束体预应力筋较多时，应考虑降低弯曲强度。用于制作体外束的钢绞线，应按偏斜拉伸试验方法确定其力学性能。

④体外预应力束与转向块之间的摩擦系数μ，按表1-2-57取值。

转向块鞍座处最小曲率半径　　　表1-2-56

钢　绞　线	最小曲率半径（m）
12ϕ13mm或7ϕ15mm	92.0
19ϕ13mm或12ϕ15mm	2.5
31ϕ13mm或19ϕ15mm	3.0
55ϕ13mm或37ϕ15mm	5.0

注：钢绞线根数为表列数值的中间值时，可按线性内插法确定。

摩 擦 系 数　　　表1-2-57

钢绞线公称直径d_n（mm）	k	μ
9.5、12.7、15.2、15.7	0.004	0.09

注：表中系数也可根据实测数据确定。

⑤体外束的锚固区除进行局部受压承载力计算，尚应对牛腿块钢托件等进行抗剪设计与验算。

⑥转向块应根据体外束产生的垂直分力和水平分力进行设计，并应考虑转向块处的集中力对结构整体及局部受力的影响，以保证将预应力可靠地传递至结构。

（2）张拉应力的确定及损失计算

1）张拉控制应力：体外无粘结预应力筋的张拉控制应力值（σ_{con}）不宜超过$0.6f_{ptk}$，且不应小于$0.4f_{ptk}$；当要求部分抵消由于应力松弛、摩擦、钢筋分批张拉等因素产生的预应力损失时，上述张拉控制应力限制可提高 $0.05f_{ptk}$。

2）预应力损失：外预应力筋张拉时的预应力损失值按《无粘结预应力混凝土结构技术规程》（JGJ 92—2004、J 409—2005）、《建筑工程预应力施工规程》（CECS 180：2005）中有关规定计算。

3）伸长值：具体计算方法参考《无粘结预应力混凝土结构技术规程》（JGJ 92—2004，J 409—2005）、《建筑工程预应力施工规程》（CECS 180：2005）中有关规定计算。

（3）构造要求

1）体外束的锚固端可设置在梁端隔板或腹板外凸块处，应保证传力可靠，且变形符合设计要求。

2）体外束的转向块应能保证预应力可靠地传递给主体结构。在矩形、工字形或箱形截面混凝土梁中，可采用通过隔梁、肋梁或独立的转向块等形式实现转向。转向块处的钢套管应预先弯曲成型，埋入混凝土中。

3）对不可更换的体外束，在锚固端和弯折区域与结构相连的固定套管可与体外束套管合并为同一套管。对可更换的体外束，在锚固端和弯折区域与结构相连的固定套管必须与束体的外套管分离且相对独立。

4）混凝土梁加固用体外束的锚固端构造应符合下列规定：

①采用钢板箍或钢板块直接将预应力传递至框架柱上。

②采用钢垫板先将预应力传至端横梁，再传至框架柱上；必要时可在端横梁内侧粘贴钢板并在其上焊圆钢，使体外束由斜向转为水平向。

5）混凝土梁加固用体外束的转向块构造应符合下列要求：

①在梁底部横向设置双悬臂的短钢梁，并在钢梁底焊有圆钢或带有圆弧曲面的转向垫块。

②在梁两侧的次梁底部设置半圆形 U 形钢卡。

6. 施工工艺

（1）工艺原理

体外预应力混凝土施工时，仅在设置于结构本体内的锚固区域节点配件及设置在结构体内或体外的转向块处的预制钢套管在浇筑混凝土之前，同主体结构非预应力筋一起按设计要求铺放在模板内，然后浇筑混凝土。待混凝土达到强度后，安装、张拉、锚固力筋，借助两端锚具和转向块，达到对主体结构产生预应力的效果。

（2）工艺流程

1）有粘结体外预应力筋形式：

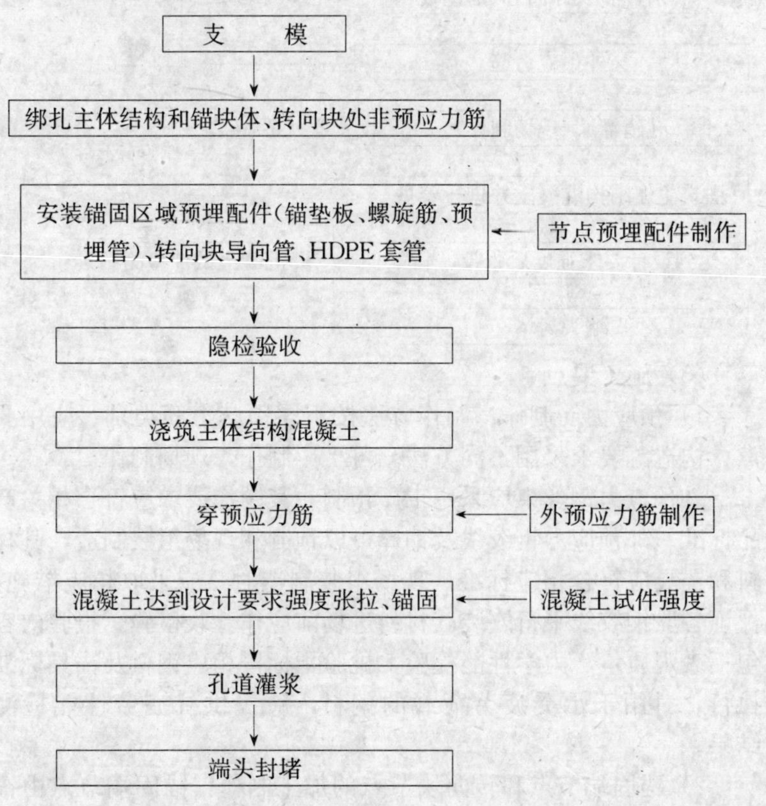

2）无粘结体外预应力筋形式：

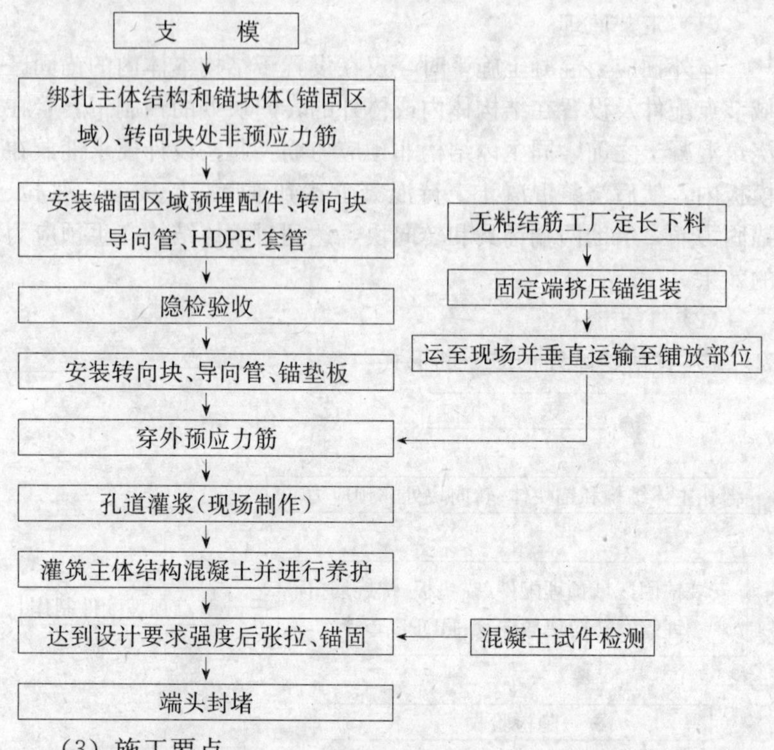

(3) 施工要点

1) 预应力筋制作：制作方法按不同预应力筋类别、应用要点、构造等要求采用不同方法。可工厂制作，现场制作。

外预应力钢丝束应采用工厂预制，其制作要求应符合相关产品标准。外预应力钢绞线及钢棒可以预制和现场组装制造，其材料和锚具应符合相应标准。现场组装制造时，应采取相应措施，保证各股钢绞线平行安装。材料进场前应作验收检验，报验内容包括表观质量、力学性能检验，检验指标按相应钢材及锚具标准执行，对用于承受疲劳荷载的钢材，应提供抗疲劳性能检测结果。

2) 锚固端节点和转向块节点的加工制作：锚固端节点由锚垫板、螺旋筋、预埋管和锚固系统组成。转向块节点由预埋弯曲钢管、转向管（承压管）、导向管、中间连接器和端部连接板、转向管及导向管间的水泥浆体组成。其体外筋锚固节点和转向块节点配件均由工厂制作，用钢板和钢管焊接而成，为保证焊缝质量，钢板采用了剖角焊接。同时，为避免对PE层和体外束体的损伤，要求在钢管出口处，必须进行倒角处理。其偏转角制造误差应小于1.2°。

3）节点安装：

①预埋钢套管（锚垫板）：主体结构非预应力筋铺设阶段，绑扎锚块体和转向块节端钢筋。过程中，将转向器的钢套管安装在设计指定的转向块位置上；组装好的锚垫板、螺旋筋、预埋管，安装在锚块位置上。为确保体外束与锚固端部承压板垂直，其曲线段的起始点至张拉锚固点的直线段不宜小于600mm。配件安装完毕后，检验三维坐标符合设计要求后，与主体结构的钢筋固定和浇筑混凝土，确保预应力传递给主体结构。

②钻孔及节点安装：结构加固时，一般体外束应穿过楼盖或梁，因此应在楼盖或梁相应的部位预留孔洞。由于预应力筋沿斜向通过楼盖板或梁，宜选用在楼盖板或梁上沿预应力筋开槽（孔）成型的方法，这样即使在有较大施工误差的情况下，也可以保证预应力筋的穿过和张拉。楼板开槽后，安装锚固和弯折节点。弯折节点用结构胶粘结在梁底相应部位；锚固节点直接套在框架柱根部；或用螺栓和结构胶固定在楼盖板上。楼盖或梁底板加固中，体外束锚固块也可采用在开凿底板植入钢筋、焊钢筋和锚固件，浇筑端块混凝土。

4）主体结构混凝土浇筑：体外束的锚固区和转向块应与主体结构同时施工。浇筑混凝土时严禁踏、撞碰束体及其预埋配件，确保预埋锚固件和管道位置和方向准确无误；混凝土必须精心振捣，保证密实。

5）转向块导向管锚垫板安装：待转向块节点处混凝土养护完成后，将组装好的转向块整体放入预埋钢管。

6）体外束的安装：体外束安装分为人工和机械安装两种方法。一般无粘结型和重量轻且短的体外束用人工穿束的方法。采用人工单根平行穿束，穿束完成后，检查钢绞线外包 PE 有无破损。重量重且长的成品束应利用机械安装。为了方便施工时放束，在加工制作成品束时，应在端部设置可与钢绞线连接的装置（牵引头）。当成品束卷制成盘运抵现场，在主体结构混凝土浇筑养护完成后，用牵引设备将成品束缓慢解盘放束，并穿过对应的预留束孔和节点（转向、锚固节点）。牵引过程中，应选用适当的保护措施防止束体外套受到机械损伤。同时，应注意体外束进入锚固端预埋钢前，应精确计算两端锚固端的实际距离，剥除束两端 PE 层，确保干净后，束体 PE 层进入预埋管的长度为100～600mm，最后用清洗剂清除裸露钢绞线的防腐油脂。

7）体外束张拉：

①张拉准备：

a. 施加预应力专用的机具设备及仪表等进行配套标定，确定压力表和张拉力之间的对应关系曲线。

b. 主体结构同条件下养护试件混凝土强度达到设计要求强度后，进行张拉。当设计无要求时，不应低于设计强度的 75%。

c. 锚具安装前应对体外束和各组装配件上污渍进行清理。锚具安装时，力求与各根钢绞线孔位对齐，锚具紧贴锚垫板，使千斤顶的张拉作用线与钢绞线中心线重合一致。

②外预应力束张拉：体外束张拉应力控制应力应符合设计要求，不宜超过 $0.6f_{ptk}$，且不应小于 $0.4f_{ptk}$；当要求部分抵消由于应力松弛、摩擦、钢筋分批张拉等因素产生的预应力损失时，张拉控制应力限值可提高 $0.05f_{ptk}$。也可采取减少节点制作、安装偏差和锚环与限位板间距、调整张拉顺序、选用高强度低松弛钢材、张拉后及时灌浆并迅速达到设计强度等措施来减少预应力损失。

③体外束应建立以应力控制为主或以伸长值控制为主的规定。一般采用应力控制方法张拉，以伸长值进行校核。实际伸长值和计算伸长值偏差应在±6%之间。

8）张拉依据和要求：成品束应进行整体张拉。由单根锚固钢绞线组成的现场制造的外预应力束可以逐根张拉，体外束的张拉应保证构件对称均匀受力，必要时可采取分级循环张拉方式。在构件加固中，如体外预应力张拉力小，也可以采取横向张拉或机械调节方式。

9）端部封堵（锚头密封筒灌浆）：

①张拉后，在锚固端的锚头及密封筒内，按设计要求灌浆封堵。

②切除两端多余钢绞线，钢绞线预留长度按换束与否确定，可换束外露长度应保证放张操作长度要求。切割多余束宜采用砂轮机平整切除，禁止用氧割和电弧切割。

③选用夹片式锚固系统体外束时，切除锚头多余钢束后，安装防松装置，宁静落幕，以达到有效防止夹片松动的目的。此后安装全密封的保护罩，宁静落幕，与锚垫板连接，保护锚头。对不可更换的体外束，可在防护罩内灌注水泥浆或其他防腐材料；对可更换体外束，在保护罩内注入防腐油脂，防止端部外露钢绞线受腐蚀。

10）安装减振装置：根据设计图纸要求，将减振装置安装在体外束自由段上，上下螺柱卡紧，并按设计要求位置与主体连接。

7. 质量验收标准

预应力筋进场前应进行验收，验收内容包括外观质量检查和力学性能检验，检验指标按相应的预应力筋和锚具标准执行。对于承受疲劳荷载的外预应力筋，应提供疲劳性能检测结果。

预应力筋制作方式分为工厂预制和现场制造两种，外预应力钢丝束应采用工厂预制，其制作要求应符合相关产品标准。外预应力钢绞线和钢棒可以预制也可以现场组装制造，其外预应力筋材料及锚具应符合相应标准。现场组装制造时，应采取相应措施，保证外预应力筋内各股平行安装。

应选择合理的吊装工艺，以保证索的各组成部分在吊装时免受损伤。在整个制造和安装过程中，外预应力筋应预防腐蚀、受热、磨损和其他有害影响。安装以前，对外预应力筋或其组装件的所有损伤都应鉴定和补救。损坏的钢绞线、钢棒或钢丝束都应更换。在安装外预应力筋以前，受损的非承载部件应加以修补。安装应符合工程索的安装程序，其规定了每根外预应力筋的安装索力和伸长量。现场制索时，应根据上部结构的几何尺寸确定外预应力筋初始伸长量。工程程序应当包括外预应力筋安装时考虑的实际施工荷载和静定条件。

外预应力筋安装用的千斤顶和压力表应提前十天用荷载传感器或经鉴定过的静力加载仪进行标定，并在外预应力筋安装过程中，每三个月重校一次。外预应力筋安装程序应同时规定各次张拉作业的拉力和伸长量。在张拉操作中，应建立以索力控制为主或以伸长量控制为主的规定。外预应力筋的安装程序应对安装的每根外预应力筋规定索力和伸长量的允许偏差。

预制的外预应力筋应进行整体张拉。由单根锚固的钢绞线组成的现场制造的外预应力筋可以逐根地张拉。安装工艺必须能够保证给定外预应力筋中各个张拉单元的预张拉力保持均衡一致，且误差范围在0.5%～2%以内。外预应力筋安装程序应当包括安装每根外预应力筋的控制措施。外预应力筋的安装应由该系统承制商出合格证明。安装每根外预应力筋都应做好永久的记录。这些记录应当包括：测量记录、日期、时间和环境温度、索力、外预应力筋伸长的测量值。

8. 体外预应力工程实例

【例1】 某工程双层框架结构加固

（1）工程概况

某工程附属用房其主体为现浇钢筋混凝土框架结构，共两层，总建筑面积为2019m^2，层高4.2m，总长40m，宽36m，总高9.75m。

在使用过程中，现浇楼板出现多条裂缝，最大裂缝宽度达1mm以上，同时，多功能厅的屋盖和楼盖的8根主梁的跨中部位出现多条较大裂缝，最大裂缝宽度达0.5mm，最大裂缝延伸高度达350mm。根据鉴定结果，现浇楼板出现的裂缝是由于楼、屋盖结构刚度较差，在荷载较大时产生较大变形而造成的，应进行补强加固；楼、屋盖主梁出现的裂缝未超过《危险房屋鉴定标准》(JGJ 125—99）的规定，不会危及结构的安全，但由于最大裂缝宽度已超过《混凝土结构设计规范》(GB 50010—2002）中正常使用极限状态的规定，也应对梁进行加固。

(2）加固方案

根据鉴定结果，由于楼、屋盖结构的刚度较差导致楼板的框架主梁严重开裂，因此在确定加固方法时应首选提高楼、屋盖结构刚度的加固方法。

在众多的加固方法中，预应力加固法在一定程度上可以起到对结构进行卸载的作用，是一种可以有效提高结构刚度的主动加固法。由于楼、屋盖结构的刚度在较大程度上取决于框架主梁的刚度，因此，采用了体外预应力筋加固框架主梁，同时对楼板裂缝进行灌浆封缝处理的加固方法。

体外预应力筋的布置形式可以有直线、曲线和折线等多种方案。由于被加固的主梁所受的主要荷载是两根次梁传来的集中荷载，产生的主要弯矩图为折线形状，为达到最有效的加固效果，预应力筋采用折线布置方式。采用这种布置方案，张拉预应力筋时，可以在两根次梁处分别产生向上的反力，起到直接对原梁进行卸载的作用。

根据计算结果，每根梁采用2ϕ15.24的1860级钢绞线进行加固，预应力筋张拉控制应力为0.5f_{ptk}。2层屋盖梁和1层楼盖梁在预应力作用下分别可以在跨中产生7.7mm和6.0mm的反拱，能有效提高楼、屋盖的刚度，减小裂缝宽度，明显改善结构的正常使用极限状态性能。同时，用预应力筋加固后，梁的承载能力也有一定程度的提高，这对梁在承载能力极限状态的工作性能是有利的。

(3）施工方法

从上述加固方案可以看出，用体外预应力筋对结构进行加固，原结构截面没有任何削弱，施工操作简便易行。该工程的施工主要包括如下几个步骤：

1）锚固节点和弯折节点的加工制作

体外预应力筋与被加固结构之间通过锚固节点和弯折节点相连接，因此锚固节点和弯折节点是能够实现加固效果的关键部件。两者均采用钢板和钢管焊接而成，为保证焊缝质量，钢板采用了剖角焊接。

2）板钻孔及节点安装

按加固方案，预应力筋应穿过楼板和屋面板，因此应在楼板和屋面板相应的部位预留孔洞。由于预应力筋沿斜向通过楼板，采用了在楼板上沿预应力筋开槽的方法，这样即使在有较大施工误差的情况下，也可以保证预应力筋的穿过和张拉。楼板开槽之后，安装了锚固节点和弯折节点。弯折节点用结构胶粘结在梁底相应部位；1层楼盖板的锚固节点直接套在框架柱根部；2层屋盖的锚固节点用螺栓和结构胶固定在2层屋面板上。

3）预应力筋的安装和张拉

由于预应力筋在安装过程中要产生多次弯折，因此预应力筋下料长度要较长，以利于通过弯折节点和锚固节点。预应力筋采用无粘结钢绞线，外包油脂和塑料皮，保证了其防腐性能。预应力筋的张拉采用 YCN-23 型千斤顶，张拉控制应力分别为：$0.2f_{ptk}$，$0.4f_{ptk}$，$0.5f_{ptk}$。张拉过程中测量了预应力筋的伸长量。

2. 预应力钢结构（大跨度预应力钢结构屋盖体系）

2.1 预应力钢结构概况

2.1.1 国内外发展概况

空间结构的技术水平是国家土木建筑业水平的衡量标准，也是一个国家综合国力的体现。因此，世界各国给予高度重视，新的空间结构形式不断涌现。预应力钢结构是空间结构领域新成果的新型结构形式，是以索为主要手段与其他钢结构体系组合的平面和空间杂交结构。它能够充分发挥材料性能，高强度的拉索施加预应力后，使得钢结构的空间尺寸和杆件尺寸均大幅降低，从而使结构更加轻盈、经济。

预应力钢结构源于19世纪末，欧美国家20世纪六七十年代将该项技术在大跨度工程中应用，取得较好的经济效益，不但广泛应用于新建工程，还用于工程结构加固，取得了较大的经济效益。我国于20世纪50年代末就开始工程应用此项技术。改革开放后，随着我国大跨度预应力钢结构的社会需要及工程应用逐年增加，预应力钢结构在各类型大跨度建筑中得到了广泛的应用，特别是近10年来，已建或再建的超百米跨度的建筑愈来愈多。建设了一大批高标准、高规格的体育场馆、会议展馆、机场航站楼、剧院等社会公共建筑，这给我国预应力钢结构向超大跨度结构发展提供契机。

总之该结构体系是一种值得研究，社会经济效益显著，有发展前景的新结构体系。

2.1.2 预应力钢结构概念及基本原理

预应力钢结构是指索结构或以索为主要手段与其他钢结构体

系组合的平面或空间杂交结构，即在静定结构中，通过对索施加预应力，增加高强度索体赘余预应力，使其结构变为超静定结构体系，有效建立杂交结构的刚度，显著改善结构受力状态，减小结构挠度，对结构受力性能实行有效控制。此结构体系既充分发挥高强度预应力索体的作用，提高了普通钢结构构件的利用，取得了节约钢材的显著经济效益，又达到跨越大跨度的目的。

预应力钢结构是施加预应力的拉索与钢结构组合而成的一种新型结构体系，其组成元素为：高强拉索，主要为高强度金属或非金属拉索，目前国内普遍采用的是强度超过 1450MPa 的不锈钢拉索和强度超过 1670MPa 的镀锌拉索；钢结构，包括各种类别的钢结构形式，如钢网架、钢网壳、平面钢桁架、空间钢桁架、钢拱架等。

预应力钢结构的主要技术内容有：

（1）拉索材料及制作技术；

（2）设计技术；

（3）拉索节点、锚固技术；

（4）拉索安装、张拉；

（5）拉索端头防护；

（6）施工监测、维护及观测等。

2.1.3 预应力钢结构特点

预应力钢结构主要特点有以下几点：充分利用材料的弹性强度潜力以提高承载能力；改善结构的受力状态以节约钢材；提高结构的刚度和稳定性，调整其动力性能；创新结构承载体系、达到超大跨度的目的和保证建筑造型。

在钢结构中引入预应力的方法主要分钢索张拉法、支座位移法和弹性变形法，需要视结构的具体情况而定。预应力的技术方案与预应力度应遵循结构卸载效应大于增载消耗的原则。可以在单独、局部构件或整体结构中引入预应力，也可以在工厂制造、工地安装或施加荷载过程中引入预应力。钢索张拉预应力的类型有先张法、中张法及多张法，前两者成为单次预应力，工艺简单，在工程中较常采用。后者为多次预应力，可用不同途径实现，施工稍繁，但经济效益良好。

2.1.4 预应力钢结构适用范围和开发前景

预应力钢结构学科诞生以来，已经走过了50年历程。尤其近年来新材料、新工艺、新结构发展迅速，预应力钢结构的应用范围几乎覆盖了全部钢结构领域。也就是说，适合应用钢结构的工程中都可以采用预应力技术。但是总的看来，预应力技术更适合于以下情况：

（1）需要大跨度及大体量无阻挡空间时，如体育场馆、会展中心、歌舞剧院、飞机库等；

（2）重级荷载及超重负荷条件时，如桥梁、多层仓库、多层停车场；

（3）活动及移动结构物，减轻自重是重要原则时，如塔式起重机、开启式体育馆、临时性展览厅；

（4）高耸结构物，稳定性及刚度是主导因素时，如无线电及电视塔、气象观测塔、高压输电塔等；

（5）高压大直径圆筒板结构，当不便增大或无法增大板厚时，如储液、气罐、输油（气）管线、冷却塔等；

（6）在生产运营条件下加固服役结构物时，如在不停产条件下加固桥梁、运料栈桥、吊车梁、工业厂房等；

（7）创新结构体系，以柔索取代受弯构件、以张力膜面取代刚性屋面层、以吊点取代支点等，如吊挂体系、索穹顶及索膜结构等。

在上述情况下采用预应力技术可以达到节约钢材、减小自重、提高结构刚度与稳定性、保证结构使用功能、降低运营成本等目的。

在目前以经济建设为主体的世界经济范畴内，钢铁日益用于和平建设。20世纪末我国钢产量已逾亿吨，建筑用钢材已能自给，但全国建筑用钢量仅为全国钢产总量的15%左右，低于世界发达国家的建筑用钢量水平。1998年建设部明确提出推广钢结构，作为21世纪中合理利用钢材，积极采用钢结构的国家技术政策，并且要求在“十五”期间建筑钢结构的用量达到年产钢总量的30%、2015年达到60%的目标。目前在我国发展钢结构的态势是：国家倡导，钢材充足，发展需要，技术成熟。所以预应力钢结构的发展也处于建国以来的最佳契机。在21世纪前半叶钢结构与钢筋混凝土结构仍将是建筑结构领域中两大承重结构体系，虽然并存，但有竞争。钢结构将依靠新技术、新材料、新工艺、新体系不断扩大与延伸自己的传统领域，并部分取代砖石、混凝土结构，使钢结构的绝对及相对年产量大幅增长。

节约钢材、降低成本、减轻自重、提高性能应是钢结构设计中的长远方针，也是钢结构工作者的历史责任。预应力技术的目的是合理、节约、反复、循环地利用材料，不仅可以实现上述设计原则，还完全符合节约使用自然资源的“可持续发展”的国策，因此，预应力钢结构学科的方向正确，前景光明。随着科技进步，工业发展，还将有更多、更新的课题列入预应力钢结构领域，钢结构工作者们任重而道远。

由于大量采用预应力拉索而排除了受弯杆件，加之采用了轻质高强的维护结构（如压型钢板及人工合成膜材等），其承重结构体系变得十分轻巧，与传统非预应力结构相比，其结构自重成倍或几倍地降低，例如汉城奥运会主赛馆直径约120m的索穹顶结构自重仅有14.6kg/m^2。

在传统钢结构中采用预应力技术的经济效益与众多的因素有关，其主要影响因素有结构体系、施加预应力方法、节点构造、几何尺寸、荷载性质与大小、施工方法和材料、劳动力价格等。

一般而言，在实腹结构与格构结构中采用单次预应力技术，与非预应力同类结构相比可获得10%～20%的经济效益，而采用多次预应力技术则可节约材料20%～40%左右。

预应力索体施工方便，与钢结构同步施工，可以共享施工脚手架和大型吊装设备，降低施工成本和缩短工期十分明显，具有很好的经济效益。

总之，大跨度预应力钢结构屋盖体系的社会、经济效益显著。

2.2 预应力钢结构分类

2.2.1 张弦梁结构

张弦梁结构（Beam String structure，简称 BSS）是近 20 余年来发展起来的一种新型的大跨度预应力钢结构。张弦梁结构是由“将弦进行张拉，与梁组合”这一基本形式而得名。它是由弦、撑杆和梁组合而成的新型自平衡体系，如图 2-2-1、图 2-2-2 所示。结构是刚度较大的压弯构件，又称刚性构件，刚性构件通常为梁、拱、桁架、网壳等多种形式。弦是柔性的引入预应力的索或拉杆。撑杆是连接上部刚性梁构件与下部柔性索的传力载体，一般采用钢管构件。通过对柔性构件施加拉力，使相互连接的构件成为具有整体刚度的结构。弦的预应力使结构产生反挠度，故结构在荷载作用下的最终挠度减小；撑杆对抗弯受压构件提供弹性支撑，改善后者的受力性能；若压弯构件取为拱时，由弦承受拱的水平推力，减轻拱对支座产生的负担。由于综合应用了刚性构件抗弯刚度高和柔性构件抗拉强度高的优点，张弦梁结构可以做到结构自重相对较轻，体系的刚度和形状稳定性相对较大，因而张弦梁结构是可以使压弯构件和抗拉构件取长补短，协同工作，跨越很大的空间，具有良好应用价值和前景的新型结构形式。

张弦梁结构具有如下一些特点：

（1）承载能力高。张弦梁由下弦索、上弦梁和撑杆组成，索为受拉、杆为受压的二力杆，上弦梁为压弯杆件；通过预张拉索对上弦的反向弯矩作用，使其承载能力大大提高。

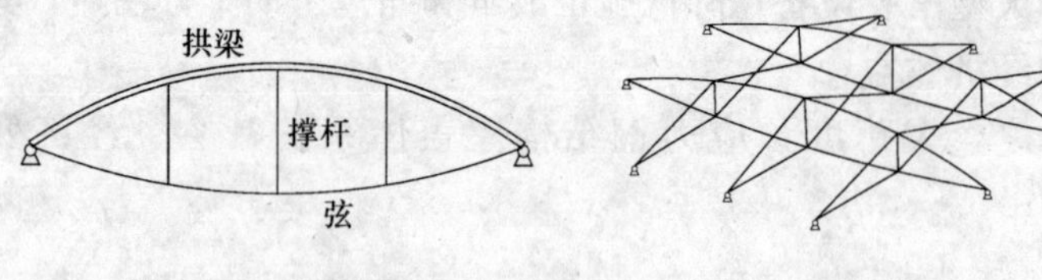

图 2-2-1　平面 BSS　　　图 2-2-2　空间 BSS

（2）结构变形小。通过拉索的张拉力，使竖腹杆产生向上的分力，导致上弦梁产生与外荷载作用下相反的内力和变位，以形成整个张弦梁结构及提高结构刚度。

（3）为自平衡结构。下弦拉索抵消上弦拱的推力，形成自平衡结构，不对支座产生附件的推力，结构传力明确，对下部结构要求小，下部结构及支座易于制作。

（4）稳定性好。通过撑杆及水平支撑体系使屋面跨度减小，稳定性得以提高。

（5）建筑造型灵活。

张弦梁结构是一种新型的结构，结构形式较多，总体上可分为平面和空间两种结构。平面张弦梁结构是指其结构构件位于同一平面内，且以平面内受力为主的张弦梁结构。平面张弦梁结构根据上弦构件的形状可分为三种基本形状：直线形张弦梁、拱形张弦梁、人字形张弦梁。空间张弦梁结构是以平面张弦梁结构为基本组成单元，通过不同形式的空间布置索形成的以空间受力为主的张弦梁结构。目前分为四类：单向张弦梁结构（图 2-2-3），双向张弦梁结构（图 2-2-4），多向张弦梁结构（图 2-2-5），辐射式张弦梁结构（图 2-2-6）。

单向张弦梁结构适用于大跨度的体育馆、场所等单向平面建筑体系，双向、多向和辐射式张弦梁结构则可以适用于更多大跨度的建筑形式。目前国内单向张弦梁结构最大跨度工程黄河口模型厅工程，其跨度为 148m，北京的国家体育馆工程屋盖结构选用单曲面双向张弦梁结构，双向跨度为 114.5m×144.5m，其双向跨度目前为世界最大。

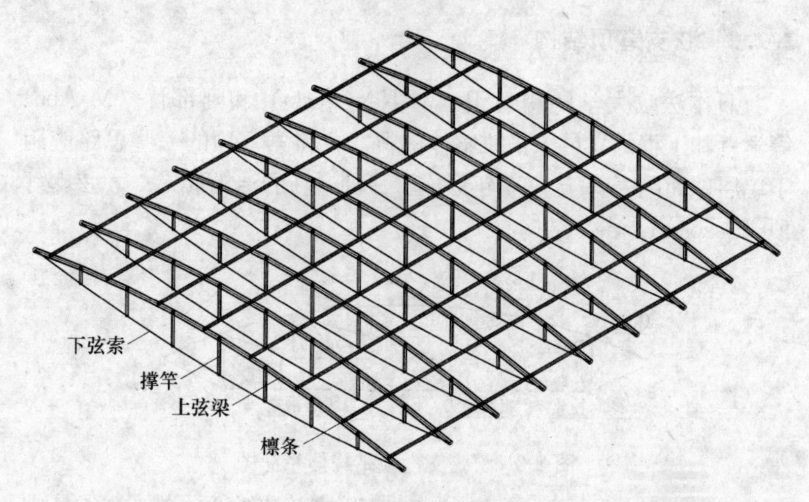

图 2-2-3 单向张弦梁结构

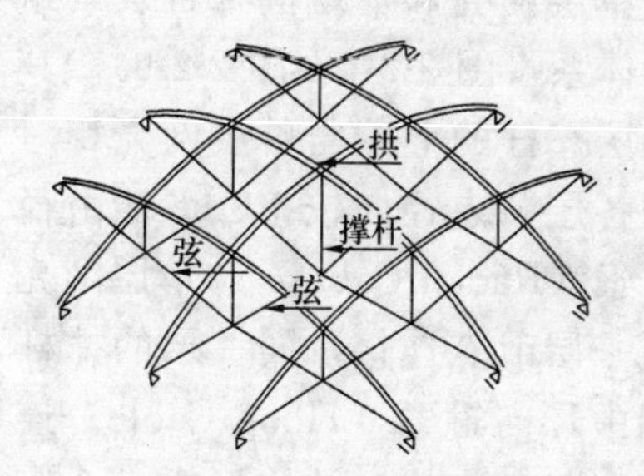

图 2-2-4 双向张弦梁结构

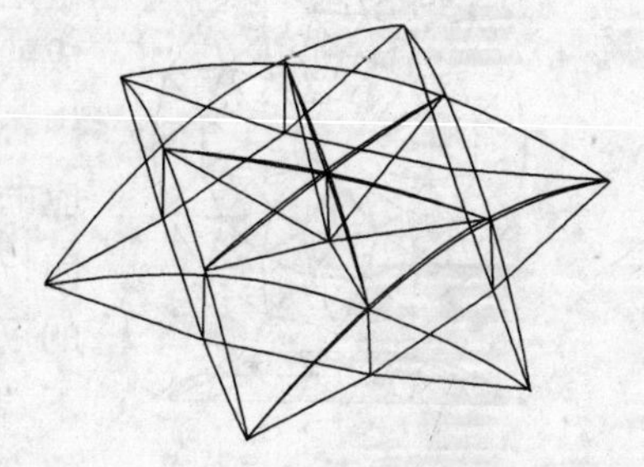

图 2-2-5 多向张弦梁结构

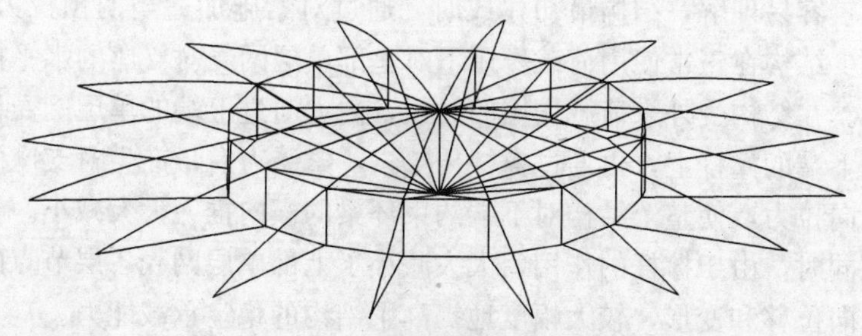

图 2-2-6 辐射式张弦梁结构

2.2.2 弦支穹顶结构

日本法政大学的川口卫（M. Kawaguchi）和阿部优（M. Abe）等学者和工程师立足于张拉整体的概念，将索穹顶的一些思路应用于单层球面网壳，于1993年形成了一种崭新的结构形式——弦支穹顶（Suspen-Dome）结构。

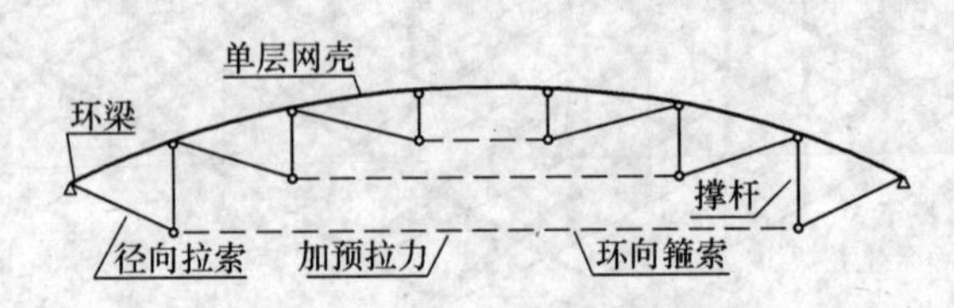

图 2-2-7 弦支穹顶结构体系简图

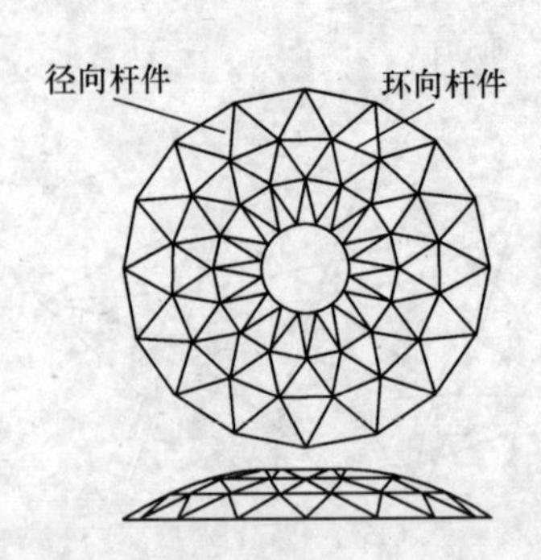

图 2-2-8 弦支穹顶上部

典型的弦支穹顶结构体系是由一个单层网壳和下端的撑杆、索组成的体系（图 2-2-7～图 2-2-9）。其中各层撑杆的上端与单层网壳相对应的各层节点径向铰接，下端由径向拉索（Radial Cable）与单层网壳的下一层节点连接，同一层的撑杆下端由环向箍索（Hoop Cable）连接在一起，使整个结构形成一个完整的结构体系。结构的传力路径也比较容易理解，结构最初建成时，通过对索施加适当的预拉力，减少结构在正常使用荷载作用下对上部单层网壳对支座的水平推力。在结构受外来荷载作用的时候，内力通过上端的单层网壳传到下端的撑杆上，再通过撑杆传给索，索受力后，产生对支座的反向拉力，使整个结构对下端约束环梁的横向推力大大减小。与此同时，由于撑杆的作用，大大减小了上部单层网壳各层节点的竖向位移和变形，较大幅度地提高了结构的稳定承载能力。

从结构体系上看，弦支穹顶作为刚、柔结合的新型杂交结构，与单层网壳结构及索穹顶等柔性结构相比：由于钢索的作用，使单层网壳具有较好的刚度，施工方法比索穹顶更加简单；下部预应力体系可以增加结构的刚度，提高结构的稳定性，降低环梁内力，改善结构的受力性能。因此，弦支穹顶结构很好地综合了两者的结构特性，构成了一种全新的、性能优良的结构体系。

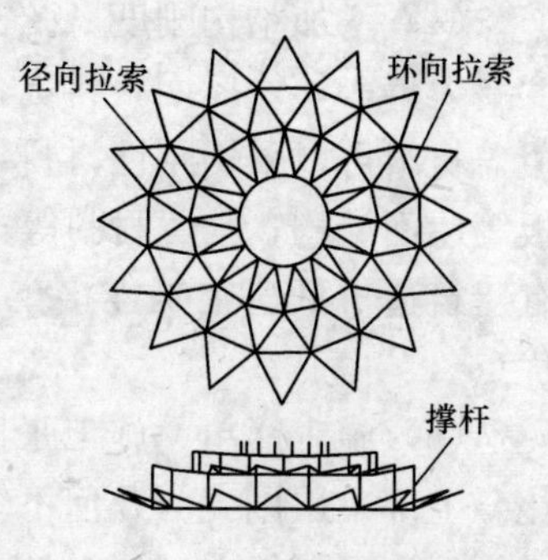

图 2-2-9 弦支穹顶下部

从结构体系上看，弦支穹顶作为刚、柔结合的新型杂交结构，与单层网壳结构及索穹顶等柔性结构相比，具有如下特点：

（1）能够跨越更大跨度。弦支穹顶是一种新型杂交空间结构体系，其中高强度预应力拉索的引入使钢材的利用更加充分，结构自重及结构造价将因此而降低，同时使弦支穹顶在跨越更大跨度方面具有更大的潜力。

（2）有较好的刚度。通过对索施加预应力，上部单层网壳将产生与荷载作用反向的变形和内力，从而使结构在荷载作用下，上部网壳结构各构件的相对变形小于相应的单层网壳，使其具有更大的变形储备；联系索与梁之间的撑杆对于单层网壳起到了弹性支撑的作用，可以减小单层网壳杆件的内力，调整体系的内力分布，降低内力幅值；从张拉整体强化单层网壳的角度出发，张拉整体结构部分不仅增强了总体结构的刚度，还大大提高了单层网壳部分的稳定性，因此，跨度可以做得较大。

（3）改变结构受力性能，降低对环梁的要求。弦支穹顶在力学上最明显的一个优势是，结构对边界约束要求的降低。因为刚性上弦层的网壳对周边施以（水平向）外推力，而柔性的张拉整体下部对边界产生（水平向）内拉力，组合起来后二者可以相互抵消；适当的优化设计还可以达到在长期荷载作用下，屋顶结构对边界施加的水平反力接近零。

（4）增加结构刚度。弦支穹顶由于其刚度相对于索穹顶的刚度要大得多，使屋面材料更容易与刚性材料相匹配，因此其屋面覆盖材料可以采用刚性材料，如压型彩钢板、混凝土预制或现浇板等屋面结构；与膜材料等柔性屋面材料相比，刚性屋面材料具有建筑造价低、施工连接工艺成熟和保温遮阳性能相对较好等优点。

（5）施工简单。施工张拉过程比索穹顶结构等得到较大的简化。上部单层网壳为几何不变体系，可以作为施工时的支架，预应力拉索可以简单地通过调节撑杆长度或斜索长度而获得张拉，施工变得简单和方便易行。

弦支穹顶的结构形式按照的其空间曲面形式分为：球面形、椭球形、折板形等；在某些情况下，如一些体育场，会要求结构中间开洞的形式，弦支穹顶同样可以很方便地满足这一点，且可以有多种多样的形式，如外圆内椭、外椭内椭（双椭型）、外圆内圆、外椭内圆等多种形式。

按照上部网壳形式：联方型、肋环型、施威德勒型、凯威特型、两向及三向格子型、短程线型等，都适合于弦支穹顶结构的要求。其中联方型弦支穹顶结构是完全中心对称的，因此在承受均布全跨荷载时，布索层的构件受力比较均衡。

按照布索方式：全局型和局部型。其中局部型又有多种类型：外圈布索型、隔圈布索型、分散布索型、撑杆束状布索型、一道越层布索型等。

超大跨度形式：多层网壳型弦支穹顶、巨型网格型弦支穹顶。

弦支穹顶作为穹顶结构中的一种，具有穹顶的一些重要特点，因此也用于穹顶工程中，矢高取跨度的1/5～1/3，造型有穹隆状、椭球状及坡形层顶等。目前国内圆形弦支穹顶结构最大跨度工程为北京工业大学羽毛球体育馆，最大跨度达93m，矢高为9.3m。国内椭球状弦支穹顶结构最大跨度工程为常州体育会展中心，长轴方向跨度为120m，短轴方向跨度为80m。

2.2.3 索穹顶结构

由美国工程师盖格尔首次研究开发的索穹顶结构用于1988年韩国汉城奥运会体操馆（直径120m，用钢质量仅为13.5kg/m²）和击剑馆（直径90m）。它由中心内拉环、外压环梁、脊索、谷索、斜拉索、环向拉索、竖向压杆和扇形膜材所组成，见图2-2-10。

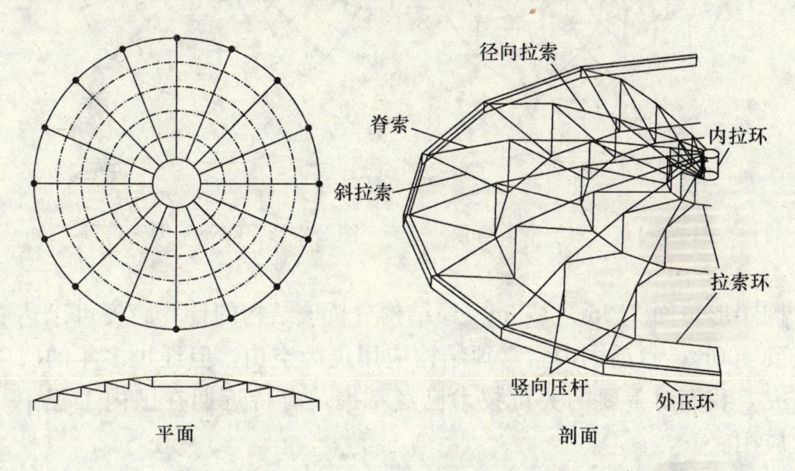

图2-2-10 索穹顶结构布置图

索穹顶是一种结构效率极高的全张体系，同时具有受力合理、自重轻、跨度大和结构形式美观新颖的特点，是一种有广阔应用前景的大跨度结构形式。

索穹顶主要包括两种类型：Levy型索穹顶（图2-2-11）和Geiger型索穹顶（图2-2-12）。

索穹顶结构的主要构件系钢索，该结构大量采用预应力拉索及短小的压杆群，能充分利用钢材的抗拉强度，并使用薄膜材料作屋面，所以结构自重很轻，且结构单位面积的平均质量和平均造价不会随结构跨度的增加而明显增大，因此该结构形式非常适合超大跨度建筑的屋盖设计。目前世界上建成最具有代表性的就是美国分别于1990年、1992年建成的圣彼得斯堡的太阳海岸棒球体育馆，穹顶直径210m；亚特兰大的奥运会足球体育馆，为

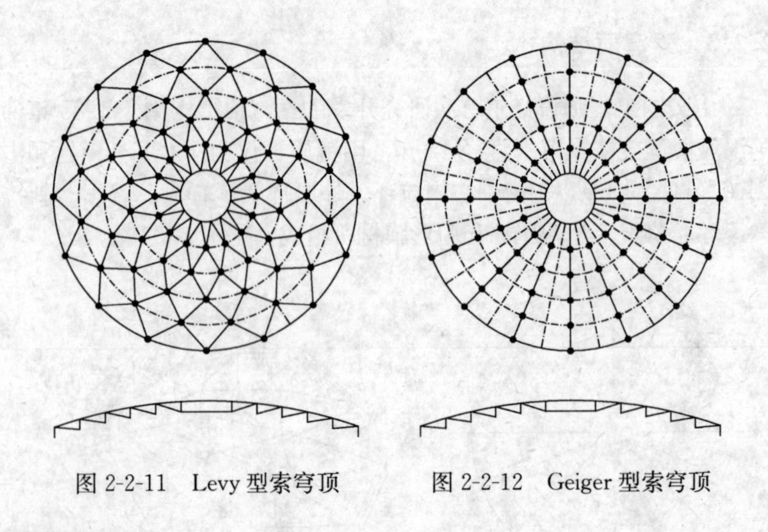

图 2-2-11　Levy 型索穹顶　　　图 2-2-12　Geiger 型索穹顶

椭圆形平面 240m×193m。经结构分析该结构的计算跨度可以达到 400m。目前国内索穹顶结构应用仍为空白，但经过多年的研究，我们对重要的关键技术已经掌握，有待近期在国内工程中应用。

2.2.4　吊挂结构

吊挂结构是以只能受拉的索作为基本承重构件，并将拉索按照一定规律布置所构成的一类结构体系。该体系通称为用高强钢索吊挂屋盖的承重结构体系，是在斜拉桥形式引入建筑结构后，又在“暴露结构”潮流中发展起来的，有高耸于屋面之上的结构与索系，造型奇异，挺拔刚劲。

吊挂结构由支撑结构、屋盖结构及吊索三部分组成。支撑结构主要形式有立柱、钢架、拱架或悬索。吊索分斜向与直向两类，索段内不直接承受荷载，故呈直线或折线状。吊索一端挂于支撑结构上，另一端与屋盖结构相连，形成弹性支点，减小其跨度及挠度。被吊挂的屋盖结构常有网架、网壳、立体桁架、折板结构及索网等，形式多样。

吊挂结构的特点如下：

（1）结构由三部分组成：支承吊索的主承重结构、斜向或竖向拉索、屋盖结构；

（2）按平面体系选用计算简图；

（3）拉索吊点为屋盖结构提供弹性支承，缩小屋盖跨度，提高结构刚度；

（4）索段内不直接作用横向荷载，因此索系全部为直线或折线形；

（5）以索吊点代替柱支点，扩大室内无阻挡空间，满足功能要求；

（6）吊索系全部引入预应力以保证工作状态，并调整结构内力峰值，建立反拱挠度。

吊挂结构自问世以来，深受土建行业的重视。主要因其结构体系以吊索代替立柱，形成室内无阻挡的大空间，易于满足各种功能要求，暴露于外的主承重结构形态各异、粗犷刚劲，建筑造型新颖豪放。结构元件在制造安装上便于工业化、装配化，实现快速施工。

预应力吊挂结构体系主要有以下两种类型：平面吊挂结构和空间吊挂结构。按吊索的几何形状可分为斜向吊挂结构（图 2-2-13*a*）和竖向吊挂结构（图 2-2-13*b*）两种。吊索的形式可分为放射式（图 2-2-13*c*）、竖琴式（图 2-2-13*d*）、扇式（图 2-2-13*e*）和星式（图 2-2-13*f*）。

吊挂结构利用室外拉索代替室内立柱，这样可以获得更大的室内空间，适用于大跨度的体育场馆、会展中心等要求大空间的结构，上部高耸于屋面之上的结构与拉索可以组合出挺拔的造型。十分适合一些标志性的建筑设计。国内的西安国际展览中心中间跨度达到了 87.3m。

2.2.5 拉索拱结构

作为一种建筑与美学和谐统一的结构形式，从公元前 2 世纪

2. 预应力钢结构（大跨度预应力钢结构屋盖体系）

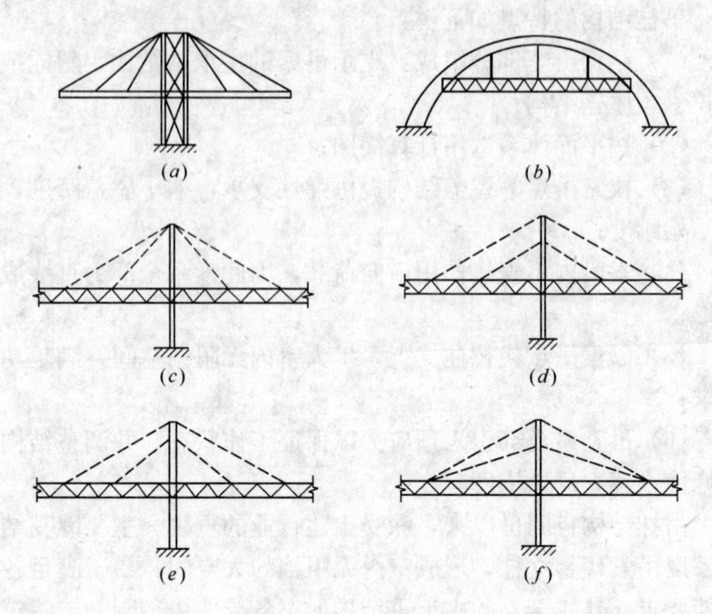

图 2-2-13　吊挂结构

古罗马人使用砖石材料创造拱券结构至今，拱一直受到建筑师的青睐。但是，拱是具有侧推力的结构，拱脚处往往产生较大的水平推力。

拱式结构属于无弯矩或小弯矩结构，按梁式结构中采用的廓内局部布索方案无利而有害，因此应寻求适用拱结构的廓外整体布索或整体预应力的结构方案。预应力的效应将不只是调整拱体内力，而是减小侧推力、提高刚度及稳定性或形成新体系。

为降低甚至消除此拱脚推力，目前工程界有效的方法是使用钢索将两拱脚相连。结构形式为钢索与钢拱架组合，称为“预应力拉索拱结构”。其特点如下：

（1）预应力拉索拱结构由钢索与钢拱架组合而成，达到调整拱架内力、减小侧推力、提高其结构刚度和稳定性的目的。

（2）预应力拉索拱结构布索方案有多种，其社会、经济效益与拱体几何轴线、荷载特性、索体类型及预应力度、拱体截面形式与构造等因素有关，拉索的功能是分担拱架侧推力，调整拱架截面应力峰值。

(3) 多种预应力拉索布置在钢桁架拱的下弦，每束索只对拱的一部分产生作用，但多束索的综合效果等于沿拱架下弦布置了一束钢索，起到了水平拉杆减小支座水平推力的作用，同时对净空高度的影响较单独水平布置影响小，是一种同时满足受力性能和施工功能的新型结构方案。

(4) 该结构构造简单，受力明确，节约钢材，张拉成型后的拱架体系基本无水平推力，施工建设速度快，节约施工成本，由于部分屋面体系可在张拉前安装，减少高空作业，增加施工安全性。

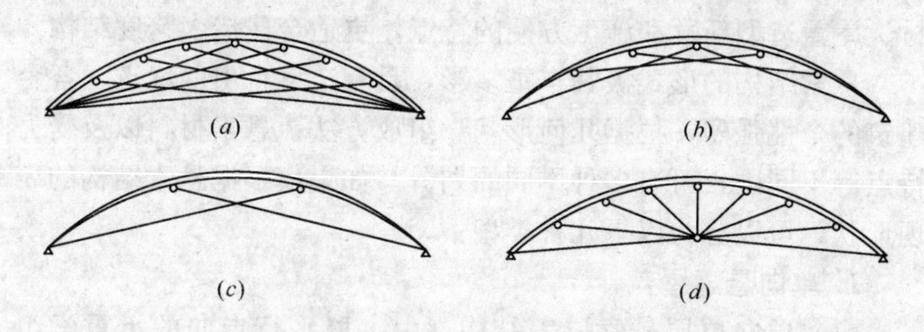

图 2-2-14 预应力拉索拱结构几种形式

拉索拱结构是一种新型的预应力钢结构体系，应用前景广阔，其主要形式见图 2-2-14。目前在国外该结构在很多结构工程中应用，如在最大跨度伊拉克电站储煤仓库，跨度 120m，长度 150m；建成最早的工程是澳大利亚 1985 年的散装水泥仓库。我国分别于 1995 年和 2001 年，已建成了由国外企业完成设计和施工的两项机库工程。为了完成该项技术在国内的推广应用，我们进行全过程的理论与试验研究，2004 年北京市建筑工程研究院在海关总署办公楼改扩建工程新增屋顶跨度为 16.8m，结构中应用了拉索拱结构。每榀索拱结构由组合焊接 H 形钢拱形梁和两根预应力钢索组成，两拱脚与加层钢柱连接部分采用可滑动橡胶支座连接。此工程为工程推广应用提供了基础。

2.2.6 悬索结构

悬索结构以一系列受拉的索作为主要承重构件，这些索按一定规律组成各种不同形式的体系，并悬挂在相应的支撑结构上。悬索屋盖结构通常由悬索系统、屋面系统和支撑系统三部分构成。悬索结构是张拉结构的一种，是以一系列受拉的柔性索或将柔性索按一定的规律布置成索网作为主要承重构件，通过索的轴向拉伸来抵抗外部荷载的作用，并悬挂在相应的支撑结构上而组成的一种空间结构。这些索或索网的轴向拉力通过边缘刚性构件或柔性构件和支撑结构传递到基础。它是最古老的结构形式，它应用于建筑结构是从 20 世纪才开始的，它具有自重轻、节约钢材、屋盖造型新颖和施工方便的特点，更适合建造大跨度结构。

悬索结构的形式极其丰富多彩，具有造型自由的优点，各个建筑的个性强烈，根据几何形状、组成方法、悬索材料以及受力特点等不同因素可有多种不同的划分。如果仅根据悬索结构的表现形状，可以分为以下几种类型：

1. 单向悬索屋盖

(1) 单向单层悬索屋盖结构（由一群平行走向的承重索组成，见图 2-2-15*a*）

(2) 单向双层悬索屋盖结构

由一群平行走向的承重索（负高斯曲面）和一层稳定索（正高斯曲线）组成，该结构按承重索和稳定索的支承形式不同分为以下三种：

1）柱支撑索结构（图 2-2-15*b*）；

2）索桁架索结构（图 2-2-15*c*、图 2-2-15*d*）；

3）索梁结构（图 2-2-15*e*）。

2. 双向悬索屋盖

(1) 双向单层悬索屋盖（索网结构）

1）刚性边缘构件（图 2-2-15*f*、图 2-2-15*g*）；

2）柔性边缘构件（图 2-2-15*h*）。

（2）双向双层悬索屋盖（图 2-2-15i）

3. 辐射状悬索屋盖

（1）单层辐射状悬索屋盖（图 2-2-15j）

（2）双层辐射状悬索屋盖（图 2-2-15k）

悬索结构更适合大跨度建筑。

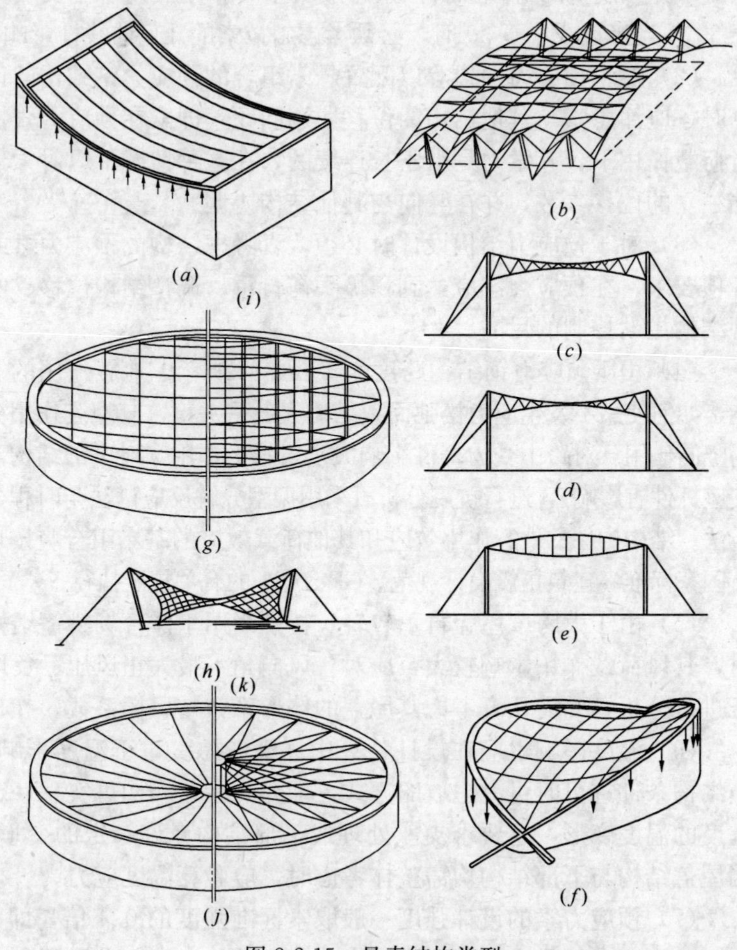

图 2-2-15　悬索结构类型

2.3 预应力钢结构设计计算原则

（1）在预应力钢结构的计算中，对于布置有悬索或折线型索时必须考虑悬索的几何非线性影响。对于斜拉索，则当索长较长时应考虑由于索自重影响而引起斜拉索刚度的折减，通过公式反映对于弹性模量的折减。斜拉索一般希望其作用点与水平夹角大于30°，当接近或小于30°时，必须考虑斜拉索的几何非线性影响。

（2）对于预应力网架等以配置悬索组合的预应力钢结构的计算时，应注意索与其他结构的位移协调问题，即索在预应力张拉时荷载作用下，其索力是沿索长连续的，在这种情况下应对索建立独立的位移参数，并在竖向与其他结构协调。

（3）对于预应力结构设计时必须认真考虑结构的预应力索的各项要求，在预应力态应达到积极平衡自重、调整结构位移、实现结构主动控制的目的。

（4）由于预应力钢结构跨度大，因此必须考虑地震作用的影响，如何使索不发生应力松弛而致结构失效是关键，其地震作用分为竖向作用（对跨中受力杆件影响大）与水平作用（对下部结构与支座杆件有影响），进行抗震分析可采用振型分解反应谱法与时程分析法。结构构件的地震作用效应和其他荷载效应的基本组合应按现行国家标准《建筑抗震设计规范》GB 50011的有关规定执行。

（5）由于大跨度屋盖自重较轻，特别当用于体育场挑篷结构时，其风荷载作用影响较大，应对各风向角下最大正风压、负风压进行分析，并需认真考虑其屋盖的体形系数与风振系数。

（6）温度影响也应在设计计算中详细考虑。对于温度影响，当结构条件许可时可考虑放的方式，即允许屋盖结构可实现一定程度的温度变形，这要求支座处理或下部结构允许一定的变形。当屋盖结构与下部结构均需整体考虑时，应验算温度应力。

（7）预应力索的设计强度一般取索标准强度的0.4倍，即$f=0.4f_{ptk}$，索的最小控制应力不宜小于$f=0.2f_{ptk}$。索是预应力钢结构中最关键的因素，必须要有比普通钢结构更大的安全储备，最小控制应力要求除保证在索材在弹性设计状态下受力外，在各种工况下皆需保证索力大于零，同时也应确保索的线型与端部锚具的有效作用。此外，预应力锚固损失、松弛损失和摩擦损失应在实际张拉中予以补偿。

(8) 预应力索的用材宜选用高强材料，如高强钢绞线或高强钢丝或高强钢棒，采用高强材料可有效减轻结构耗钢量并减小预应力索或预应力拉杆在锚固与连接节点的尺寸。对于预应力索（拉杆）可选用成品索（拉杆），这些成品索（拉杆）已在工程里完成整索的制作（包括索的外防护与两端锚固节点）。也可采用带防护的单根钢绞线的集合索。对于内力不大的预应力索（拉杆）可采用耳板式节点（这时索应严格控制长度公差），对于内力较大的拉杆不宜采用带正反螺纹的可调式拉杆，对于大内力的拉索与悬索的成品宜采用铸锚节点。

(9) 预应力索锚固节点，特别是对于大吨位预应力斜拉索或悬索锚固节点应进行周密空间三维有限元分析，同时也必须要仔细考虑锚头的布置空间与施工张拉要求。

(10) 由于预应力钢结构一半用于大跨度公共建筑的屋盖结构，其结构重要性大，又由于预应力钢结构往往是创新的结构体系且常常又是建筑造型丰富、结构复杂的空间结构，因此在条件许可时应进行系统研究、试验和测试工作，确保结构安全可靠。

(11) 设计和计算应满足现行规范《钢结构设计规范》(GB 50017)、《预应力钢结构技术规程》(CECS212：2006)。

2.4 节点与连接构造

2.4.1 一般设计规定

(1) 根据预应力钢结构的特点和拉索节点的连接功能，其节点类型可分为张拉节点、锚固节点、转折节点、索杆连接节点和交叉节点等主要类型。

（2）预应力钢结构的连接构造应保证结构受力明确，尽量减小应力集中和次应力，减小焊接残余应力，避免材料多向受拉，防止出现脆性破坏，同时便于制作、安装和维护。

（3）构件拼接或节点连接的计算及其构造要求应执行国家标准《钢结构设计规范》（GB 50017）的规定。

（4）在张拉节点、锚固节点和转折节点的局部承压区，应进行局部承压强度验算，并采取可靠的加强措施满足设计要求。对构造、受力复杂的节点可采用铸钢节点。

（5）对于索体的张拉节点应保证节点张拉区有足够的施工空间，便于操作，锚固可靠；锚固节点应保证传力可靠，预应力损失低，施工方便。

（6）室内或有特殊要求的节点耐火极限应不低于结构本身的耐火极限。

（7）预应力索体、锚具及其节点应有可靠的防腐措施，并便于施工和修复。

（8）预应力钢结构节点区受力复杂，当拉索受力较大、节点形状复杂或采用新型节点时，应对节点进行平面或空间有限元分析，全面掌握节点的应力大小和应力分布状况，指导节点设计。

（9）对重要、复杂的节点，根据设计需要，宜进行足尺或缩尺模型的承载力试验，节点模型试验的荷载工况应尽量与节点的实际受力状态一致。

（10）根据节点的重要性、受力大小和复杂程度，节点的承载力应高于构件的承载力，并具有足够的安全储备，一般不宜小于1.2～1.5倍的构件承载力设计值。

2.4.2 张拉节点

（1）高强拉索的张拉节点应保证节点张拉区有足够的施工空间，便于施工操作，锚固可靠。对于张拉力较大的拉索，可采用液压张拉千斤顶或其他专用张拉设备进行张拉；对于张拉力较小的拉索，可采用花篮调节螺栓或直接拧紧螺母等方法施加预应力。

（2）张拉节点与主体结构的连接应考虑超张拉和使用荷载阶段拉索的实际受力大小，确保连接安全。常用的平面空间受力的张拉节点构造示意图见图 2-4-1。

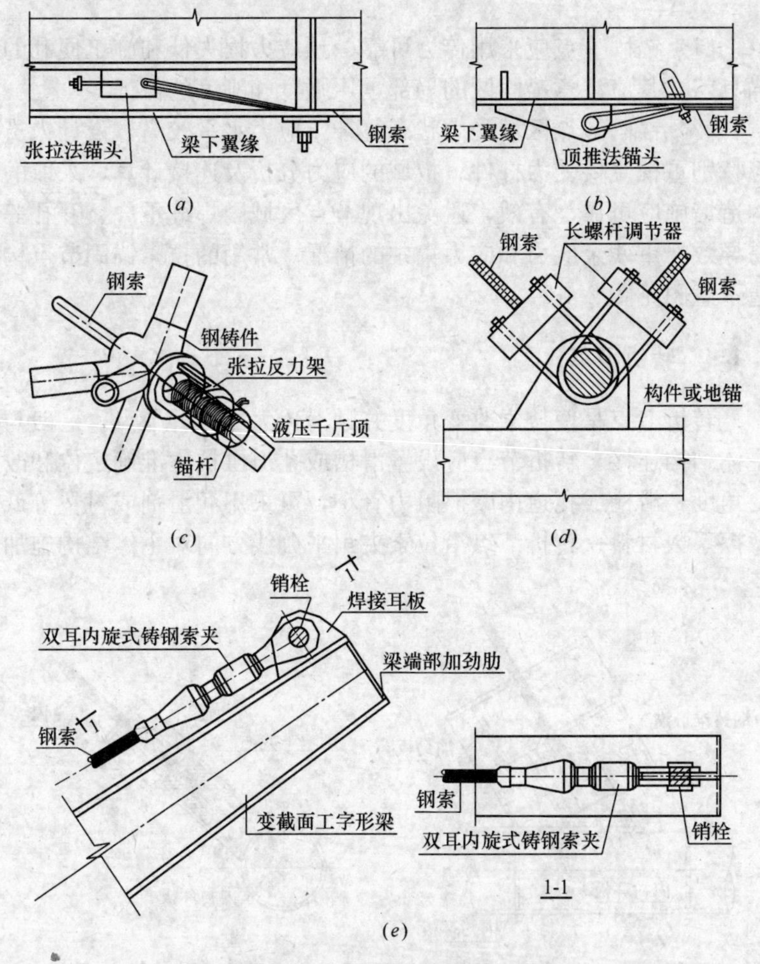

图 2-4-1　张拉节点的构造示意

（*a*）张拉法锚头式节点；（*b*）顶推法锚头式节点

（*c*）千斤顶式节点；（*d*）螺杆调节式节点；（*e*）花篮螺栓式拉节点

（3）通过张拉节点施加拉索预应力时，应根据设计需要和节点强度，采用专门的拉索测力装置监控实际张拉力值，确保节点和结构安全。

2.4.3 锚固节点

（1）锚固节点应采用传力可靠、预应力损失低和施工便利的锚具，尤其应注意锚固区的局部承压强度和刚度的保证。

（2）锚固节点区域受力状态复杂、应力水平较高，设计人员应特别重视主要受力杆件、板域的应力分析及连接计算，采取的构造措施应可靠、有效，避免出现节点区域因焊缝重叠、开孔等易导致严重残余应力和应力集中的情况。常用的拉索锚固节点构造示意图见图 2-4-2。

2.4.4 转折节点

转折节点是使拉索改变角度并顺滑传力的一种节点，一般与主体结构连接。转折节点应设置滑槽或孔道供拉索准确定位和改变角度，滑槽或孔道内摩擦阻力宜小，可采用润滑剂或衬垫等低摩擦系数材料；转折节点沿拉索夹角平分线方向对主体结构施加

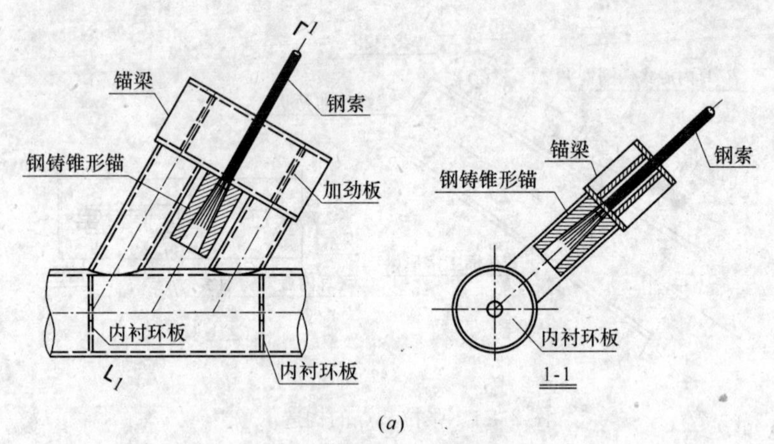

图 2-4-2　锚固节点构造示意（一）

（a）锚梁式节点

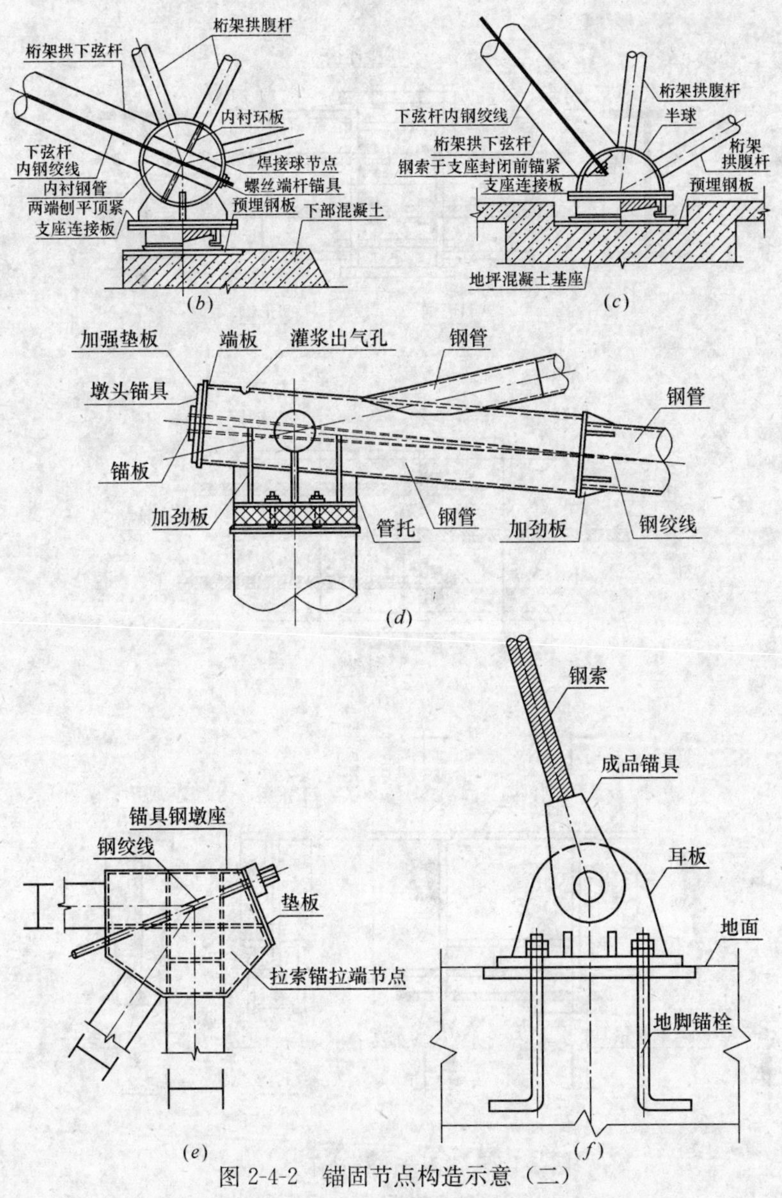

图 2-4-2 锚固节点构造示意（二）

(*b*) 外锚固式支座球节点；(*c*) 内锚固式支座半球节点；

(*d*) 圆管桁架端部节点；(*e*) H形钢桁架结构端锚固节点；(*f*) 地锚固节点

2. 预应力钢结构（大跨度预应力钢结构屋盖体系）

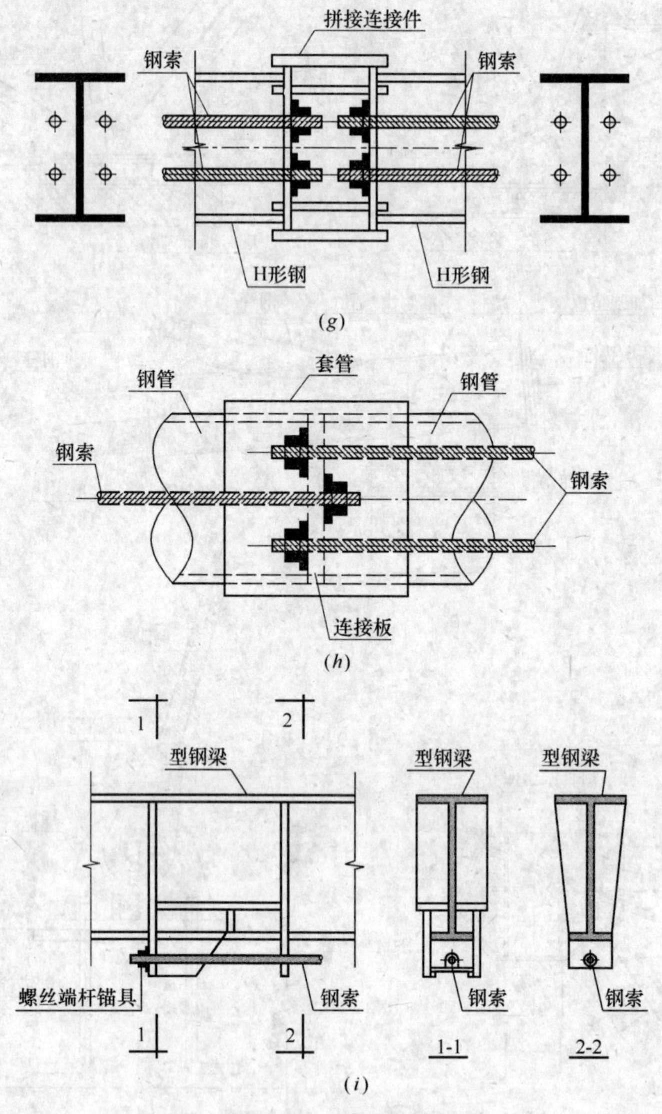

图 2-4-2 锚固节点构造示意（三）

(*g*) H 形钢梁拼接节点；(*h*) 钢管拼接节点；

(*i*) H 形钢梁中间节点

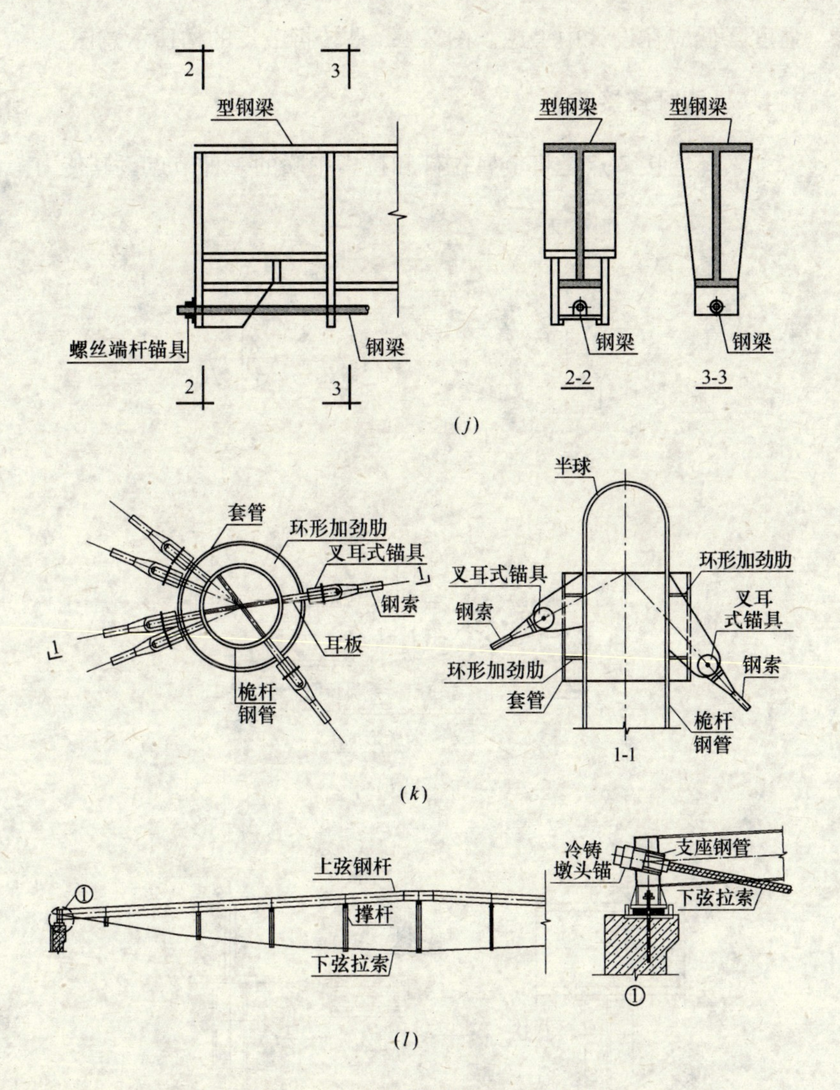

图 2-4-2 锚固节点构造示意（四）

(*j*) H 形钢梁端部节点；(*k*) 桅杆结构节点；(*l*) 张弦桁架节点

集中力，应注意验算该处的局部承压强度和该集中力对主体结构的影响，并采取加强措施。拉索转折节点处于多向应力状态，其强度降低应在设计中考虑。图 2-4-3 是转折节点的构造示意图。

2.4.5　索杆连接节点

索杆连接节点是将金属拉杆和拉索串联的一种节点，其传力

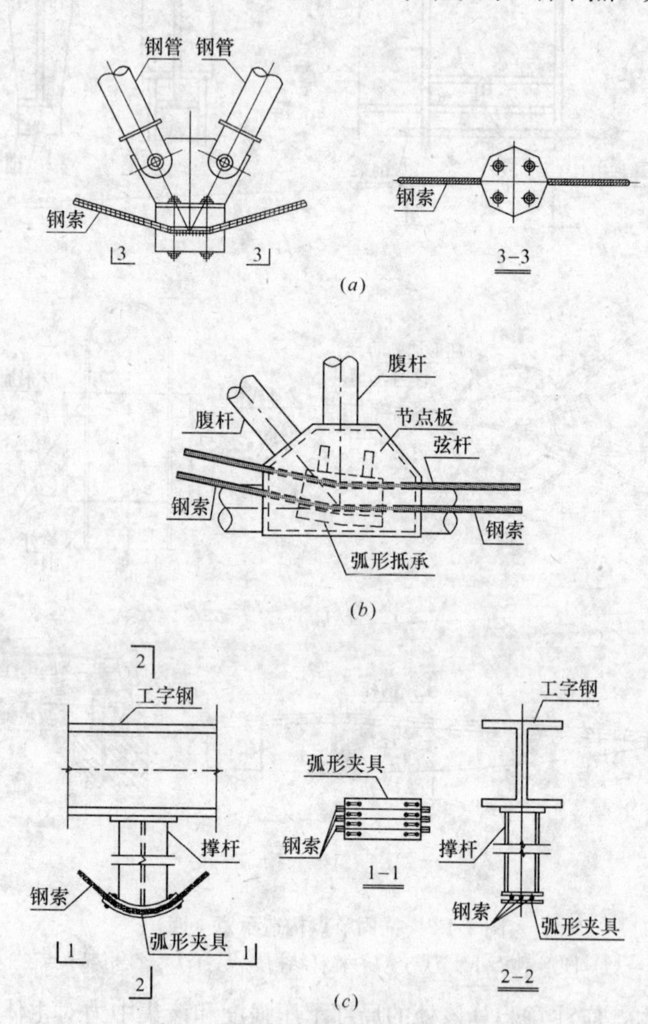

图 2-4-3　转折节点构造示意（一）

（*a*）下弦拉索节点；（*b*）弧形连接件式节点；（*c*）弧形夹具式节点

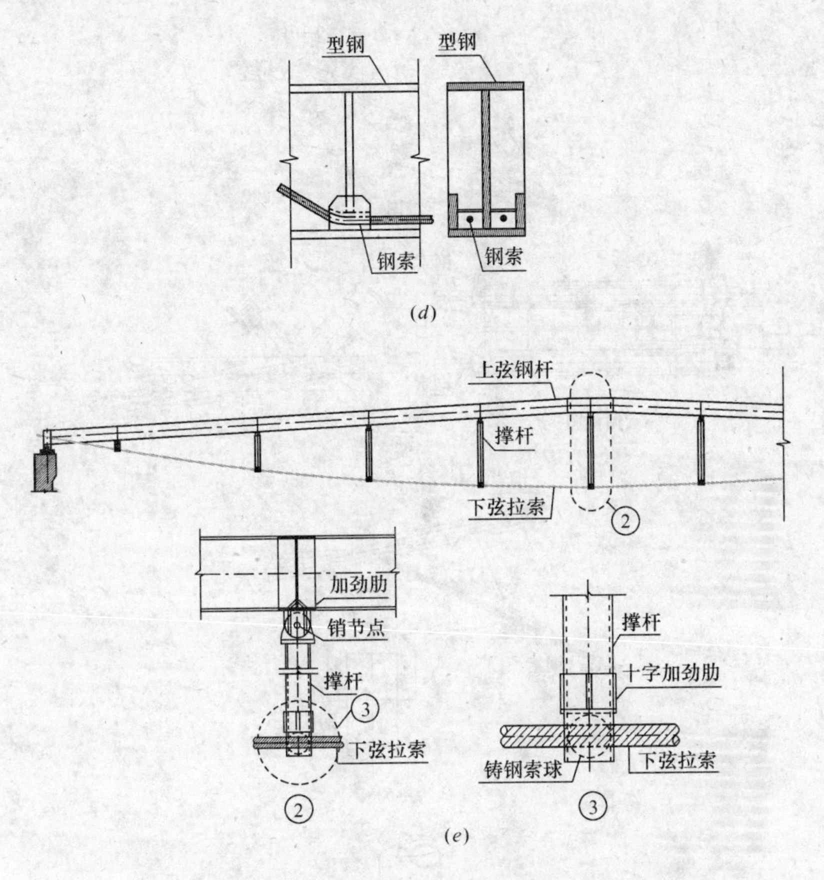

图 2-4-3　转折节点构造示意（二）
（*d*）实腹梁节点；（*e*）张弦桁架节点

沿拉索轴线方向。索杆连接节点应保证其承载能力不低于杆件和拉索承载力的较小值，节点应传力可靠、连接便利、外形尽可能美观且符合建筑造型要求。索杆连接节点构造示意图见图 2-4-4。

2.4.6　拉索交叉节点

拉索交叉节点是将多根平面或空间相交的拉索集中连接的一种节点，多个方向的拉力在交叉节点汇交、平衡。拉索交叉节点

2. 预应力钢结构（大跨度预应力钢结构屋盖体系）

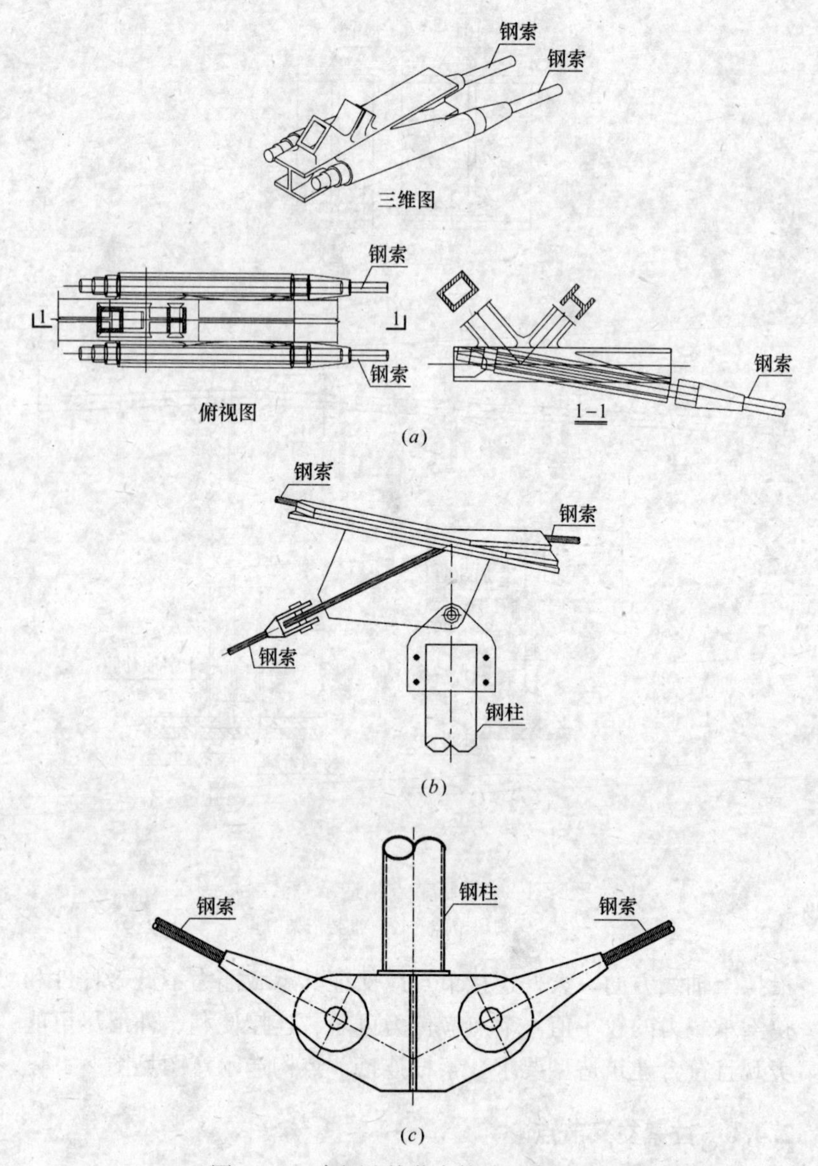

图 2-4-4　索杆连接节点构造示意（一）

（*a*）铸钢式节点；（*b*）销接节点板式空间节点；（*c*）销接式平面节点

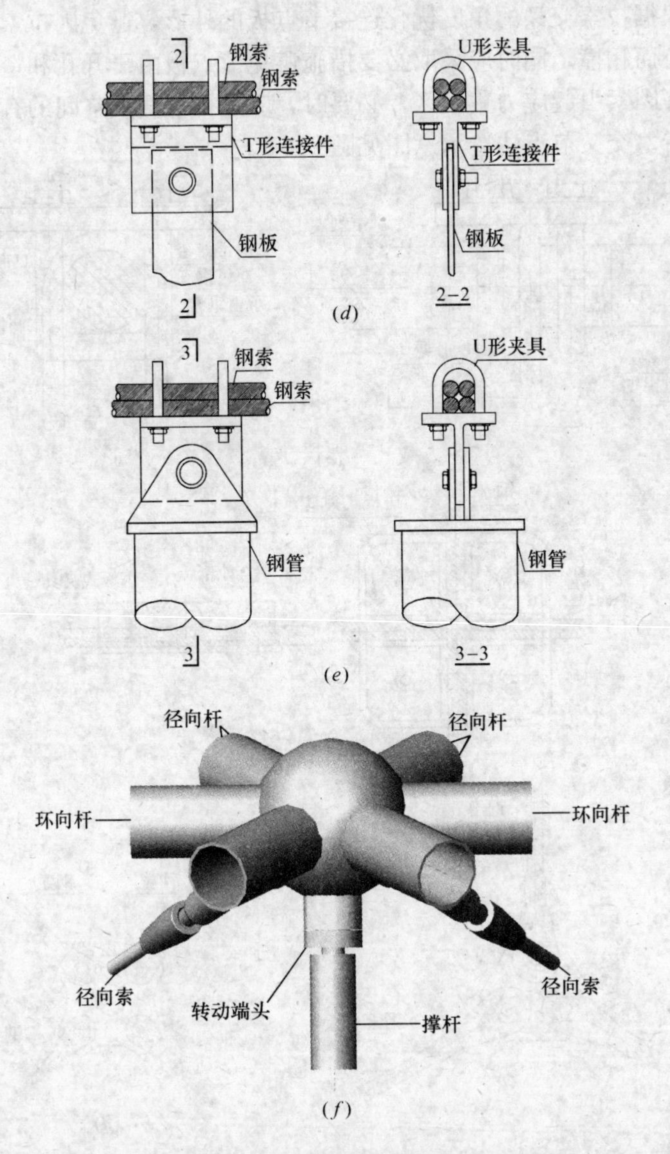

图 2-4-4 索杆连接节点构造示意（二）

(*d*) U 形夹具式索板节点；(*e*) U 形夹具式钢管节点；(*f*) 弦支穹顶结构节点

应根据拉索交叉的角度优化连接节点板的外形，避免因拉索夹角过小而相撞，同时应采取必要措施避免节点板由于开孔和造型切角等因素引起应力集中区，必要时，应进行平面或空间的有限元分析。交叉节点构造示意图见图 2-4-5。

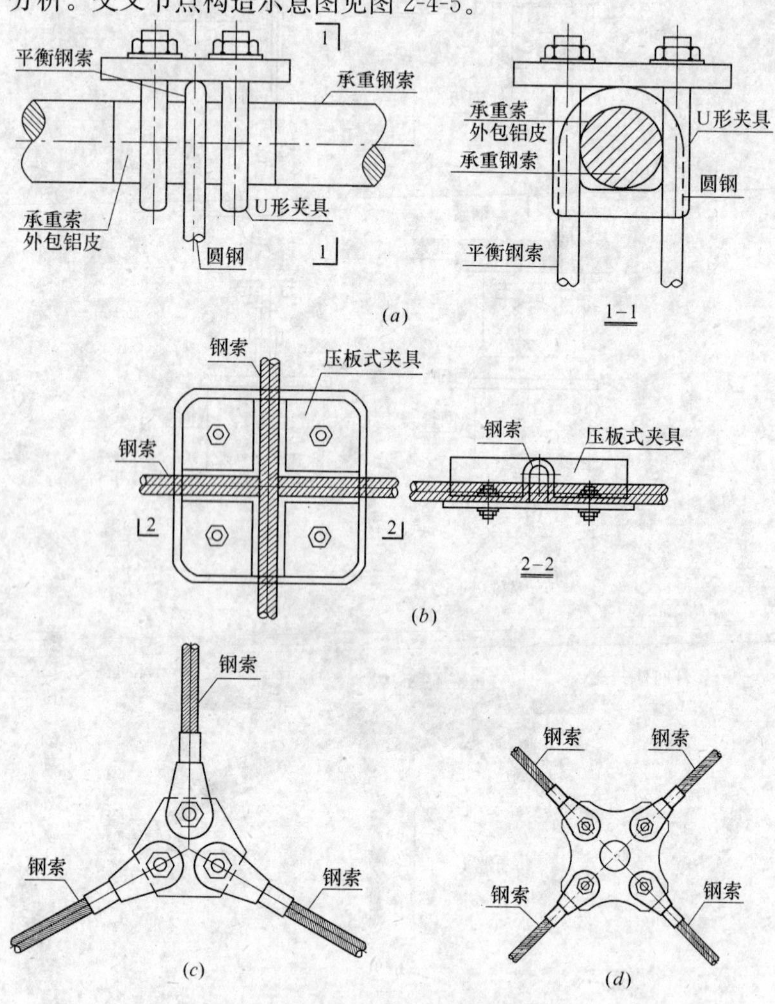

图 2-4-5　拉索交叉节点构造示意（一）
（a）U形夹具式节点；（b）单层压板式夹具节点；
（c）销接式三向节点；（d）销接式四向节点

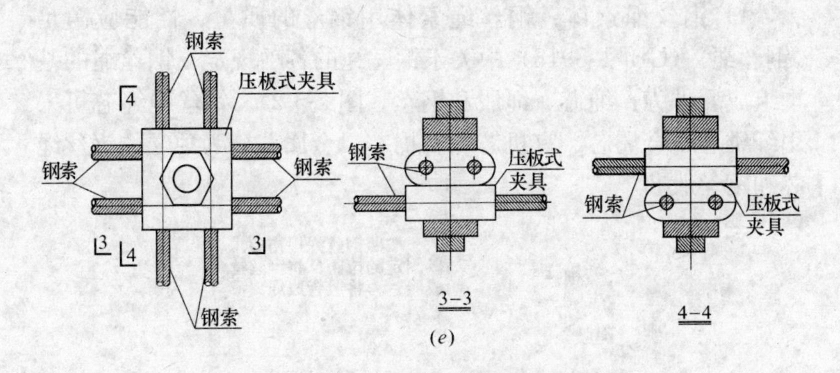

图 2-4-5 拉索交叉节点构造示意（二）

(*e*) 双层压板式夹具节点

2.5 材料及施工机具

2.5.1 材料

预应力钢索的组成构造见图 2-5-1，主要组成为三部分：调节端、固定端和索体，调节端在与结构锚固的同时还用于钢索张拉时调节伸长值，固定端用于把索体锚固到结构上，索体本身为承受力的主要部分。

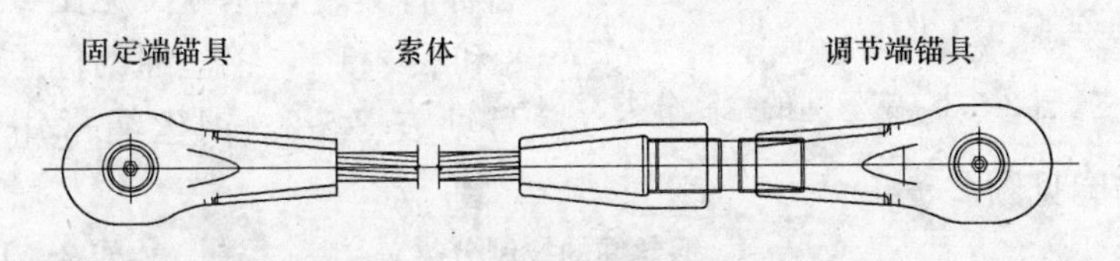

图 2-5-1 预应力钢索组成构造图

1. 钢索

索体形式：

作为施加预应力的索体，分为四类：钢丝绳索体、钢绞线索体、钢丝束索体、钢拉杆索体。

1）钢丝绳索体：钢丝绳索体用钢丝的质量、性能应满足《钢丝绳》（GB/T 8918）中关于钢丝绳的各项规定。钢丝绳的基本组成元件为：绳芯、绳股和钢丝（图 2-5-2）。钢丝绳绳芯可采用纤维芯、金属芯、有机芯和石棉芯。金属芯分为独立的钢丝绳芯和钢丝股芯。

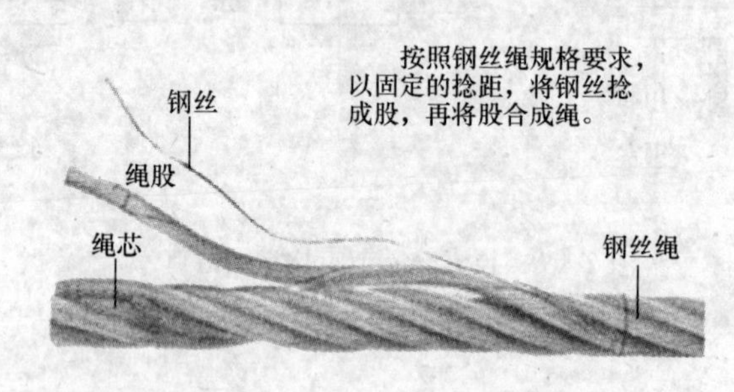

图 2-5-2　钢丝绳的构成分解图

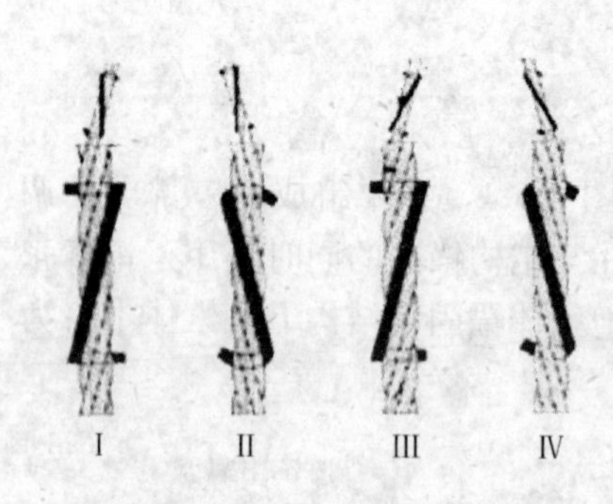

图 2-5-3　钢丝绳的捻制分类

钢丝绳的捻制分类：将一段钢丝绳垂直放置，从下往上，钢丝在股中的偏向或股在绳中的偏向称捻向。钢丝在股中偏左称左向捻，偏右称右向捻；股在绳中偏左称左交，偏右称右交。具体分类见图 2-5-3 和表 2-5-1，钢丝绳的标志代号见表 2-5-2，钢丝绳常用结构图见图 2-5-4。

钢丝绳的捻制分类　　**表 2-5-1**

钢丝绳的捻制分类
Ⅰ、右交互捻（钢丝左向捻，股右向捻）
Ⅱ、左交互捻（钢丝右向捻，股左向捻）
Ⅲ、右同向捻（钢丝右向捻，股右向捻）
Ⅳ、左同向捻（钢丝左向捻，股左向捻）

钢丝绳的标志代号 **表 2-5-2**

名称	代号	名称	代号
钢丝表面状态：		捻向：	
		左向捻、西鲁式钢丝绳	S
光面钢丝	NAT	瓦林吞式钢丝绳	W
A级镀锌钢丝	ZAA	右同向捻	ZZ
AB级镀锌钢丝	AAB	左同向捻	SS
B级镀锌钢丝	ABB	右交互捻	ZS
		左交互捻	SZ
钢丝绳芯：			
纤维芯	FC		
合成纤维芯	NF		
金属丝绳芯	SF		
金属丝股芯	IWRC		
	IWSC		

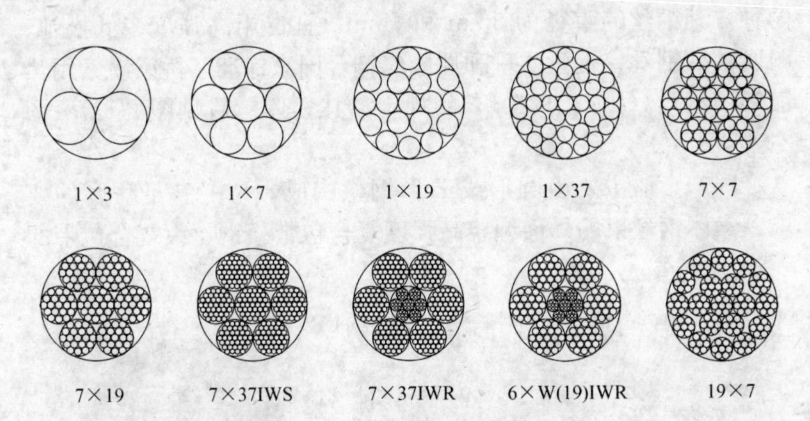

图 2-5-4 钢丝绳常用结构图

构成绳芯、绳股和钢丝绳的最基本元件钢丝，可采用光面钢丝、镀锌钢丝和不锈钢钢丝。钢丝的形状可采用圆形钢丝和异型钢丝，以圆形钢丝为主，异型钢丝可以形成密封钢丝绳等。

钢丝绳的强度等级可采用 1570MPa、1670MPa、1770MPa、

1870MPa 和 1960MPa 等级别。

2）钢绞线索体：钢绞线可采用的类型有镀锌钢绞线、高强度低松弛预应力热镀锌钢绞线、铝包钢绞线、涂塑钢绞线、无粘结钢绞线和 PE 钢绞线等。

钢绞线索体用钢绞线的质量、性能应符号《高强度低松弛预应力热镀锌钢绞线》（YB/T 152—1999）、《预应力混凝土用钢绞线》（GB/T 5224—2003）或《预应力混凝土用未涂层的 7 股钢绞线的标准规范》（ASTMA416/A416M）中的各项规定，钢绞线内的钢丝应符合《镀锌钢绞线》（YB/T 5004）中的有关规定，钢丝的捻距不得大于其直径的 14 倍。

钢绞线的断面结构主要有 1×3、1×7、1×19 和 1×37 等。强度等级按公称抗拉强度分为 1270MPa、1370MPa、1470MPa、1570MPa、1670MPa、1770MPa、1870MPa 和 1960MPa 等级别。

3）钢丝束索体：钢丝束索体有平行钢丝束和半平行钢丝束两种，其钢丝的直径为 5mm 和 7mm，宜选用高强度、低松弛、耐腐蚀的钢丝，钢丝质量和性能应符合国家标准《桥梁缆索用热镀锌钢丝》（GB/T 17101）的规定，其索体构造见图 2-5-5～图 2-5-7。

国产索体主要由圆形或 Z 形钢丝构成，为了满足防腐的要求，索体钢丝束的外面缠绕高强度复合包带。钢丝束复合包带的

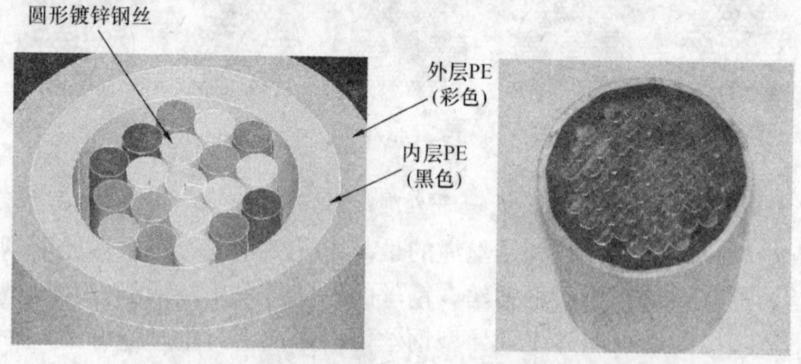

图 2-5-5　圆形平行钢丝 PE 护层索体构造图

外面有热挤高密度聚乙烯防护层，护层颜色为黑色或彩色高密度聚乙烯塑料，其技术性能符合《建筑缆索用高密度聚乙烯塑料》(CJ/T 3078)，护层应紧密包覆，在正常的生产、运输、吊装过程中不松脱。护层外观光滑平整，无破损，护层厚度偏差：+2mm、−1mm。圆形钢丝断面结构为 $\phi5\times7\sim\phi5\times649$、$\phi7\times7\sim\phi7\times649$ 等。强度等级按公称抗拉强度分为 1570MPa 和 1670MPa 两个级别。圆形平行钢丝 PE 护层索体性能见表 2-5-3、表 2-5-4。

Z 形锌铝镀层全封闭索体（VVS）的构造详图见 2-5-6，其在国外应用较为广泛，国内目前一些工程也开始采用。其结构为在外层根据索体直径采用一到三层（VVS1～3）Z 形钢丝将内侧钢丝同外界环境分隔开，Z 形钢丝上镀锌铝合金来保证 Z 形钢丝的防腐问题。其主要优点是索体结构内部致密，同时由于外层不再需要采用 PE 进行防护，同样破断强度的前提下，索体直径要小得多，在安装、运输、使用上更加方便。在建筑外观上，由于索体外表面为金属的质感，因此更加容易与外界钢结构形成一个视觉上的整体，达到建筑美观的效果。强度等级一般为 1570MPa。

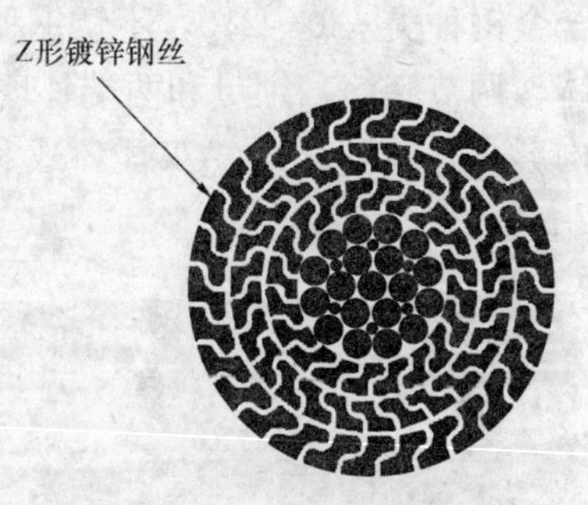

图 2-5-6　Z 字形锌铝镀层全封闭索体（VVS）构造图

不锈钢及锌铝镀层平行钢丝索体的构造详图见图 2-5-7。其采用不锈钢钢丝或者镀锌铝合金的钢丝作为索体材料，其中不锈钢索的防腐性能更好，外观在结构中更能增加建筑的美感。索体结

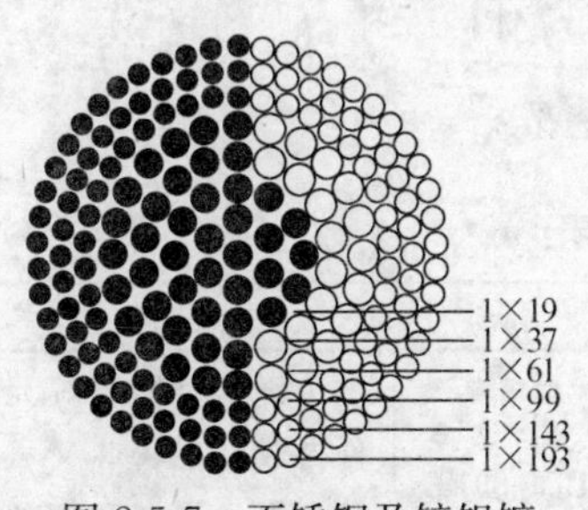

图 2-5-7　不锈钢及锌铝镀层平行钢丝索体构造图

构根据直径大小分为 1×19～1×193，强度等级为 1570MPa、1670MPa 和 1770MPa 等几种。

国内厂家生产的第一种圆形平行钢丝 PE 护层索体规格见附录 A（表 A-1、表 A-2）。

4）钢拉杆索体：当结构之间连接为直线连接，并且直线距离不是很长的情况下，也可以采用钢拉杆作为索体材料。钢拉杆产品按品种分为合金钢和不锈钢，其中，合金钢钢拉杆可按强度级别分为 345 级、460 级和 650 级等；钢拉杆产品按规格分为：合金钢种类 ϕ20～210，不锈钢种类 ϕ12～60。钢拉杆由圆柱形杆体、调节套筒、锁母和两端耳环接头部件组成，可采用的主要结构形式有单耳环式、双耳环式和不对称式等，钢拉杆结构见图 2-5-8、图 2-5-9。

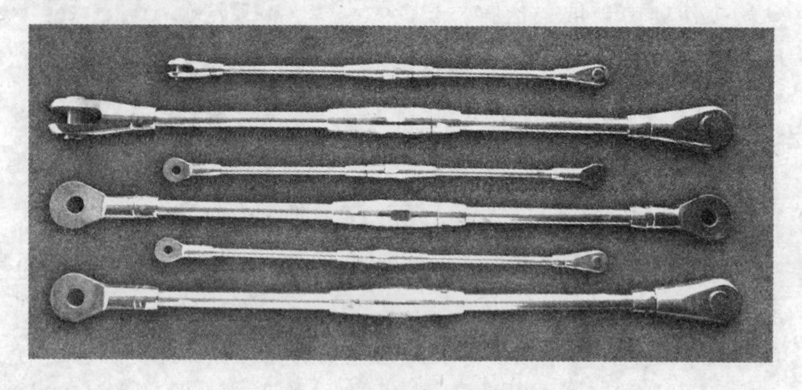

图 2-5-8　不锈钢拉杆索体构造图

索体分类及选用标准应符合表 2-5-3。

索体选用表　　表 2-5-3

名称	类别	材料标准	说明
钢丝绳索	纤维芯	《钢丝绳》（GB/T 8918）	由绳芯、绳股等元件构成。金属芯又可分为钢丝绳芯和钢丝股芯
	有机芯		
	石棉芯		
	金属芯		

续表

名称	类别	材料标准	说明
钢绞线索	镀锌钢绞线	《高强度低松弛预应力热镀锌钢绞线》（YB/T 152—1999） 《镀锌钢绞线》（YB/T 5004） 《预应力混凝土用钢绞线》（GB/T 5224—2003）	强度等级有1270MPa、1370MPa、1470MPa、1570MPa、1670MPa、1770MPa、1870MPa、1960MPa
	高强度低松弛预应力热镀锌钢绞线		
	铝包钢绞线		
	涂塑钢绞线		
	无粘结钢绞线		
	PE 钢绞线		
钢丝束索	平行钢丝束	《桥梁缆索用热镀锌钢丝》（GB/T 17101） 《建筑缆索用高密度聚乙烯塑料》（CJ/T 3078）	可采用 ϕ5、ϕ7 的钢丝
	半平行钢丝束		
钢拉杆索		《船坞钢拉杆》（GB/T 3957）	

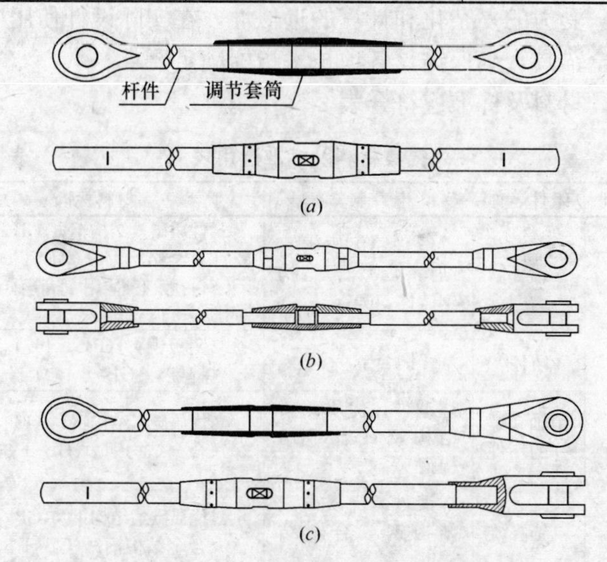

图 2-5-9 合金钢钢拉杆索体构造图

（*a*）单耳环式；（*b*）双耳环式；（*c*）不对称式

2. 锚具

根据浇铸材料的不同，拉索两端的锚具分为冷铸锚具和热铸锚具。冷铸锚具采用环氧树脂、铁砂等冷铸料进行浇铸和锚固，其安装结构形式又分为固定端和张拉端两种。热铸锚具采用低熔点的合金浇铸和锚固，按其在工程结构上的固定方式分，有叉耳式、双螺杆式、耳环式、叉耳内旋式、单耳内旋式和单螺杆式等几种，其结构构造见图 2-5-10，国内生产厂家的规格见附录 B（表 B-1～表 B-14）。

拉索锚具会产生二次应力，在设计中要予以考虑，其主要原因如下：

（1）由于制作、架设误差而在锚固部位产生角度误差；

（2）由于拉索拉力的变化使其垂度改变，从而使锚固部位角度发生变化；

（3）由于主梁及索塔的变形，使锚固部位角度发生变化；

（4）伴随风力振动而产生的应力变动；

（5）受力的复杂化和计算的近似性，在实际设计使用中，应选用安全锚具，确保锚具各项技术指标满足要求。

锚具材料及标准应符合表 2-5-4。

锚具材料及标准选用表　　　表 2-5-4

锚具类别	组件名称	材料	材料标准
热铸锚	锚杯	锻件：优质碳素结构钢或合金结构钢铸件：碳钢	《优质碳素结构钢》(GB/T 699) 《合金结构钢》(GB/T 3077) 《一般工程用铸造碳钢件》(GB/T 11352)
	铸体	锌铜合金	《阴极铜》(GB/T 467) 《锌锭》(GB/T 470)
	销轴和螺杆的坯件	锻件：优质碳素结构钢或合金结构钢	《优质碳素结构钢》(GB/T 699) 《合金结构钢》(GB/T 3077)
冷铸锚	锚杯	锻件：优质碳素结构钢或合金结构钢	《优质碳素结构钢》(GB/T 699) 《合金结构钢》(GB/T 3077)
	铸体	环氧树脂，钢丸	
压接锚和墩头锚	各种锚具组件	低合金结构钢或合金结构钢	《低合金高强度结构钢》(GB/T 1591) 《合金结构钢》(GB/T 3077)

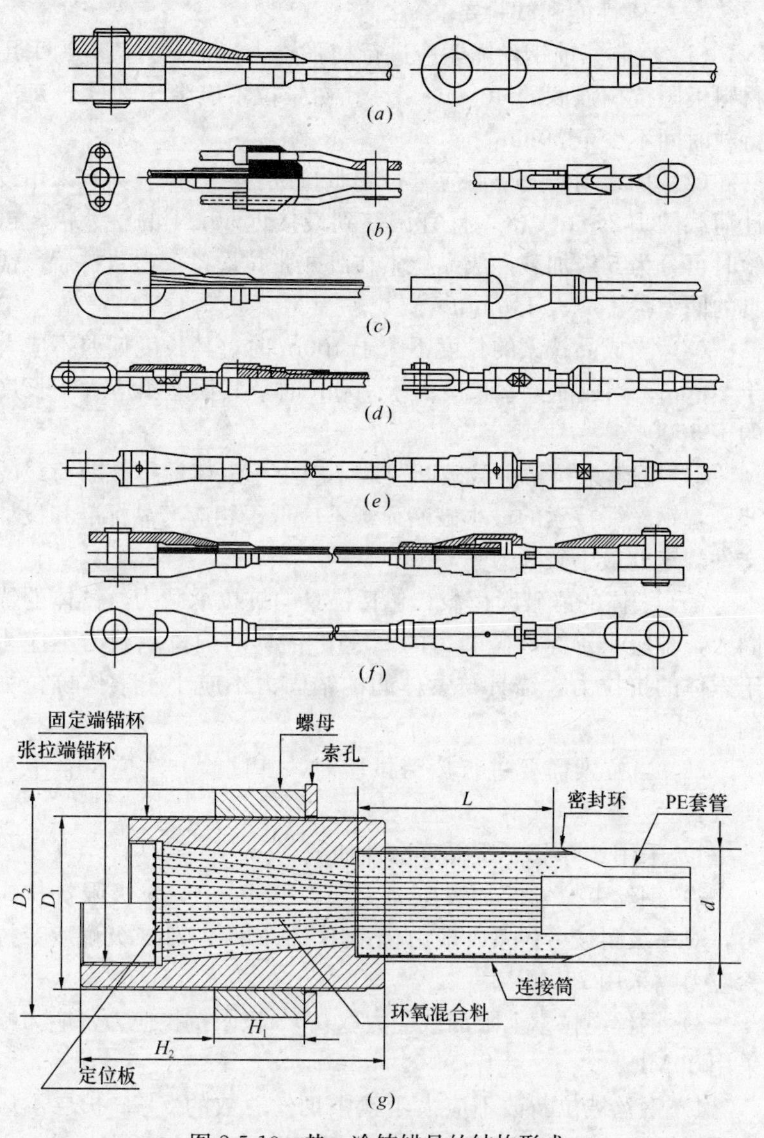

图 2-5-10 热、冷铸锚具的结构形式

(*a*) 叉耳式；(*b*) 双螺杆式；(*c*) 耳环式；(*d*) 双耳内旋式；
(*e*) 单耳内旋式；(*f*) 单螺杆式；(*g*) 冷铸墩头锚具

3. 拉索性能和试验要求

（1）在制索前钢丝绳索应进行初张拉。初张拉力值应为采用材料极限抗拉强度的40%～55%。初张拉不应少于2次，每次持载时间不少于50min。

（2）拉索制作完毕后应进行超张拉试验。其试验力宜采用设计荷载的1.2～1.4倍，且宜调整到最接近50kN的整数倍，试验时可分为5级加载。成品拉索在卧式张拉设备上超张拉后，锚具的回缩量不应大于6mm。

（3）当成品拉索的长度不大于100m时，其长度偏差不应大于20mm；当成品拉索长度大于100m时，其偏差不应大于长度的1/5000。

（4）钢丝束拉索静载破断荷载不应小于索体标称破断荷载的95%，钢丝绳拉索的最小破断荷载不应低于相应产品标准和设计文件规定的最小破断力。

（5）索体的静破断荷载，包括锚具的抗拉承载力、铸体的锚固力，不应小于标称破断力的95%。锚具的抗拉承载力不应小于索体的抗拉力，锚具与索体间的锚固力不应小于索体抗拉力的95%。

（6）当拉索需要进行疲劳试验时，其试验方法应符合下列要求：

1）采用2.0×10^6次循环脉冲加载。

2）钢丝束拉索的加载应力上限取0.40～0.55极限抗拉应力，对一级耐疲劳拉索，应力幅采用200MPa；对二级耐疲劳拉索应力幅采用250MPa。

3）钢丝绳拉索上限加载应力取0.55极限抗拉应力，应力幅采用80MPa。

4）钢丝被拉断数不应大于索中钢丝总数的5%。护层不应有明显损伤，锚具无明显损坏。锚杯与螺母旋合正常。

经疲劳试验后静载不应小于索体标称极限抗拉力的95%，拉断时延伸率不应小于2%。

（7）拉索的盘绕直径不应小于30倍索的直径。拉索在盘绕弯曲后，截面外形不应有明显变化。

（8）索体材料的弹性模量宜由试验方法确定。在不进行试验的情况下，索体材料施加预应力后的弹性模量可参照表2-5-5。

索体材料弹性模量　　表2-5-5

索材种类	弹性模量（N/mm^2）	索材种类	弹性模量（N/mm^2）
钢丝束索	2.0×10^5	钢丝绳索	1.4×10^5
钢绞线索	1.95×10^5	钢拉杆索	2.06×10^5

（9）索体材料的线膨胀系数宜由试验方法确定。在不进行试验的情况下，索体材料施加预应力后的线膨胀系数可参照表2-5-6。

索体材料线膨胀系数　　表2-5-6

索材种类	线膨胀系数（℃）	索材种类	线膨胀系数（℃）
钢丝束索	1.84×10^{-5}	钢丝绳索	1.59×10^{-5}
钢绞线索	1.32×10^{-5}	钢拉杆索	1.2×10^{-5}

2.5.2 施工机具设备

由于预应力钢结构在我国的应用才刚开始，目前还没有开发出专门的预应力施工机具，各施工单位一般根据具体工程设计出能够满足自身工程所需要的施工机具。

预应力拉索施工机具与预应力施工阶段对应，主要包括放索机具、挂索机具和张拉机具。

1. 放索机具

预应力拉索在出厂时均卷成一盘，考虑运输问题，一般直径为3m左右。因此，在现场施工时的第一步就是把预应力拉索放成直线，以便进行拉索的安装。

放索机具主要包括：①放线盘；②小滚轮；③卷扬机。

2. 挂索机具

在进行挂索时，主要使用的机具包括：手拉捯链或电动捯链、吊装带等。由于工程中使用的预应力拉索重量较大，因此在进行挂索施工时应注意捯链和吊装带的吊挂位置。

3. 张拉机具

预应力拉索张拉机具是预应力拉索施工最关键的施工机具。根据拉索形式的不同，采用不同的张拉机具。对预应力钢索锚固在钢结构或混凝土支承结构上的，可采用常规的单根张拉千斤顶或整束张拉千斤顶。对预应力钢索的两端安装在铰支座轴销上的情况，开发出多种专用张拉设备，分述如下：

（1）捯链与传感器测力：用于轻型钢丝束体系，拉力不大于50kN。

（2）测力扳手与大扭矩液压扳手：前者拉力不大于40kN；后者拉力不大于100kN。适用于一般的预应力拉索支撑等。

（3）专用张拉装置：专门设计了一种带叉耳的双螺杆传力架，利用两台液压千斤顶张拉，拧螺母锁紧钢索。适用于拉力不大于5000kN时的情况。

（4）专用四缸液压千斤顶装置：专门设计的一种用四台液压千斤顶组成的传力架卡住两根钢棒的连接部位进行张拉，然后用卡链式扳手将连接套筒锁紧的装置。适用于大吨位的钢棒支撑与钢棒拉索。

4. 测试仪器选择

（1）索力监测传感器

预应力钢索拉力监测可以采用压力传感器等。通过将压力传感器放置到索体后部可以实时监测到索体的拉力。张拉前读初读数，测试至全部张拉结束，同时还可以在使用期间进行长期监测。

对于重要工程结构，进行施工阶段及长期监测是十分必要的。压力传感器虽然成本较高，但使用方便、数据漂移小，适用于长期监测。

（2）位移监测仪器——全站仪

全站仪是目前在大型工程施工现场采用的主要的高精度测量

仪器。全站仪可以单机、远程、高精度快速放样或观测，并可结合现场情况灵活地避开可能的各种干扰。

（3）钢构件应力监测仪器——振弦传感器

采用振弦传感器时，每个构件取一个截面（四个测点）贴片，张拉前读初读数，一直测试至全部张拉结束。

2.6 预应力钢结构施工工艺、技术与质量控制

2.6.1 工艺原理

预应力钢结构是施加预应力的拉索与钢结构体系组合的平面和空间杂交结构体系，施工时，是对索体施加预应力，通过张拉、锚固、转折、连接和交叉等节点，并通过使其相互连接的构件，达到对结构产生有利的卸载作用，增大结构承载力和整体刚度。

2.6.2 工艺流程

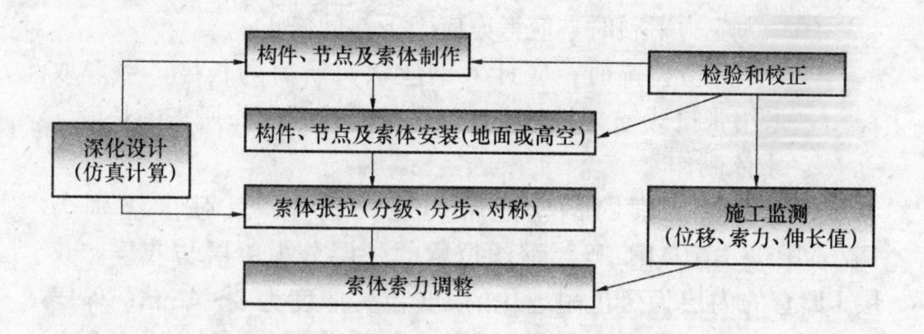

2.6.3 操作要点

1. 深化设计（施工仿真计算）

根据设计及预应力施工工艺要求，计算出索体的下料长度、索体各节点的安装位置及加工图。针对具体工程建立结构整体模型，进行施工仿真计算，对结构各阶段预应力施工中的各工况进

行复核，并模拟预应力张拉施工全过程。对复杂空间结构须计算施工张拉时，各索相互影响，找出最合理的张拉顺序和张拉力的大小，并提供索体张拉时每级张拉力的大小、结构的变形、应力分布情况，作为施工监测依据，并且作为选择合理、确保质量要求的工装和张拉设备的依据。

预应力钢结构施工仿真计算一般采用有限元方法，施工过程中应严格按结构要求施工操作，确保结构施工及结构使用期内的安全。

拉索的下料长度应是无应力长度。首先应计算每根拉索的长度基数，再对这一长度基数进行若干项修正，即可得出下料长度。修正内容为：

（1）初拉力作用下拉索弹性伸长值；

（2）初拉力作用下拉索的垂度修正；

（3）张拉端锚具位置修正；

（4）固定端锚具位置修正；

（5）下料的温度与设计中采用的温度不一致时，应考虑温度修正；

（6）为应力下料时，应考虑应力下料的修正；

（7）采用冷铸锚时，应计入钢丝墩头所需的长度，一般取 $1.5d$，采用张拉式锚具时，应计入张拉千斤顶工作所需的长度。

2. 索体制作

（1）钢丝拉索的钢丝通常为镀锌钢丝，其强度级别为1570MPa、1670MPa等。钢丝拉索的外层分为单层与双层。双层PE套的内层为黑色耐老化的PE层，厚度为3～4mm；外层为根据业主需要确定的彩色PE层，厚度为2～3mm。锚头分为冷铸锚和热铸锚两种，冷铸锚为锚头内灌入环氧钢砂，其加热固化温度低于180℃，不影响索头的抗疲劳性能。热铸锚为锚头内灌入锌铜合金，浇铸温度小于480℃，试验表明也不影响其抗疲劳性能。对用于室内有一定防火要求的小规格拉索，建议采用热铸锚。

钢绞线拉索的钢绞线可采用镀锌或环氧涂层钢绞线，其强度等级为1670MPa、1770MPa。由于索结构规范规定索力不超过$0.5f_{ptk}$，与普通预应力张拉相比处于低应力状态，为防止滑索，故采用带有压板的夹片锚具。

在大型空间钢结构中作剪刀撑或施加大吨位预应力的钢棒拉索，通常采用延性达16%～19%的优质碳素合金钢制作。

(2) 拉索制作方式可分为工厂预制和现场制造。扭绞型平行钢丝拉索应采用工厂预制，其制作应符合相关产品技术标准的要求。钢绞线拉索和钢棒拉索可以预制也可在现场组装制作，其索体材料和锚具应符合相关标准的规定。

(3) 拉索进场前应进行验收，验收内容包括外观质量检查和力学性能检验，检验指标按相应的钢索和锚具标准执行。对用于承受疲劳荷载的拉索，应提供抗疲劳性能检测结果。

(4) 工厂预制拉索的供货长度为无应力长度。计算无应力长度时，应扣除张拉工况下索体的弹性伸长值。对索膜结构、空间钢结构的拉索，应将拉索与周边承力结构作整体计算，既考虑边缘承力结构的变形又考虑拉索的张拉伸长后确定拉索供货长度。拉索在工厂制作后，一般卷盘出厂，卷盘的盘径与运输方式有关。

采用钢丝拉索时，成品拉索在出厂前应按规定作预张拉等检查，钢绞线拉索主要检查预应力钢材本身的性能以及外包层的质量。

(5) 现场制索时，应根据上部结构的几何尺寸及索头形式确定拉索的初始长度。现场组装拉索，应采取相应的措施，保证拉索内各股预应力筋平行分布。现场组装拉索，特别注意各索股防护涂层的保护，并采取必要的技术措施，保证各索股受力均匀。

(6) 钢索制作下料长度应满足深化设计在自重作用下的计算长度进行下料，制作完成后，应进行预张拉，预张拉力为设计索力的1.2～1.4倍，并在预张拉力等于规定的索力情况下，在索体上标记出每个连接点的安装位置。为方便施工，索体宜单独成盘出厂。

（7）拉索在整个制造和安装过程中，应预防腐蚀、受热、磨损和避免其他有害的影响。

（8）拉索安装前，对拉索或其他组装件的所有损伤都应鉴定和补救。损坏的钢绞线、钢棒或钢丝均应更换。受损的非承载部件应加以修补。

3. 索体安装

预应力钢结构刚性件的安装方法有高空散装、分块（榀）安装、高空滑移（上滑移——单榀、逐榀和累积滑移、下移法——地面分块（榀）拼装滑移后空中整体拼装）、整体提升法（地面整体拼装后，整体吊装、柱顶提升、顶升）等。其索体安装时，可根据钢结构构件的安装选择合理的安装方法，与其平行作业，充分利用安装设备及脚手架，达到缩短工期、节约设备投资的目标。

索体的安装方法还应根据拉索的构造特点、空间受力状态和施工技术条件，在满足工程质量要求的前提下综合确定，常用的安装方法有三种，是与索体张拉方法（整体张拉法、部分张拉法、分散张拉法）相对应的，其拉索安装要点如下：

（1）施工脚手架搭设：拉索安装前，应根据定位轴线的标高基准点复核预埋件和连接点的空间位置和相关配合尺寸。应根据拉索受力特点、空间状态以及施工技术条件，在满足工程质量的前提下综合确定拉索的安装方法。安装方法确定后，施工单位应会同设计单位和其他相关单位，依据施工方案对拉索张拉时支撑结构的内力和位移进行验算，必要时采取加固措施。张拉施工脚手架搭设时，应避让索体节点安装位置或提供可临时拆除的条件。

（2）索体安装平台搭设：为确保拼装精度和满足质量要求，安装胎架必须具有足够的支承刚度。特别是，当预应力钢结构张拉后，结构支座反力可能有变化，支座处的胎架在设计、制作和吊装时应采取有针对性的措施。安装胎架搭设应确保索体各连接节点标高位置和安装、张拉操作空间的设计要求。

（3）室外存放拉索：应置于遮篷中防潮、防雨。成圈的产品应水平堆放；重叠堆放时应逐层加垫木，以避免锚具压损拉索的护层。应特别注意保护拉索的护层和锚具的连接部位，防止雨水侵入。当除拉索外其他金属材料需要焊接和切削时，其施工点与拉索应保持移动距离或采取保护措施。

（4）放索：为了便于索体的提升、安装，应在索体安装前，在地面利用放线盘、牵引及转向等装置将索体放开，并提升就位。索体在移动过程中，应采取防止与地面接触造成索头和索体损伤的有效措施。

（5）索体安装时结构防护：当风力大于三级、气温低于4℃时，不宜进行拉索和膜单元的安装。拉索安装过程中应注意保护已经做好的防锈、防火涂层的构件，避免涂层损坏。若构件涂层和拉索护层被损坏，必须及时修补或采取措施保护。

（6）索体安装：索体安装应根据设计图纸及整体结构施工安装方案要求，安装各向索体，同时要严格按索体上的标记位置、张拉方式和张拉伸长值进行索具节点安装。

（7）为保证拉索吊装时不使PE护套损伤，可随运输车附带纤维软带。在雨季进行拉索安装时，应注意不损伤索头的密封，以免索头进水。

（8）传力索夹的安装，要考虑拉索张拉后直径变小对索夹夹持力的影响。索夹间固定螺栓一般分为初拧、中拧和终拧三个过程，也可根据具体使用条件将后两个过程合为一个过程。在拉索张拉前可对索夹螺栓进行初拧，拉索张拉后应对索夹进行中拧，结构承受全部恒载后可对索夹作进一步拧紧检查并终拧。拧紧程度可用扭力扳手控制。

（9）对连接用或装饰用索，可不对索力和位移进行双控，目测绷直即可。

4. 索体张拉及监测

（1）试验、张拉设备标定

试验和张拉用设备和仪器应进行计量标定。施加索力和其他预应力必须采用专用设备，其负荷标定值应大于施力值的 2 倍。施加预应力的误差不应超过设计值的±5%。

施工中，应根据设备标定有效期内数据进行张拉，确保预应力施加的准确性。

（2）张拉控制原则

根据设计和施工仿真计算确定优化的张拉顺序和程序，以及其他张拉控制技术参数（张拉控制应力和伸长值）。在张拉操作中，应建立以索力控制为主或结构变形控制为主的规定，并提供每根索体规定索力和伸长值的偏差。

（3）张拉方法

施加预应力的方法有三种：整体张拉法、分部张拉法和分散张拉法。

1）整体张拉法：整体张拉法是我国目前采用的最有效的拉索张拉方式。张拉器具可采用计算机控制的液压千斤顶群，几个、几十个千斤顶同时张拉，同步控制拉伸长度可达 3mm，可最大限度地接近设计力学模型。

2）分部张拉法：采用分部张拉法时应对空间结构进行整体受力分析，建立模型并建立合理的计算方法，充分考虑多根索张拉的相互影响。根据分析结果，可采用分级张拉、桁架位移监控与千斤顶拉力双控的张拉工艺。施工过程的应力应变控制值可由计算机模拟有限元计算得到。

3）分散张拉法：分散张拉法即各根索单独张拉。此种张拉方法适用于一般连接用或装饰性索，无预应力要求，一般以目测绷直为准。

（4）张拉工艺、施工监测及索力调整

1）预应力索的张拉顺序必须严格按照设计要求进行。当设计无规定时，应考虑结构受力特点、施工方便、操作安全等因素，且以对称张拉为原则，由施工单位编制张拉方案，经设计单位同意后执行。

2）张拉前，应设置支承结构，将索就位并调整到规定的初始位置。安装锚具并初步固定，然后按设计规定的顺序进行预应力张拉。宜设置预应力调节装置。张拉预应力宜采用油压千斤顶。张拉过程中应监测索体的位置变化，并对索力、结构关键节点的位移进行监控。

3）预制的拉索应进行整体张拉。由单根钢绞线组成的群锚拉索可逐根张拉。

4）对直线索可采取一端张拉，对折线索宜采取两端张拉。几个千斤顶同时工作时，应同步加载。索体张拉后应保持顺直状态。

5）拉索应按相关技术文件和规定分级张拉，且在张拉过程中复核张拉力。

6）拉索可根据布置在结构中的不同形式、不同作用和不同位置采取不同的方式进行张拉。对拉索施加预应力可采用液压千斤顶直接张拉方法，也可采用结构局部下沉或抬高、支座位移等方式对拉索施加预应力，还可沿与索正交的横向牵拉或顶推对拉索施加预应力。

7）预应力索拱结构的拉索张拉应验算张拉过程中结构平面外的稳定性，平面索拱结构宜在单元结构安装到位和单元间联系杆件安装形成具有一定空间刚度的整体结构后，将拉索张拉至设计索力。倒三角形拱截面等空间索拱结构的拉索可在制作拼装台座上直接对索拱结构单元进行张拉。张拉中应监控索拱结构的变形。

8）预应力索桁和索网结构的拉索张拉，应综合考虑边缘支承构件、索力和索结构刚度间的相互影响和相互作用，对承重索和稳定索宜分阶段、分批、分级，对称、均匀、循环地施加张拉力。必要时选择对称区间，在索头处安装拉压传感器，监控循环张拉索的相互影响，并作为调整索力的依据。

9）空间钢网架和网壳结构的拉索张拉，应考虑多索分批张拉相互间的影响。单层网壳和厚度较小的双层网壳拉索张拉时，应注意防止整体或局部网壳失稳。

10）吊挂结构的拉索张拉，应考虑塔、柱、钢架和拱架等支撑结构与被吊挂结构的变形协调和结构变形对索力的影响。必要时应作整体结构分析，决定索的张拉顺序和程序，每根索应施加不同张拉力，并计算结构关键点的变形量，以此作为主要监控对象。

11）其他新结构的拉索张拉，应考虑预应力拉索与新结构共同作用的整体结构有限元分析计算模型，采用模拟索张拉的虚拟拉索张拉技术，进行各种施工阶段和施工荷载条件下的组合工况分析，确定优化的拉索张拉顺序和程序，以及其他张拉控制的技术参数。

12）玻璃幕墙中，多根预应力索的张拉工艺，应遵循分级、逐步、反复张拉到位的流程。

13）拉索张拉时应计算各次张拉作业的拉力和伸长值。在张拉中，应建立以索力控制为主或结构变形控制为主的规定。对拉索的张拉，应规定索力和伸长值的允许偏差或结构变形的允许偏差。

14）拉索张拉时可直接用千斤顶与配套校验的压力表监控拉索的张拉力。必要时，另用安装在索头处的拉压传感器或其他测力装置同步监控拉索的张拉力。结构变形测试位置通常设置在对结构变形较敏感的部位，如结构跨中、支撑端部等，测试仪器根据精度和要求而定，通常采用百分表、全站仪等。通过施工分析，确定在施工中变形较大的节点，作为张拉控制中结构变形控制的监测点。

15）每根拉索张拉时都应做好详细的记录。记录应包括：测量记录；日期、时间和环境温度、索力、拉索伸长值和结构变形的测量值。

16）索力调整、位移标高或结构变形的调整应采用整索调整方法。

17）索力、位移调整后，对钢绞线拉索夹片锚具应采取放松措施，使夹片在低应力动载下不松动。对钢丝拉索索端的铸锚连接螺纹、钢棒拉索索端的锚固螺纹应检查螺纹咬合丝扣数量和螺母外侧丝扣长度是否满足设计要求，并应在螺纹上加放松装置。

2.6.4 安全措施

（1）索体现场制作下料时，应防止索体弹出伤人，尤其原包装放线时宜用放线架约束，近距离内不得有其他人员。

（2）施工脚手架、索体安装平台及通道应搭设可靠，其周边应设置护栏、安全网，施工人员应佩戴安全带，严防高空坠落。

（3）索体安装时，应采取放索约束措施，防止拉索甩出或滑脱伤人。

（4）预应力施工作业处的竖向上、下位置严禁其他人员同时作业，必要时应设置安全护栏和安全警示标志。

（5）张拉设备使用前，应清洗工具锚夹片，检查有无损坏，保证足够的夹持力。

（6）索体张拉时，两端正前方严禁站人或穿越，操作人员应位于千斤顶侧面，张拉操作过程中严禁手摸千斤顶缸体，并不得擅自离开岗位。

（7）电气设备使用前应进行安全检查，及时更换或清除隐患；意外停电时，应立即关闭电源开关，严禁电气设备受潮漏电。

（8）严防高压油管出现扭转或死弯现象，发现后立即卸除油压，进行处理。

2.6.5 质量标准

1. 索体材料、生产制作等应符合现行国家产品标准和设计要求，索体材料选用参见2.5材料及施工机具一节中关于不同索体的强度。

检查数量：全数检查。

检验方法：检查产品的质量合格证明文件、中文标志及检验报告等。

2. 索体制作

索体制作偏差检查数量和检验方法见表2-6-1。

2. 预应力钢结构（大跨度预应力钢结构屋盖体系）

索体制作允许偏差　　　　表 2-6-1

项次	检查项目	规定值或允许偏差	检查方法	频　率
1	索体下料长度（m）	索长小于 100m，偏差不大于 20mm 索长大于 100m，偏差不大于 1/5000	标定过钢卷尺	全　数
2	PE 防护层厚度（mm）	+1.0−0.5	卡尺测量	10%且不小于 3
3	锚板孔眼直径 D（mm）	$d \leqslant D \leqslant 1.1d$	量　规	全　数
4	墩头尺寸（mm）	墩头直径不小于 $1.4d$ 墩头高度不小于 d	游标卡尺	每种规格 10%且不小于 3 每批产品 3/1000
5	冷铸填料强度（环氧铁砂）	≥147MPa	试件边长 31.62mm	3 件/批
6	锚具附近密封处理	符合设计要求	目测	全数
7	锚具回缩量	不大于 6mm	卧式张拉设备	全数

3. 索体拼装

索体安装中，其拼装偏差、检查方法和数量见表 2-6-2。

索体拼装允许偏差　　　　表 2-6-2

	项次	检查项目	规定值或允许偏差	检查方法	频率
索体	1	跨度最外两端安装孔或两端支承面最外侧距离	+5 −10	钢卷尺	按拼装单元全数检查
索体	2	拱　度	设计要求起拱 $\pm L/5000$ 设计未要求起拱 $\pm L/2000$	用拉线和钢尺	同上
撑杆	1	跨中高度	±10mm	钢卷尺	10%且不小于 3
撑杆	2	长　度	±4mm	钢卷尺	10%且不小于 3

续表

	项次	检查项目	规定值或允许偏差	检查方法	频率
撑杆	3	两端最外侧安装孔距离	±3mm	钢卷尺	10%且不小于3
	4	弯曲矢高	L/1000且不大于10mm	用拉线和钢尺	10%且不小于3
	5	撑竿垂直度	L/100	用拉线和钢尺	
构件平面总体拼装	1	任意两对角线差	≤H/2000且不大于8mm	钢卷尺	按拼装单元全数检查
	2	相邻构件对角线差	≤H/2000且不大于5mm	钢卷尺	按拼装单元全数检查
	3	构件跨度	±4mm	钢卷尺	按拼装单元全数检查

4. 索体张拉施工

索体张拉允许偏差、检查方法及检查数量见表2-6-3。

索体张拉允许偏差　　表2-6-3

	项次	检查项目	规定值或允许偏差	检查方法	频率
张拉力	1	实际张拉力	±5%	标定传感器	全数
伸长值	1	理论伸长值	±6%，其合格率应达到95%，最大偏差不大于±10%	钢尺实测	全数
撑杆垂直度	1	垂直度	L/100	用拉线和钢尺	设计要求
钢结构应力及变形	1	应　力	±20%	传感器	设计要求
	2	起　拱	设计要求起拱±L/5000 设计未要求起拱±L/2000	全站仪	设计要求
	3	支座水平位移	+5 −10	位移计	设计要求

5. 保证措施

(1) 由于预应力钢索的可调节量不大，因此施工中要严格控制钢结构的安装精度在相关规范要求范围以内。钢结构安装过程中必须进行钢结构尺寸的检查与复核，根据复核后的实际尺寸对计算机施工仿真模拟的计算模型进行调整、重新计算，用计算出的新数据指导预应力张拉施工，并作为张拉施工监测的理论依据。

（2）钢撑杆的上节点安装要严格按全站仪打点确定的位置进行，下节点安装要严格按钢索在工厂预张拉时做好标记的位置进行，以保证钢撑杆的安装位置符合设计要求。若钢撑杆上节点的安装位置由于钢结构拼装的精度有所调整，则钢撑杆下节点在纵、横向索上的位置要重新调整确定。

（3）拉索应置于防潮防雨的遮篷中存放，成圈产品应水平堆放，重叠堆放时逐层间应加垫木，避免锚具压伤拉索护层；拉索安装过程中应注意保护层，避免护层损坏。如出现损坏，必须及时修补或采取措施。

（4）为了消除索的非弹性变形，保证在使用时的弹性工作，应在工厂内进行预张拉，一般选取钢丝极限强度的50%～55%为预张力，持荷时间为0.5～2.0h。在进行伸长值计算时，应采用索厂提供的弹性模量进行计算，验收时考虑索厂的弹性模量误差对伸长值的影响。

（5）拉力检测采用油压传感器及振弦应变计或锚索计测试，油压传感器安装于液压千斤顶油泵上，通过专用传感器显示仪器可随时监测到预应力钢索的拉力，以保证预应力钢索施工完成后的应力与设计单位要求的应力吻合。同时在每个分区具有代表性的预应力钢索上安装振弦式应变计或锚索计监测实际的索力，以保证预应力钢索施工完成后的应力与设计单位要求的应力吻合。张拉力按标定的数值进行，用伸长值和压力传感器数值进行校核。

（6）张拉严格按照操作规程进行，张拉设备形心应与预应力钢索在同一轴线上；张拉时应控制给油速度，给油时间不应低于0.5min；当压力达到钢索设计拉力时，超张拉5%左右，然后停止加压，完成预应力钢索张拉；实测伸长值与计算伸长值相差超过允许误差时，应停止张拉，报告工程师进行处理。

（7）钢结构的位移和应力与预应力钢索的拉力是相辅相成的，即可以通过钢结构的变形计算出预应力钢索的应力。在预应力钢索张拉的过程中，结合施工仿真计算结果，对钢结构采用水准仪及百分表或静力水准测量设备进行结构变形监测；安装振弦式应变计监测实际的钢结构内力；安装锚索计监测实际的索力。

2.6.6 使用期监测

应定期测量预应力钢结构中拉索的内力，并作记录。与初始值对比，如发现异常应及时报告。当量测内力与设计值相差大于±10％时，应及时调整或补偿索力。

应定期监测钢丝索是否有断丝、磨损、腐蚀情况，及时更换索体。

应定期检查索体是否有渗水等异常情况，防护涂层是否完好；对出现损伤的索和防护涂层应及时修复。

应定期对预应力施加装置、可调节头、螺栓螺母等进行检查，发现问题应及时处理。

应定期监测结构体系中的预应力状态，包括索的张紧度、膜面张紧度等。

在大风、暴雨、大雪等恶劣天气过程中及过程后，使用单位应及时检查预应力钢结构体系有无异常，并采取必要的措施。

2.7 工程实例——国家体育馆

2.7.1 工程概况

国家体育馆总建筑面积约为81000m^2，屋面为南高北低的单向柱面曲线，该钢屋盖结构形式为单曲面、双向张弦桁架钢结构，上弦为正交正放的平面桁架，下弦预应力张拉索穿过钢撑杆下端的双向索夹节点，形成双向空间张拉索网。桁架两端通过周边较均匀分布的角部 8 个三向固定球铰支座、6 个两向可动球铰支座和 70 个单向滑动球铰支座支承在钢筋混凝土劲性柱顶。详见图 2-7-1、图 2-7-2。

图 2-7-1　国家体育馆效果图

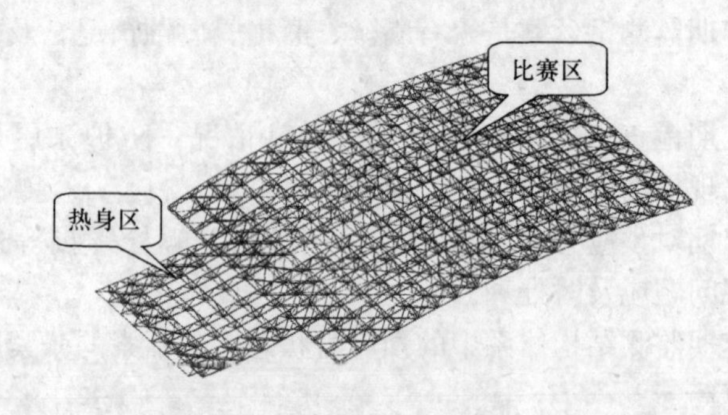

图 2-7-2　屋顶钢结构轴测图

1. 双向张弦桁架结构

屋盖平面投影为两个矩形，纵向长 195.5m，横向宽 114m，分别覆盖比赛区和热身区，其中屋盖在比赛区区域的尺寸为 114m×144.5m，热身区区域的尺寸为 51m×63m。四周有悬挑部分，比赛区南、北侧各悬挑 8.611m 和 8.646m，整个屋顶投影面积约 23225m^2。

屋面呈南高北低的波形曲线，结构最高点标高为 42.454m。柱网间距除 H～J 轴之间为 12m 外全为 8.5m，四周的钢筋混凝土劲性柱，上端与框架梁交接，成为纵、横向钢屋架的支座。

比赛区纵向有 B～Q 轴共 14 榀平面桁架，其中 E～M 轴共 8 榀为预应力索张弦纵向桁架；横向有 7～24 轴共 18 榀平面桁架，其中 9～22 轴共 14 榀为预应力索张弦横向桁架。

屋顶钢结构平面布置见图 2-7-3。

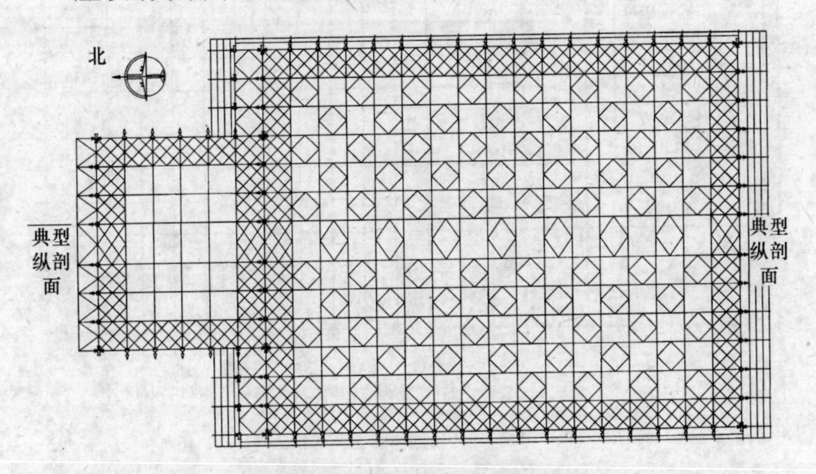

图 2-7-3 屋顶钢结构平面布置

钢屋架的结构形式为“单曲面双向张弦桁架预应力钢结构”。上弦为纵横正交的平面管桁架；下弦的预应力张拉索穿过钢撑杆下端的双向索夹节点，形成双向张拉空间索网，结构形式新颖，双向跨度大，具有技术发展的创新性。

比赛区屋盖结构的下弦每跨横向（114m 跨）和大部分纵向（144.5m 跨）布置钢索，通过中间的撑杆与上层网格结构共同形成了具有一定竖向刚度和竖向承载能力的受力结构，以此构成了屋盖的整体空间结构体系。

比赛区屋盖结构的下弦横向 9～22 轴共 14 榀和纵向 E～M 轴共 8 榀布置钢索，纵向两侧 B、C、D、N、P、Q 轴共 6 榀桁架不布索，横向侧边 7、8、23、24 轴共 4 榀不布索，索分为上下两层，纵索在上采用单索，横索在下为双索。

预应力索平面布置图（包括索规格和索力）见图 2-7-4。

索规格主要四种：$\phi5\times109$、$\phi5\times187$、$\phi5\times253$、$\phi5\times367$

2. 预应力钢结构（大跨度预应力钢结构屋盖体系）

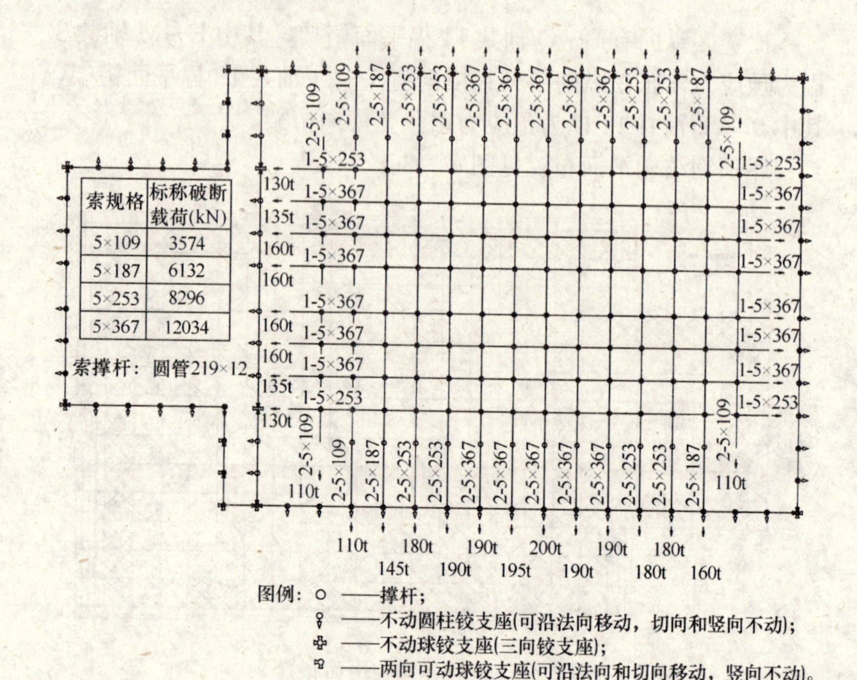

索规格	标称破断载荷(kN)
5×109	3574
5×187	6132
5×253	8296
5×367	12034

图 2-7-4　预应力索平面布置

平行钢丝束拉索。

由图 2-7-4 可知：横向钢索预张力中间索最大为 2000kN，端部索最小为 1100kN；纵向钢索预张力中间索最大为 1600kN，端部索最小为 1300kN。索截面及预应力值分布与正交正放桁架结构的内力分布特点相吻合。

撑杆上端与桁架结构的下弦采用万向球铰节点连接，下端与索采用夹板节点连接。撑杆为圆管，截面为 219mm×12mm。撑杆的最大长度为 9.248m。钢索采用挤包双护层大节距扭绞型缆索。索端与钢结构相连处设计为铸钢节点。

撑杆上端与网格结构的下弦采用万向球铰节点连接，下端与钢索采用夹板节点连接，索端为铸钢节点。

横向张弦桁架剖面见图 2-7-5。

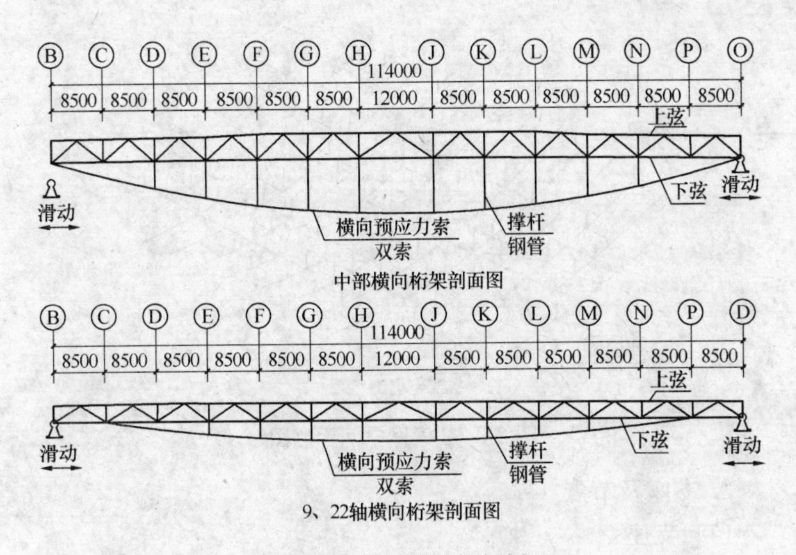

图 2-7-5 横向张弦桁架剖面

除 9、22 轴横向桁架预应力索索端偏离支座一个节间外，其他轴线横向桁架索端在支座处。

西侧纵向张弦梁剖面见图 2-7-6。

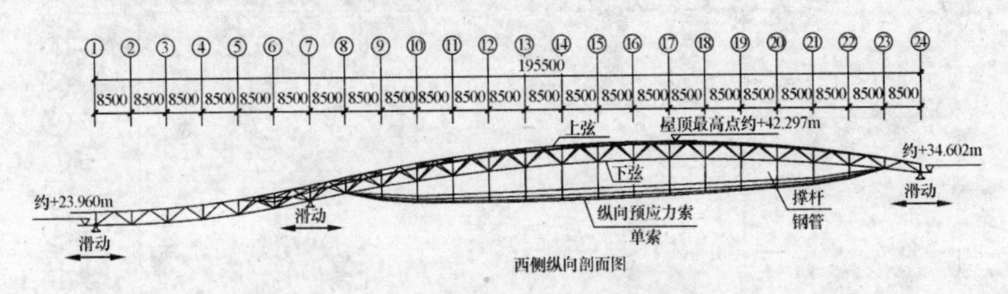

图 2-7-6 西侧纵向张弦梁剖面

纵向预应力索张弦桁架索端均偏离 7 和 24 轴支座往里一节间位置。

由上立面图可知，1 轴支座标高约为 23.960m，7 轴支座标高约为 28.220m，24 轴支座标高约为 33.620m，屋顶最高点标高约为 42.297m。纵、横向张弦桁架钢索穿过钢撑杆下端的双向节点，形成双向张拉空间索网。索网空间示意图见图 2-7-7。

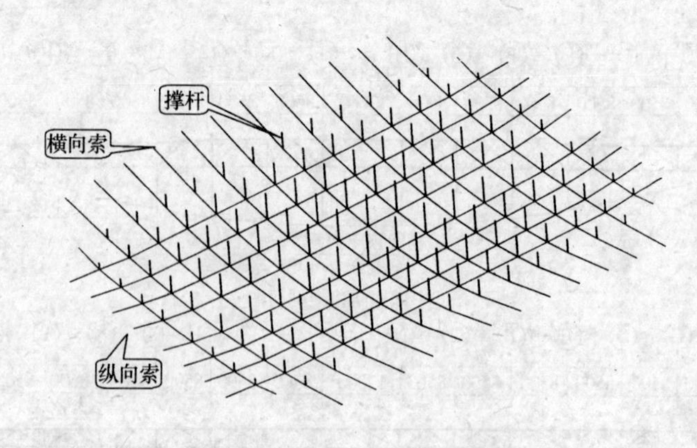

图 2-7-7　索网空间示意图

2. 支座及节点

(1) 支座

为支撑顶部钢屋盖结构，在结构的 8 个角点为三向固定球铰支座、6 个两向滑动球铰支座，其余边界为单向滑动球铰支座，共 70 个。详见图 2-7-8。

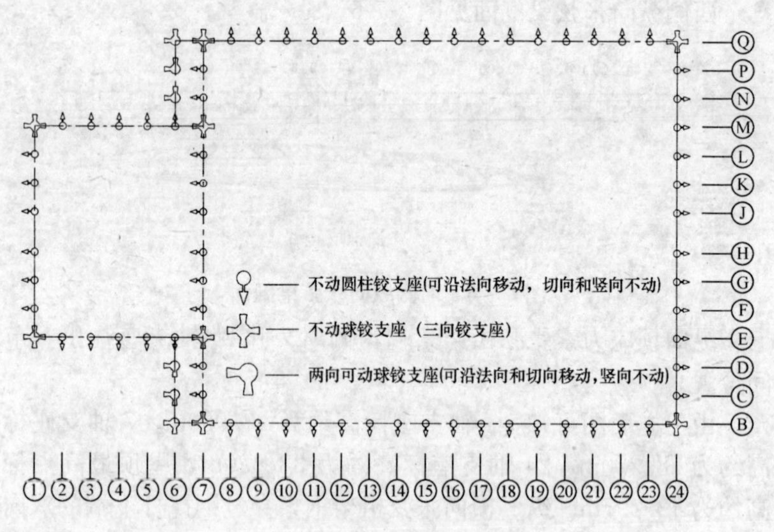

图 2-7-8　支座平面布置图

支座示意图见图 2-7-9。

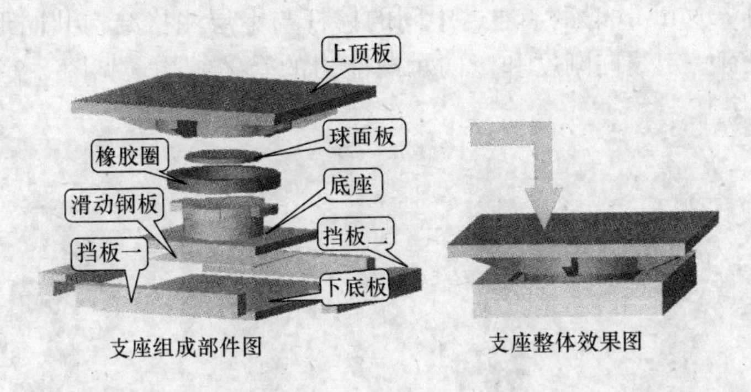

图 2-7-9　支座示意图

（2）张弦桁架节点

撑杆上端与网格结构的下弦采用万向球铰节点连接、下端与索采用夹板节点连接。万向球铰节点为机加工件，索夹节点为锻件，索端节点采用铸钢件。

1）撑杆万向球铰节点：撑杆万向球铰节点选用凹凸圆弧面形成转动面的方案，结构由三件机加工件组成，原材料采用 Q345C 厚板。

万向球铰节点示意图见图 2-7-10。

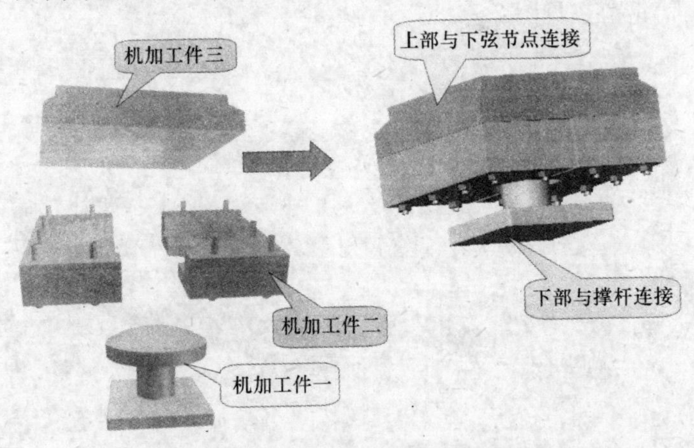

图 2-7-10　万向球铰节点示意图

2）索夹节点：下弦预应力钢索通过索夹与上部的撑杆连接，采用20MnMo锻钢，通过中间的撑杆与上层网格结构共同形成了具有一定竖向刚度和竖向承载能力的受力结构。见图2-7-11、图2-7-12。

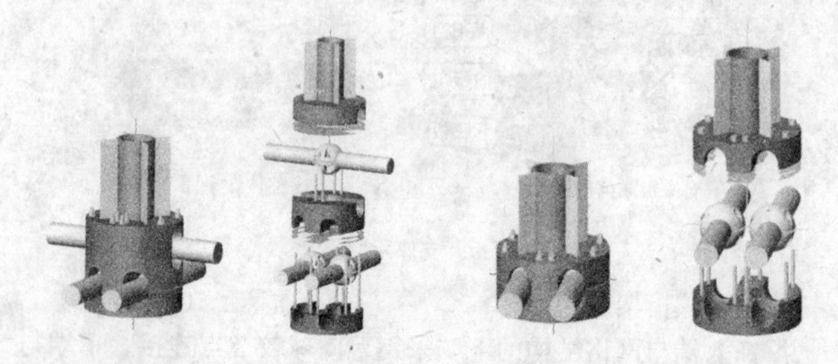

图2-7-11 纵横索交叉节点及分解图

图2-7-12 横向索节点及分解图

3）索端铸钢节点：支座铸钢件设计需与索锚设计匹配，并保证与下部滑动支座可靠连接。铸钢构造及尺寸按照拉杆内力与尺寸设计，材质选用20Mn5。

铸钢节点见图2-7-13。

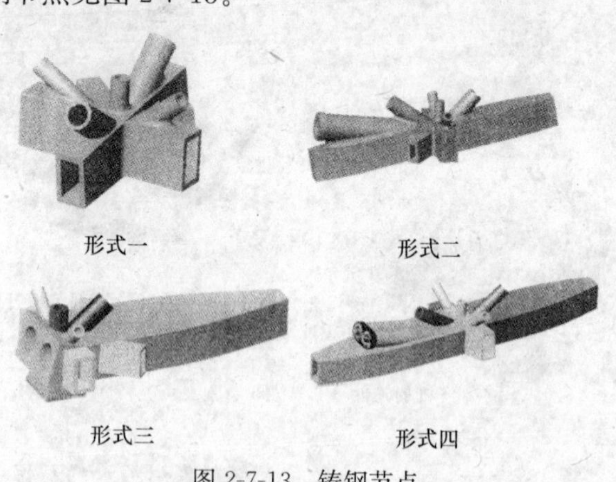

图2-7-13 铸钢节点

3. 土建情况

比赛区是四周为劲性混凝土柱、内侧为看台的结构，比赛区域有一地下室。热身区四周均为劲性混凝土柱结构。北侧 7 轴型钢结构劲性柱在同一标高面上，柱顶标高为 28.220m，南侧 24 轴型钢结构劲性柱在同一标高面上，柱顶标高为 33.620m。结构透视图见图 2-7-14。

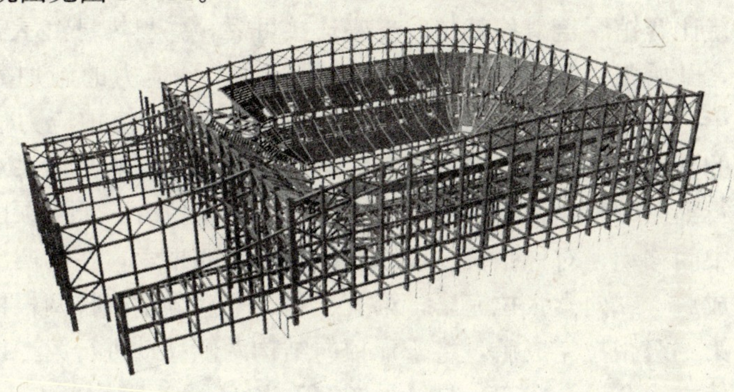

图 2-7-14　结构透视图

4. 工程难点、重点分析

（1）预应力张拉

索力存在同向之间、平行与垂直方向间索张拉的相互影响，通过理论分析以确定张拉顺序、张拉分级、超张拉、张拉补偿等方案，使预应力损失最小和索力补偿次数最少。张拉力测控与结构变形测量是保证结构性能的关键因素。

（2）特殊连接节点的设计和制作

本工程节点复杂，连接形式繁多，且有大量的铸钢节点、锻件和机加工等索重要连接构件，与钢结构均焊接连接、节点的有限元分析、材质选择、精度控制指标和验收标准制定、加工制作难度都很大。

2.7.2 施工方案

1. 拉索施工总体方案

由于拉索和钢构件都是结构中不可缺少的重要组成部分，

因此拉索和钢构件的施工需要紧密配合，以保证索拱架施工的安全、质量、经济、合理、快捷、方便，满足结构设计的要求。

拉索的安装穿插在钢构件的安装过程中，纵、横向拉索随钢结构一起滑移，但拉索不张拉，仅预紧，预紧力为20%索张拉力。

待比赛馆屋盖滑移就位，支座连接可靠，并与热身馆屋盖连接后，开始张拉钢索，对结构施加预应力。预应力的施加分三级，第一级施加80%，第二级施加至设计应力，使预应力值及结构的变形符合设计要求的状态，第三级根据张拉监测结果对索体进行细微调整，调整到设计要求的索力。张拉时，千斤顶由两边往中间移动，对称张拉，前四次每次张拉四根索，在第四次张拉完成后，纵向索张拉完毕，第五、六、七次分别张拉两根横向索；第一级张拉完成后，将千斤顶向结构两侧移动进行第二级张拉，使之符合设计状态。具体见图2-7-15。

张拉分级和预应力施加的原则是：设计图纸中给定了索体的张拉力，在施工时要调整到最终在结构钢屋架自重的作用下索体索力与设计值的误差在允许范围之内，这样就能保证结构的内力与设计相符。本工程的一个最大的特点就是为双向张弦桁架结构，也是本工程的一个技术难点所在。这种结构形式也决定了，在预应力施工的过程中由于受设备和人员的限制，不可能在每根索体上都安装一个千斤顶进行张拉，要采用分步、分级张拉，此时，后张拉的预应力拉索会使前面的拉索预应力发生损失，这就要求在正式张拉前，要对这种预应力损失进行详尽的施工仿真模拟，通过施工仿真计算出需要对每根索需要增大施加的预应力，这样在进行完一级张拉后，每根索体剩余的索力才会与设计相同。分级的原则，考虑到加快施工进度，保证结构安全，分成三级张拉时，第一级张拉到80%，张拉设备的张拉能力能够达到要求，同时钢结构应力都保持在弹性范围内，因此分三级进行张拉。采用由两侧向中间张拉的顺序主

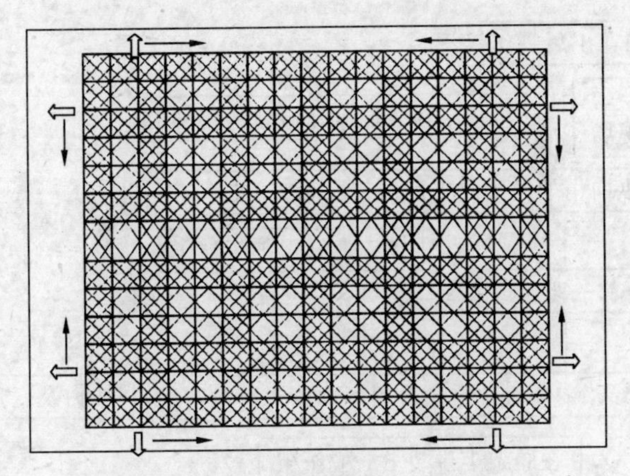

第一级张拉过程

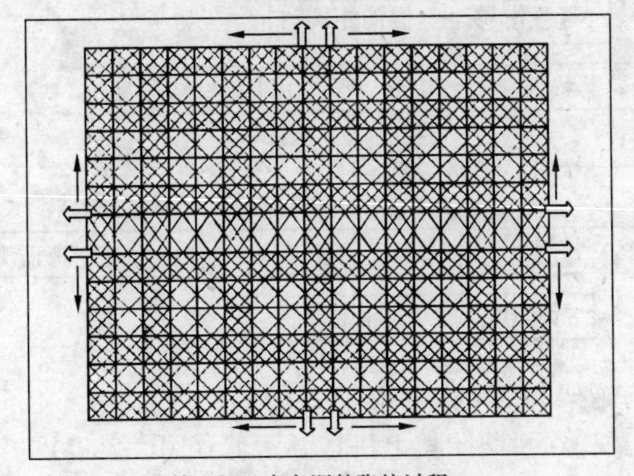

第二级及索力调整张拉过程

图 2-7-15 张拉过程

要考虑到，这样张拉钢结构的应力，钢索的张拉力都比从中间向两侧张拉小，对张拉设备的要求及结构安全都有利。

2. 双向张弦空间网格结构施工工艺

（1）工艺流程

（2）施工过程图示及说明

1）拼装胎架及滑轨安装就位（图 2-7-16）

共有三条滑移轨道，中间滑轨与桁架中部下弦节点位置对

2. 预应力钢结构（大跨度预应力钢结构屋盖体系）

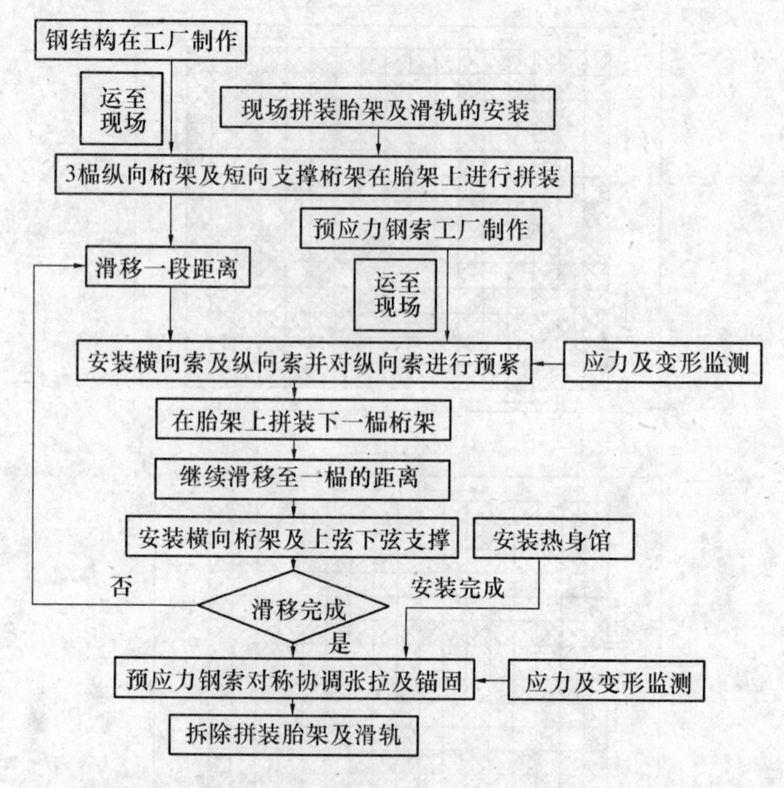

应，两边与桁架端部节点对应。

2）钢结构在拼装胎架上拼接并滑移（图 2-7-17）

第一次有三榀纵向钢桁架及横向支撑桁架在拼装胎架上焊接拼装。拼装完成以后，整体沿滑移方向向前滑移一小段距离，使最前面的纵向桁架与下面的操作平台对应，将横向索挂上（前三榀桁架没有纵向索，从第四榀开始有纵向索，这时应将纵向索也挂上，并将纵向索拉紧），然后在胎架上拼装下一榀桁架并继续滑移前两榀直到滑移距离达到 8.5m，停止滑移，安装横向桁架及相应的上弦下弦斜撑，拼装完以后再重复上面的滑移过程，直到滑移完成。滑移方向及滑移过程的剖面示意图见图 2-7-18。

3）滑移完成后对钢索分级对称进行张拉（图 2-7-19）

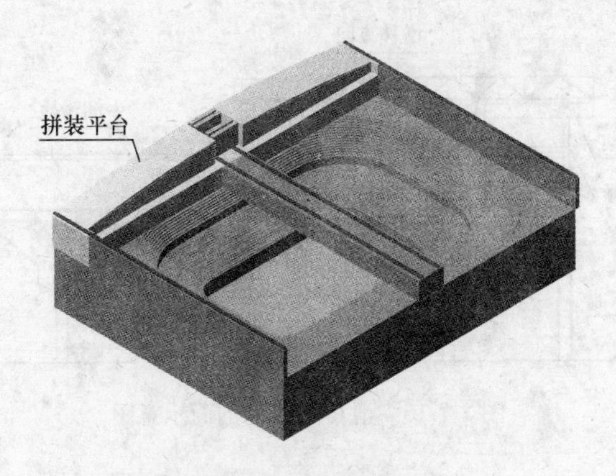

图 2-7-16 拼装胎架及滑轨安装

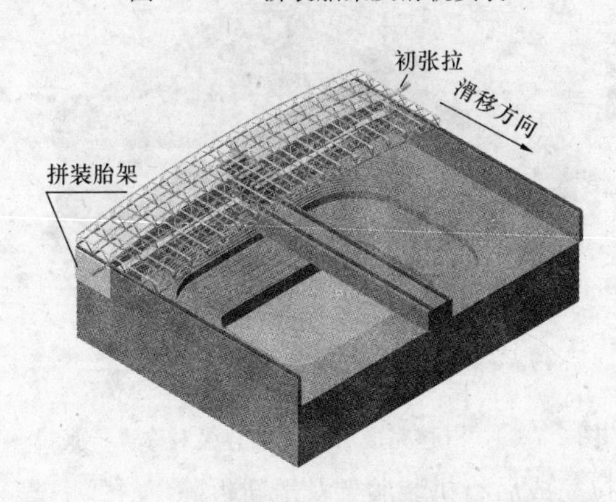

图 2-7-17 钢结构在拼装胎架上拼接并滑移

滑移完成后，开始张拉钢索，对结构施加预应力。预应力的施加分三级，第一级施加 80%，第二级施加至设计应力并超张拉到 105%，第三级根据监测结果对索力进行微调，使预应力值及结构的变形符合设计要求的状态。张拉过程：第一级张拉千斤顶由两边往中间移动，对称张拉，前四次每次张拉四根索，在第四次张拉完成后，纵向索张拉完毕，第五、六、七次分别张拉两根横向索；第一级张拉完成后，千斤顶的位置在结构中部，进行第二级张拉，第二级张拉千斤顶由中间往两边移动。

2. 预应力钢结构（大跨度预应力钢结构屋盖体系）

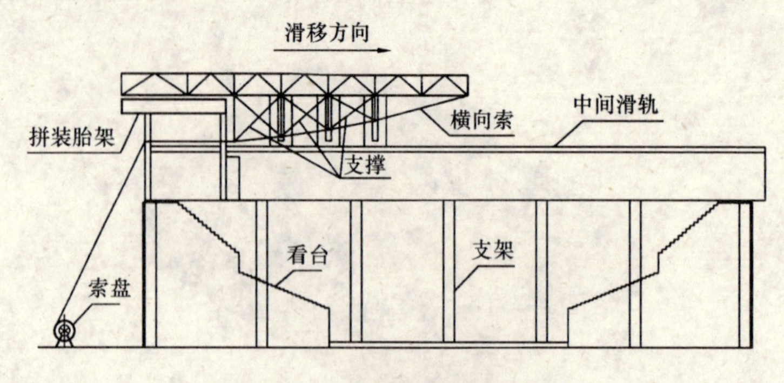

图 2-7-18　滑移过程的剖面示意图

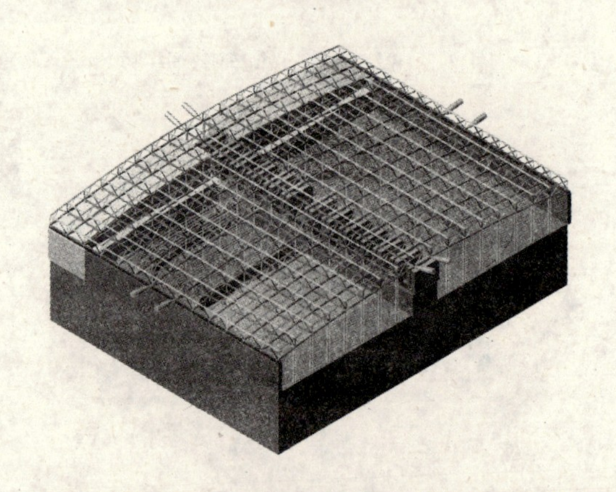

图 2-7-19　滑移完成后对钢索分级对称进行张拉

4）张拉完成后将拼装胎架及滑轨拆除

3. 索具及张拉端张拉方式、张拉设备示意图（图 2-7-20）

4. 预应力钢索施工一穿索工艺

本工程预应力索较长，最长达 140m 以上，穿索时要借助牵引机，穿索过程中尽量使预应力索保持直线状态。

（1）放横向索

1）加工厂制作：每个轴线上具有两根横向索，为了在现场施工方便，以及使下层混凝土结构受力均匀，在索体制作时，每根索体都单独成盘，在加工厂内将索体缠绕成盘，到现场后吊装到事先加工好的放索盘上，放索盘的示意图见图 2-7-21。

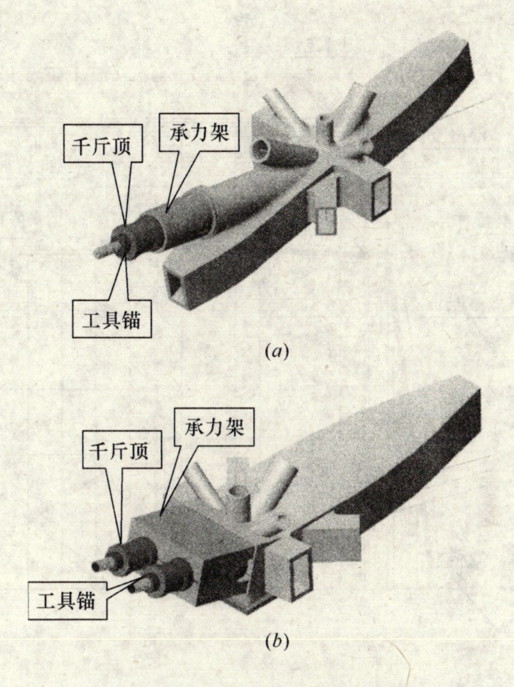

图 2-7-20 张拉设备示意图

(a) 纵向索张拉节点；(b) 横向索张拉节点

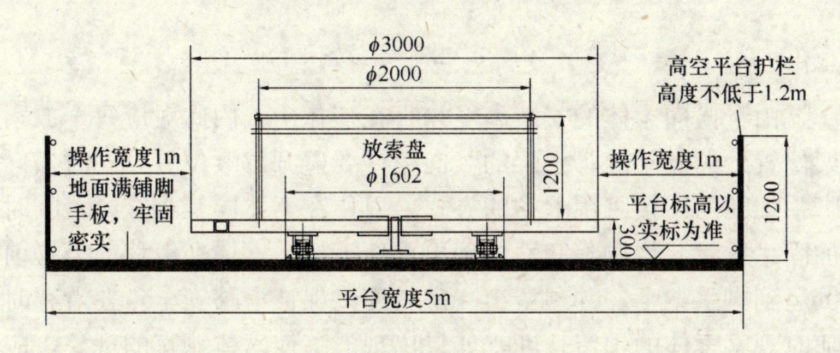

图 2-7-21 放索盘示意图

2）现场放索：横向索在到达现场后全部吊装到东侧基坑外的硬化地面上，放线盘边缘距基坑上坡口至少 1.5m，索体的放置位置见图 2-7-22。

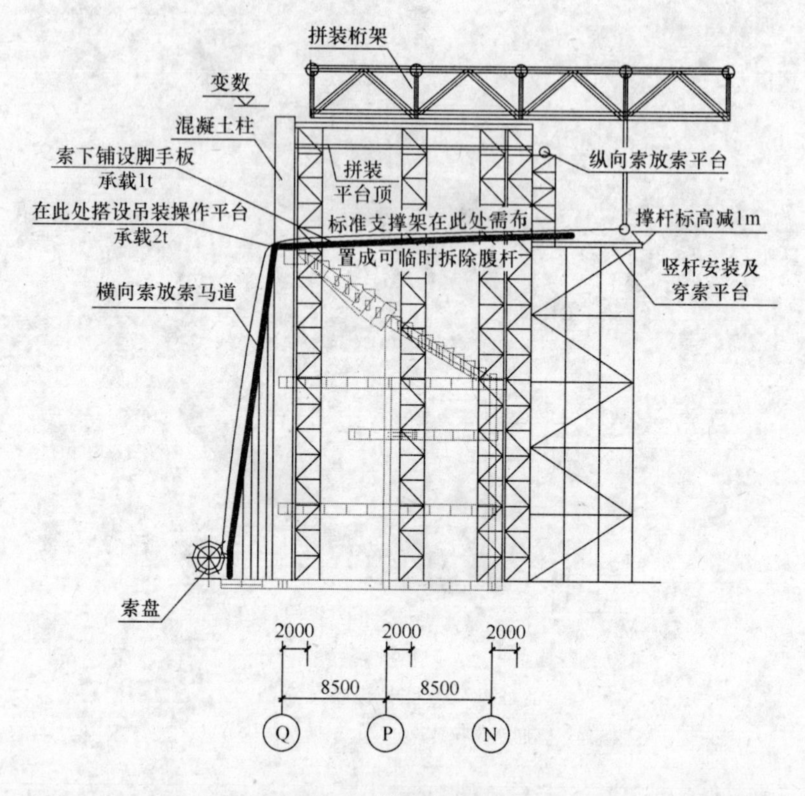

图 2-7-22 横向索放置平台

由于横向索体的安装高度一直在变化中，因此对应每个放索架位置处的满堂红脚手架的竖向撑杆要避开放索位置，同时横向脚手架间的连接采用卡扣的方式，以便在索体同其相交时，临时加固、拆除，待调整完索体后再重新连接。索体在滑移前需提前倒运到脚手架上，并预留出一定长度以保证滑移安全，在滑移时随时观察索体的预留长度，如果出现滑移使索体绷直的现象，应该立即停止滑移，待索体倒运出一定的预留长度后再进行滑移。

（2）放纵向索

1）加工厂制作：每个轴线上具有一根横向索，在索体制作时，每根索体都单独成盘，在加工厂内将索体缠绕成卷，但不需要缠绕到放线盘上。

2）现场放索：纵向索体运输到现场堆放到指定位置。当桁架滑移出四榀时安装第一根纵向索。索体由堆放位置运送到场馆的东南角，用起重机将索体吊起，在钢结构的 22、23、N、M 轴桁架网格间将索体放置到放索盘上，见图 2-7-23。放索盘同横向索的放索盘。

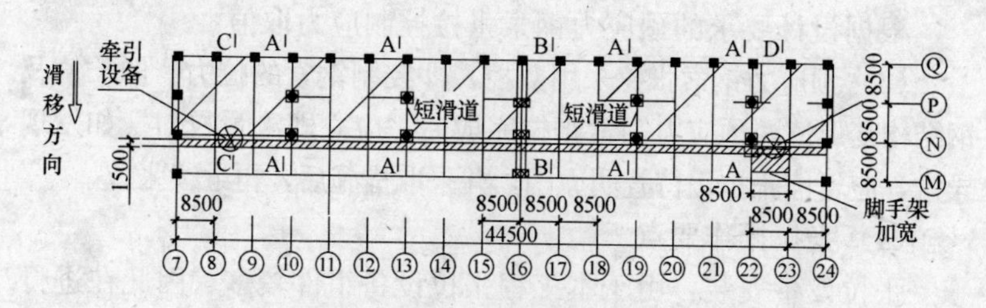

图 2-7-23 纵向索放置平台

放纵向索的时候，索体要注意纵向索位于横向索体之上。在北侧脚手架上放置卷扬机，用来辅助牵引索体的放开。放索的时候，先将牵引绳捆绑在索头上，然后缓慢开动卷扬机，牵引索体放开。放索时，每放开 5m 索体，则增加一个人跟随索，对索体进行导向，防止索体在牵引过程中滑落到脚手架外或者晃动过大。人员在脚手架上活动时，必须将安全带挂在安全绳上。

(3) 将索体安装到索夹上

1）首先在第一榀桁架滑出安装平台时，将横向索全部安装到铸钢节点中，拧好螺母；然后进行桁架滑移。

2）滑到第四榀时，纵向索和横向索要同时安装，待它们全部牵引放开，同时竖向撑杆安装完成后，先将纵向索按照在工厂中做好的标记位置，安装到撑杆的索夹上；拧紧螺栓后将横向索安装到索夹上。

在进行 16 轴横向索放索的时候，如果标准支撑干涉索体滑动，则需要对标准支撑腹杆临时进行加固、拆除调整，标准支撑在此处放置的方向必须满足腹杆可以临时拆除。

5. 预应力钢索施工-张拉工艺

（1）预应力钢索张拉前标定张拉设备

张拉设备采用相应的千斤顶和配套油泵。根据设计和预应力工艺要求的实际张拉力对千斤顶、油压传感器进行标定。实际使用时，由此标定曲线上找到与控制张拉力值相对应的值，并将其计算、打印到表格上，以方便操作和查验。

（2）张拉控制应力

根据设计要求的预应力钢索张拉控制应力取值。

（3）预应力钢索张拉采用双控，即控制钢索的拉力、伸长值及钢结构变形值。预应力钢索张拉完成后，应立即测量校对。如发现异常，应暂停张拉，待查明原因，并采取措施后，再继续张拉。

（4）张拉操作要点

张拉设备安装：由于本工程张拉设备组件较多，因此在进行安装时必须小心安放，使张拉设备形心与钢索重合，以保证预应力钢索在进行张拉时不产生偏心。

预应力钢索张拉：油泵启动供油正常后，开始加压，当压力达到钢索设计拉力时，超张拉5%左右，然后停止加压，完成预应力钢索张拉。张拉时，要控制给油速度，给油时间不应低于0.5min。

（5）预应力钢索张拉测量记录

张拉前可把预应力钢索在20%的预紧力作用下的长度作为原始长度，当张拉完成后，再次测量原自由部分长度，两者之差即为实际伸长值。

除了张拉长度记录，还应该将压力传感器测得压力和全站仪测得钢结构变形记录下来，以对结构施工过程变形进行监测。

（6）张拉质量控制方法和要求

1）钢结构滑移就位后进行钢结构的尺寸复核检查，预应力张拉索力和伸长值根据复核后尺寸作适当调整；

2）在进行伸长值计算时，尽量采用索厂提供的弹性模量进行计算，验收时考虑索厂的弹性模量误差对伸长值的影响；

3）张拉力按标定的数值，用伸长值和压力传感器数值进行校核；

4）认真检查张拉设备及与张拉设备相接的钢索，以保证张拉安全、有效；

5）张拉严格按照操作规程进行，控制给油速度，给油时间不应低于0.5min；

6）张拉设备形心应与预应力钢索在同一轴线上；

7）实测伸长值与计算伸长值相差超过允许误差时，应停止张拉，报告工程师进行处理。

2.7.3 施工仿真

张拉过程仿真模拟计算的目的如下：

（1）验证张拉方案的可行性，确保张拉过程的安全。

（2）给出每张拉步钢索张拉力的大小，为实际张拉时的张拉力值的确定提供理论依据。

（3）给出每张拉步结构的变形及应力分布，为张拉过程中的变形监测及索力监测提供理论依据。

（4）根据计算出来的张拉力的大小，选择合适的张拉机具，并设计合理的张拉工装。

仿真模拟计算主要结果如下：

1）在最终张拉完成后，也就是在第2级第14步，理论计算结构中部向上Z方向位移为向上177mm，实际张拉Z方向位移偏差在5%以内。

2）张拉过程中，最大拉应力出现在第1级、第1步，数值为193MPa，最大压应力出现在第2级、第14步，数值为128MPa，张拉方案都满足安全要求；实际张拉时钢结构应力偏差在规定要求。

3）张拉过程中，横向双索最大张拉力出现在第1级、第5步，张拉18轴索时，数值为2730kN，纵向单索最大张拉力出现在第1级、第3步，张拉G、K轴索时，数值为1850kN；实际张拉时索力偏差在5%以内。

部分计算结果见图2-7-24。

2. 预应力钢结构（大跨度预应力钢结构屋盖体系）

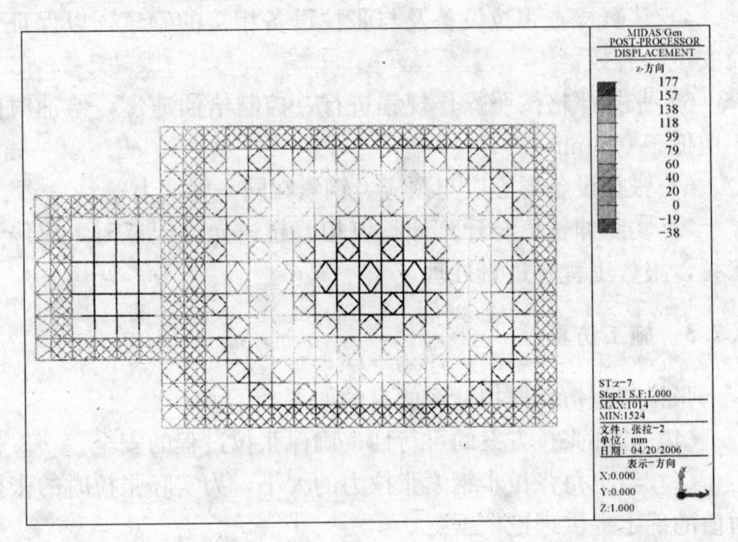

(*a*)

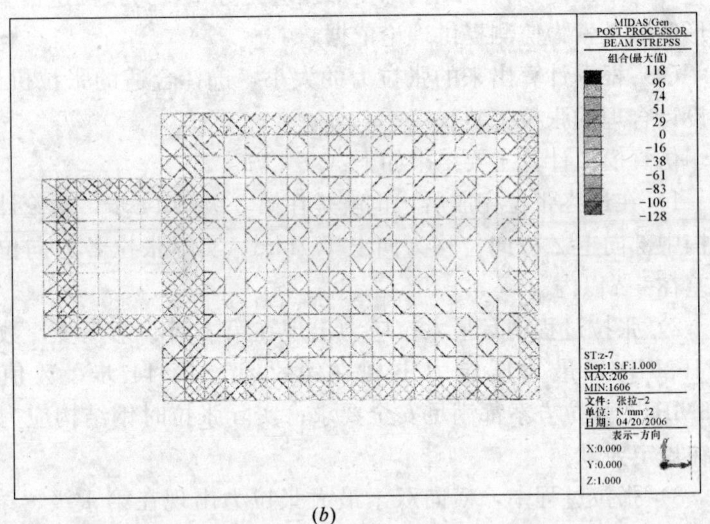

(*b*)

图 2-7-24　施工仿真计算结果（一）

（*a*）第 2 级第 14 次张拉 Z 向位移等值线图；

（*b*）第 2 级第 14 次张拉钢结构应力等值线图

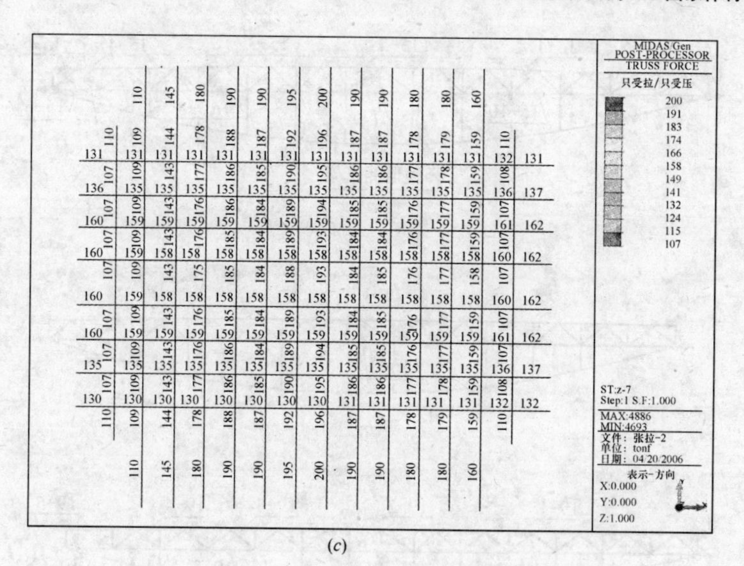

(*c*)

图 2-7-24　施工仿真计算结果（二）

(*c*) 第 2 级第 14 次张拉至 100%后索力图

2.7.4　测量与监控

为保证钢结构的安装精度以及结构在施工期间的安全，并使钢索张拉的预应力状态与设计要求相符，必须对钢结构的安装精度、张拉过程中钢索的拉力及钢结构的应力与变形进行监测。

对钢索拉力的监测采用压力传感器测试。压力传感器安装于液压千斤顶下方，可实时监测到预应力钢索的拉力，以保证预应力钢索施工完成后的应力与设计单位所要求的应力吻合。

在预应力钢索进行张拉时，钢结构部分会随之变形。在预应力钢索张拉的过程中，结合施工仿真计算结果，对钢结构变形监测可以保证预应力施工安全、有效。对变形的监测采用全站仪和百分表。

对钢结构应力的监测采用振弦应变计。

1. 安装过程中及健康监测测点布置图（图 2-7-25）

共布置测点 94 个，其中索力监测仪器 6 个，钢结构应力监测点 88 个。图 2-7-25 为总体监测仪器布置图及其对应编号（索测点的布置比较简单，略去）。

2. 预应力钢结构（大跨度预应力钢结构屋盖体系）

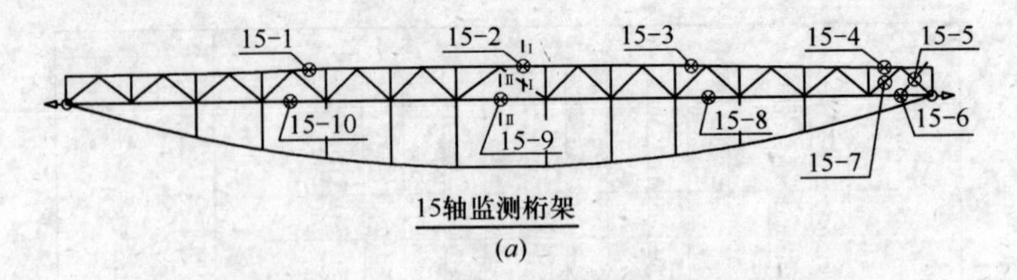

(*a*)

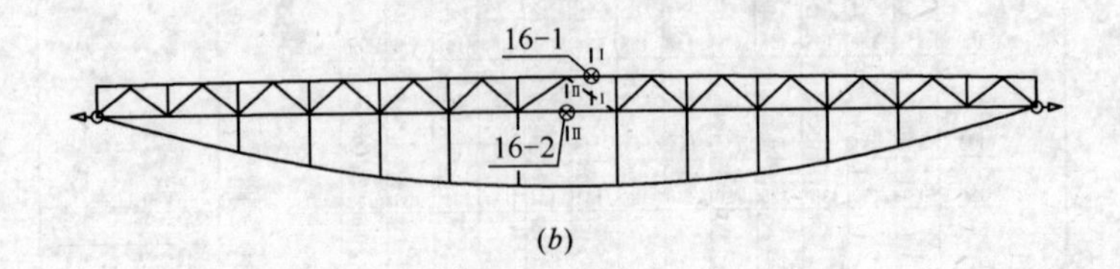

(*b*)

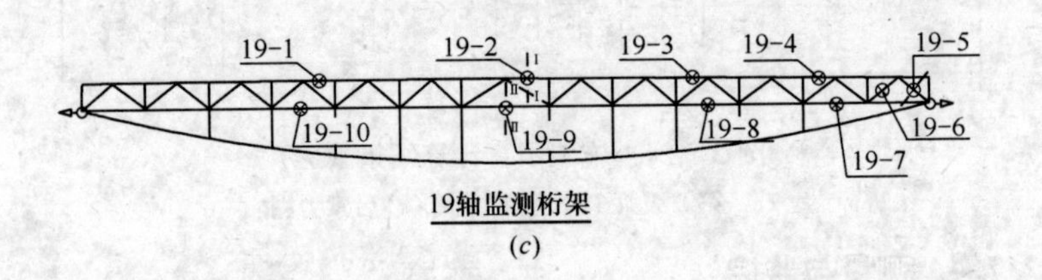

(*c*)

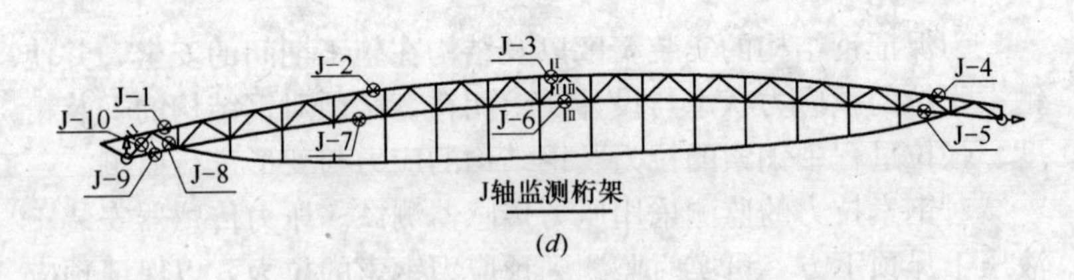

(*d*)

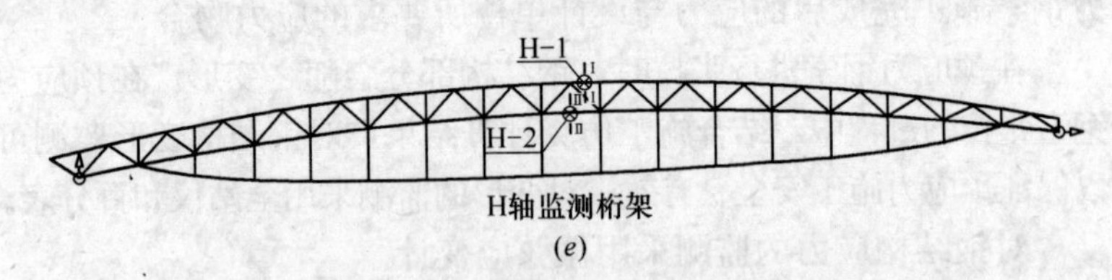

(*e*)

图 2-7-25　安装过程中及健康监测测点布置图（一）

（*a*）15 轴钢结构应力测点布置及其编号；（*b*）16 轴钢结构应力测点布置及其编号；（*c*）19 轴钢结构应力测点布置及其编号；（*d*）J 轴钢结构应力测点布置及其编号；（*e*）H 轴钢结构应力测点布置及其编号

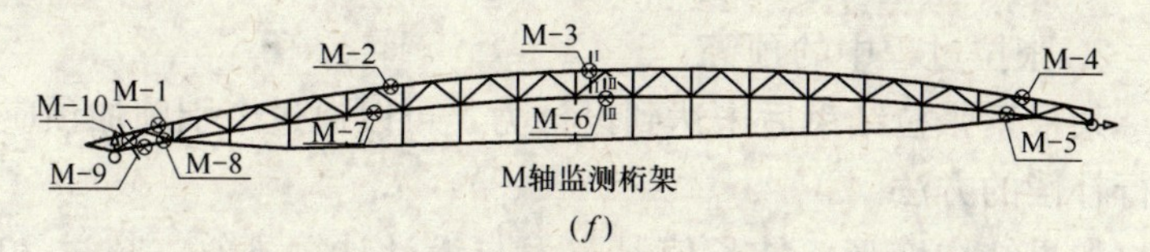

(*f*)

说明：以上测点按照“轴号—编号”进行编号。且图中各符号表示如下：

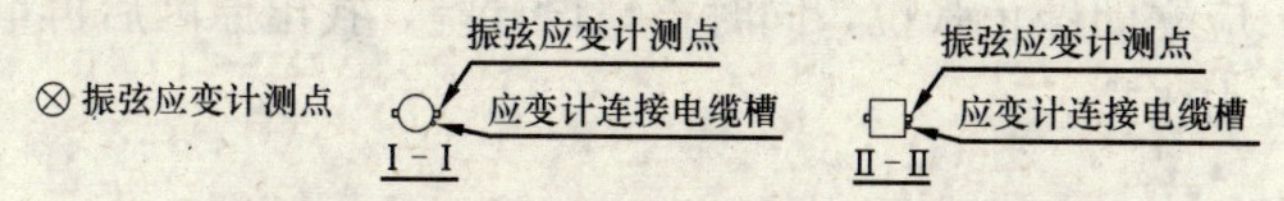

其中Ⅰ-Ⅰ用于上弦杆和腹杆，Ⅱ-Ⅱ用于下弦杆。

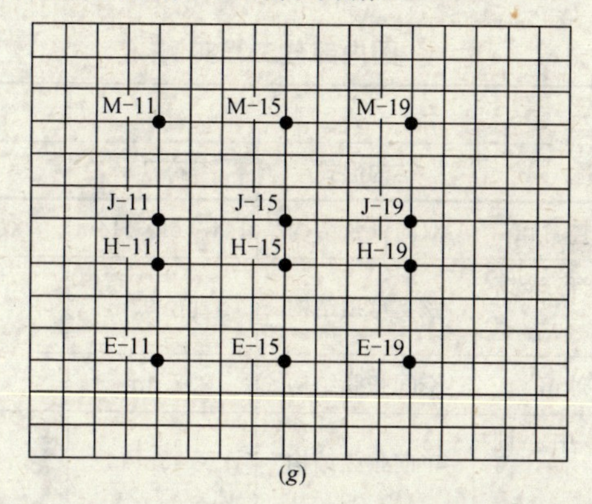

(*g*)

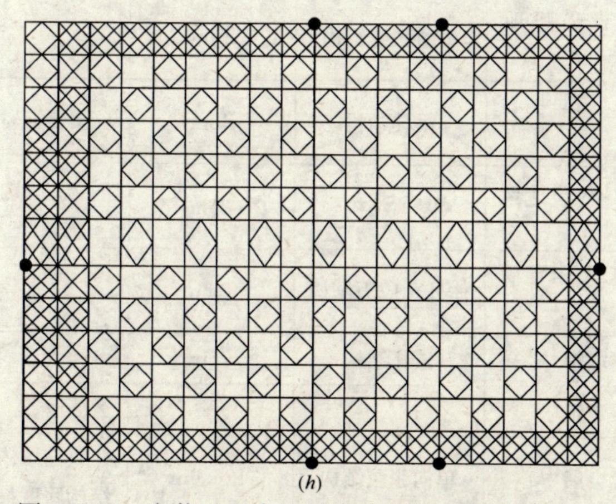

(*h*)

图 2-7-25　安装过程中及健康监测测点布置图（二）

（*f*）M轴钢结构应力测点布置及其编号；（*g*）竖向位移测点布置（编号按照“横轴－纵轴”进行）；（*h*）支座变形监测点分布图

2. 张拉过程中的预警

某根索张拉结束后未达到设计力，可以通过个别施加预应力进行补偿的方法。

如果结构变形、伸长值、应力与设计计算不符，超过20%以后，应立即停止张拉，同时报请设计院，找出原因后再重新进行预应力张拉。

2.7.5 国内部分工程实例

国内部分工程实例　　表 2-7-1

奥运建筑			
工程名称	结构形式	跨度	水　平
奥运会国家体育馆	双向张弦结构	144.5m×114m	双向跨度世界最大
奥运会羽毛球馆屋盖	弦支穹顶结构	直径93m	
奥运会乒乓球馆	空间张弦结构	92.4m	
奥运会奥体中心训练馆	单向张弦结构	43m	
奥运会青岛帆船中心	单向张弦结构	19m	
奥运会奥体中心改造	吊挂结构	40m	
奥运会工人体育场高空灯架	悬索结构	25m	
奥运会工人体育场改造	体外预应力结构	28m	
北京曲棍球馆	索托结构	75m	
体育会展建筑			
广州国际会展中心	单向张弦结构	126.6m	目前国内张弦桁架结构跨度最大
上海浦东国际机场	单向张弦结构	82.6m	目前国内张弦梁结构跨度最大

续表

体育会展建筑			
工程名称	结构形式	跨度	水　平
哈尔滨国际体育会展中心	单向张弦结构	128m	目前国内张弦立体桁架结构跨度最大
武汉体育馆	弦支网架结构	长轴 165m，短轴 145m	
南京会展中心	单向张弦结构	74m	
常州体育馆	弦支穹顶结构	长轴 120m，短轴 80m	
安徽大学体育馆	弦支穹顶结构	87.7m	
安徽大学体育场	吊挂结构	40m	
上海源深体育馆	单向张弦结构	63m	
东北师范大学体育馆	单向张弦结构	70m	
新中国国际展览中心南登陆厅	单向张弦结构	33.6m	
新中国国际展览中心展馆	预应力钢结构	70.2m	
长春农博园展馆	单向张弦结构	72m	
山东东营黄河口模型厅	单向张弦结构	148m	
北京全国农业展览馆新馆	单向张弦结构	76.9m	北京跨度最大单向张弦结构
天津滨海国际会议中心	斜拉索结构	70.5m	
南山集团金海岸会议中心	空间张弦结构	40m	
公共建筑			
北京中石油大厦主中庭	双向张弦结构	40m	

续表

公共建筑			
工程名称	结构形式	跨度	水　平
北京中石油大厦侧面幕墙索	单层索网	50m	
北京凯晨广场中庭	单向张弦结构	27m	
北京海关总署改造工程	拉索拱结构	25m	
北京金融街中心区活力中心	空间张弦结构	34.6m	
北京农业生态工程试验基地	单向张弦结构	28m	
成都金沙遗址采光顶	双层悬索结构	23m	
河北省涿州凌云俱乐部屋顶	单向张弦结构	40m	
北京南站改扩建工程站房屋面	斜拉索结构	66m	

2.8　经济效益分析

大跨度预应力钢结构屋盖体系技术先进、社会经济效益显著，主要有以下几点：

1. 技术先进，适用范围广泛

大跨度预应力钢结构是以索为主要手段与其他钢结构体系组合的平面或空间杂交结构，其结构类型丰富，更具有创造性，广泛适用于大、超大跨度空间结构工程，如超百米跨度的体育馆、会议展览馆、机场航站楼、公路、桥梁及加固工程等。

2. 节约钢材、减轻自重、降低建筑高度、降低造价及采暖费用对高强度的索体施加预应力后，提高了普通钢材构件的作用，并因拉索的引入，使得钢结构的空间尺寸和杆件尺寸均大幅度降低，从而使结构更加轻盈，具有极强的现代感，并节约大量的钢材，一般情况下，可比普通钢材节省20%～35%费用，但制作和施工比较复杂。

总之，大跨度预应力钢结构技术先进，应用范围广泛，不但广泛应用于大跨度新建工程屋盖体系，也可用于工程结构加固，同时社会、经济效益显著，它是值得研究、有发展前景的一种新结构形式。目前，大跨度索穹顶结构在我国还未实现工程应用，其结构的工程应用是填补我国空间结构空白的目标，也为大跨度空间结构的发展提供了广阔的前景。

附录A 圆形平行钢丝PE护层索体规格选用表

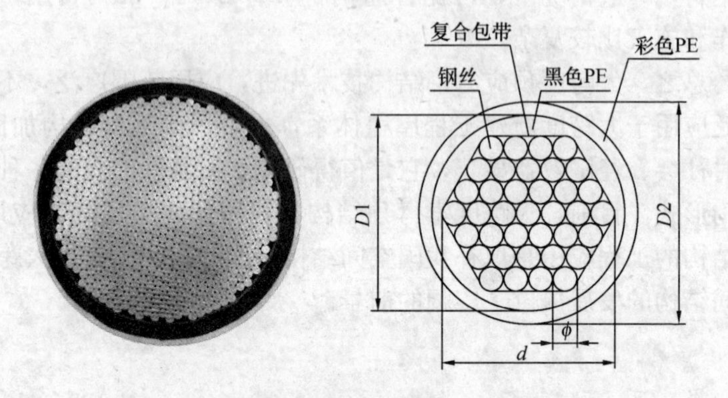

ϕ5 钢索性能参数 **表 A-1**

$\phi5$，R_m＝1670MPa						
规格 Specification	钢丝束直径 d（mm）Qty of wire	单护层缆索直径 D_1（mm）Dia of single sheath	双护层缆索直径 D_2（mm）Dia of double sheath	钢丝束截面积（mm^2）Section Area	钢丝束单位质量（kg/m）Unit Weight	标称破断载荷（kN）Nominal Breaking Load
5×7	15	22	—	137	1.1	230
5×13	20	30	—	255	2	426
5×19	25	35	40	373	2.9	623
5×31	32	40	45	609	4.8	1017
5×37	35	45	50	727	5.7	1213
5×55	41.1	51	55	1080	8.5	1803
5×61	45	55	59	1198	9.4	2000
5×73	48.6	59	63	1433	11.2	2394
5×85	50	61	65	1669	13.1	2787
5×91	55	65	69	1787	14	2984
5×109	57.5	68	72	2140	16.8	3574

续表

$\phi 5$，R_m=1670MPa						
规格 Specification	钢丝束直径 d（mm） Qty of wire	单护层缆索直径 D_1（mm） Dia of single sheath	双护层缆索直径 D_2（mm） Dia of double sheath	钢丝束截面积（mm^2） Section Area	钢丝束单位质量（kg/m） Unit Weight	标称破断载荷（kN） Nominal Breaking Load
5×121	60.7	71	75	2376	18.7	3968
5×127	65	75	79	2494	19.6	4164
5×139	65.9	78	82	2729	21.4	4558
5×151	67.4	79	83	2965	23.3	4951
5×163	70.6	83	88	3201	25.1	5345
5×187	75	87	92	3672	28.8	6132
5×199	77	89	94	3907	30.7	6525
5×211	81	93	98	4143	32.5	6919
5×223	83	95	100	4379	34.4	7312
5×241	85	97	102	4732	37.1	7902
5×253	87	101	106	4968	39	8296
5×265	91	105	110	5203	40.8	8689
5×283	92	107	112	5557	43.6	9280
5×301	95	111	116	5910	46.4	9870
5×313	97	113	118	6146	48.2	10263
5×337	101	117	122	6617	51.9	11050
5×349	102	118	123	6853	53.8	11444
5×367	105	121	126	7206	56.6	12034
5×379	107	123	128	7442	58.4	12428
5×409	110	128	133	8031	63	13411
5×421	111	129	134	8266	64.9	13805
5×439	115	133	138	8620	67.7	14395
5×451	117	135	140	8855	69.5	14788
5×475	119	137	142	9327	73.2	15575
5×499	121	139	148	9798	76.9	16362

续表

规格 Specification	钢丝束直径 d (mm) Qty of wire	单护层缆索直径 D_1 (mm) Dia of single sheath	双护层缆索直径 D_2 (mm) Dia of double sheath	钢丝束截面积 (mm^2) Section Area	钢丝束单位质量 (kg/m) Unit Weight	标称破断载荷 (kN) Nominal Breaking Load
$\phi5$，R_m=1670MPa						
5×511	123	143	152	10033	78.8	16756
5×547	127	147	156	10740	84.3	17936
5×583	130	150	159	11447	89.9	19117
5×595	133	153	162	11683	91.7	19510
5×649	137	157	166	12743	100	21281

$\phi7$ 钢索性能参数　　表 A-2

规格 Specification	钢丝束直径 d (mm) Qty of wire	单护层缆索直径 D_1 (mm) Dia of single sheath	双护层缆索直径 D_2 (mm) Dia of double sheath	钢丝束截面积 (mm^2) Section Area	钢丝束单位质量 (kg/m) Unit Weight	标称破断载荷 (kN) Nominal Breaking Load
$\phi7$，R_m=1670MPa						
7×7	21	30	—	269	2.1	449.9
7×13	28	35	—	500	3.9	835.6
7×19	35	45	50	731	5.7	1221.3
7×31	44.8	55	60	1193	9.4	1992.6
7×37	49	60	65	1424	11.2	2378.3
7×55	58	68	72	2117	16.6	3535.3
7×62	63	73	77	2348	18.4	3920.9
7×73	68	78	82	2809	22.1	4692.3
7×85	71	83	87	3271	25.7	5463.6
7×91	77	89	93	3502	27.5	5849.2
7×109	80	93	97	4195	32.9	7006.2
7×121	85	99	103	4657	36.6	7777.6
7×127	91	105	109	4888	38.4	8163.2

续表

$\phi 7$，R_m=1670MPa						
规格 Specification	钢丝束直径 d（mm） Qty of wire	单护层缆索直径 D_1（mm） Dia of single sheath	双护层缆索直径 D_2（mm） Dia of double sheath	钢丝束截面积（mm^2） Section Area	钢丝束单位质量（kg/m） Unit Weight	标称破断载荷（kN） Nominal Breaking Load
7×139	92	107	111	5349	42	8934.6
7×151	95	109	113	5811	45.6	9705.9
7×163	99	114	118	6273	49.2	10477.2
7×187	105	121	125	7197	56.5	12019.9
7×199	108	124	128	7658	60.1	12791.2
7×211	113	129	133	8120	63.7	13562.5
7×223	117	133	137	8582	67.4	14333.9
7×241	119	135	139	9275	72.8	15490.9
7×253	122	139	143	9737	76.4	16262.2
7×265	127	144	148	10198	80.1	17033.5
7×283	129	147	151	10891	85.5	18190.5
7×301	133	151	155	11584	90.9	19347.5
7×313	136	154	158	12046	94.6	20118.8
7×337	140	160	164	12969	101.8	21661.5
7×349	142	162	166	13431	105.4	22432.8
7×367	147	167	171	14124	110.9	23589.8
7×379	148	170	174	14586	114.5	24361.2
7×409	154	176	180	15740	123.6	26289.5
7×421	155	177	181	16202	127.2	27060.8
7×439	161	183	187	16895	132.6	28217.8
7×451	163	185	189	17356	136.2	28989.1
7×475	166	190	194	18280	143.5	30531.8
7×499	169	193	202	19204	150.7	32074.5
7×511	171	197	206	19666	154.4	32845.8
7×547	178	204	213	21051	165.3	35159.8
7×583	181	209	218	22436	176.1	37473.8
7×595	185	213	222	22898	179.8	38245.1
7×649	190	220	229	24976	196.1	41716.1

附录B　圆形平行钢丝PE护层索体锚具规格选用表

1）冷铸墩头锚具

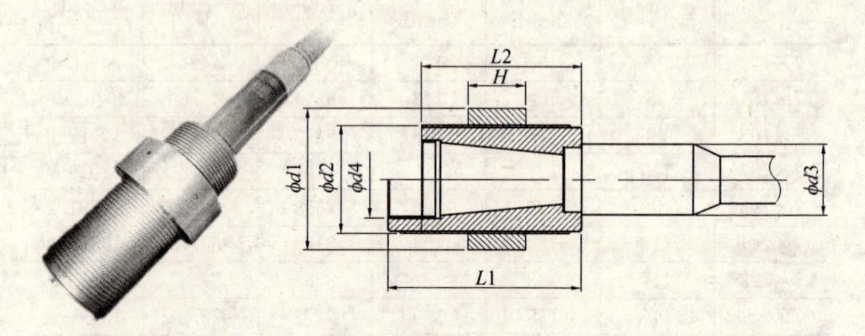

φ5冷铸锚规格　　**表B-1**

φ5　系　列							
规格	$L1$（mm）	$L2$（mm）	H（mm）	$d1$（mm）	$d2$（mm）	$d3$（mm）	$d4$（mm）
5×55	300	300	70	170	Tr135×6	93	Tr105×5
5×61	300	300	70	180	Tr140×6	93	Tr110×5
5×73	300	300	90	190	Tr150×8	100	Tr115×6
5×85	335	335	90	210	Tr165×8	100	Tr125×6
5×91	335	335	90	210	Tr165×8	112	Tr125×6
5×109	340	290	90	225	Tr175×8	112	Tr135×6
5×121	355	300	90	235	Tr185×8	119	Tr140×6
5×127	365	300	90	235	Tr185×8	125	Tr140×8
5×139	365	300	90	250	Tr195×8	125	Tr145×8
5×151	380	310	90	255	Tr200×8	131	Tr150×8

φ7冷铸锚规格　　**表B-2**

φ7　系　列							
规格	$L1$（mm）	$L2$（mm）	H（mm）	$d1$（mm）	$d2$（mm）	$d3$（mm）	$d4$（mm）
7×55	350	295	90	220	Tr175×8	119	Tr130×8
7×61	360	295	90	230	Tr180×8	119	Tr135×8

续表

φ7 系列							
规格	$L1$（mm）	$L2$（mm）	H（mm）	$d1$（mm）	$d2$（mm）	$d3$（mm）	$d4$（mm）
7×73	370	295	90	245	Tr190×8	125	Tr140×8
7×85	410	325	110	270	Tr205×10	131	Tr150×8
7×91	410	325	110	275	Tr210×10	138	Tr155×8
7×109	430	335	110	295	Tr225×10	138	Tr165×10
7×121	450	345	135	310	Tr240×12	144	Tr175×10
7×127	450	340	135	320	Tr245×12	150	Tr180×10
7×139	460	335	135	325	Tr250×12	157	Tr180×12
7×151	480	355	135	340	Tr265×12	157	Tr190×12
7×163	510	375	135	350	Tr270×12	166	Tr195×12
7×187	520	375	155	375	Tr285×12	166	Tr205×12
7×199	540	395	155	385	Tr300×14	178	Tr215×14
7×211	555	390	180	400	Tr310×14	178	Tr220×14
7×223	575	410	180	405	Tr315×14	192	Tr225×14
7×241	585	415	180	425	Tr330×16	192	Tr235×16
7×253	595	425	180	435	Tr335×16	192	Tr240×16
7×265	610	425	200	445	Tr345×16	192	Tr245×16
7×283	635	445	200	450	Tr345×18	201	Tr245×18
7×301	645	450	200	470	Tr360×18	217	Tr255×18
7×313	655	460	200	470	Tr365×18	217	Tr260×18
7×337	695	480	220	495	Tr385×20	243	Tr270×18
7×349	710	495	220	500	Tr385×20	271	Tr270×20
7×367	715	500	220	510	Tr390×20	271	Tr275×20
7×379	725	510	220	520	Tr400×20	287	Tr280×20
7×409	755	510	245	540	Tr415×22	290	Tr290×22
7×421	775	530	245	545	Tr420×22	295	Tr295×22
7×439	785	540	245	560	Tr425×22	299	Tr300×22
7×451	790	545	245	560	Tr430×22	299	Tr300×22
7×475	815	550	265	580	Tr445×24	310	Tr310×24

2）热铸Ⅰ型锚具（叉耳式）

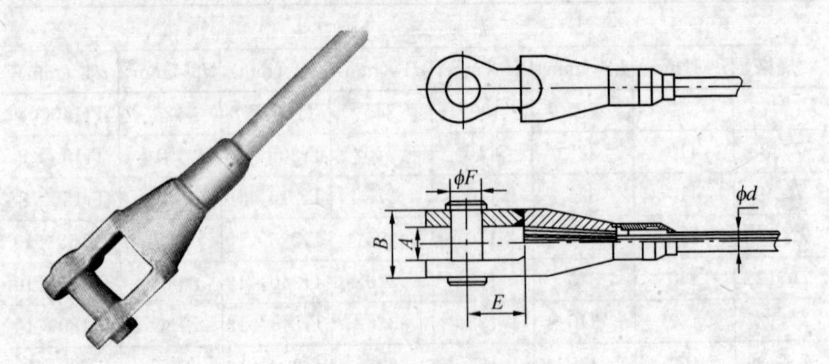

ϕ5热铸Ⅰ型锚具规格 表B-3

ϕ5系列					
规格	A（mm）	B（mm）	d（mm）	E（mm）	F（mm）
5×7	51	95	22	102	50
5×13	57	107	30	117	56
5×19	64	124	40	127	63
5×31	76	140	45	165	75
5×37	89	169	50	178	88
5×55	102	192	55	228	94
5×61	102	192	59	228	94
5×73	114	224	63	254	106
5×85	114	224	65	254	106
5×91	127	247	69	273	119
5×109	133	273	72	279	125
5×121	146	296	75	286	131
5×127	146	296	79	286	131
5×139	146	296	82	286	131
5×151	146	296	83	286	131
5×163	159	319	88	298	138
5×187	172	332	92	318	150
5×199	172	332	94	318	150

ϕ7 热铸Ⅰ型锚具规格　　表 B-4

ϕ7 系列					
规　格	A（mm）	B（mm）	d（mm）	E（mm）	F（mm）
7×37	114	224	65	254	106
7×55	127	247	72	273	119
7×61	137	273	77	279	125
7×73	146	296	82	286	131
7×85	159	319	87	298	138
7×91	159	319	93	298	138
7×109	172	332	97	318	150

3）热铸Ⅱ型锚具（双螺杆式）

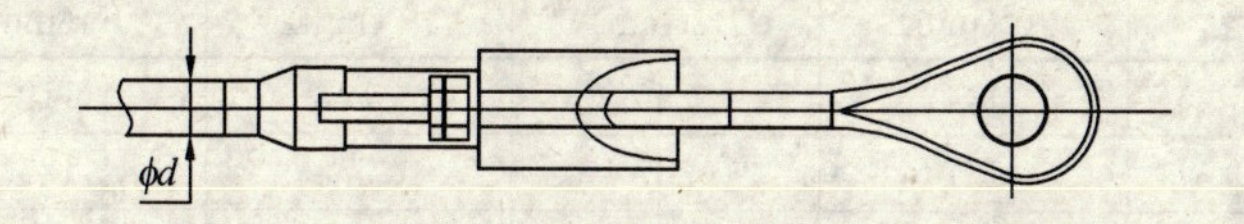

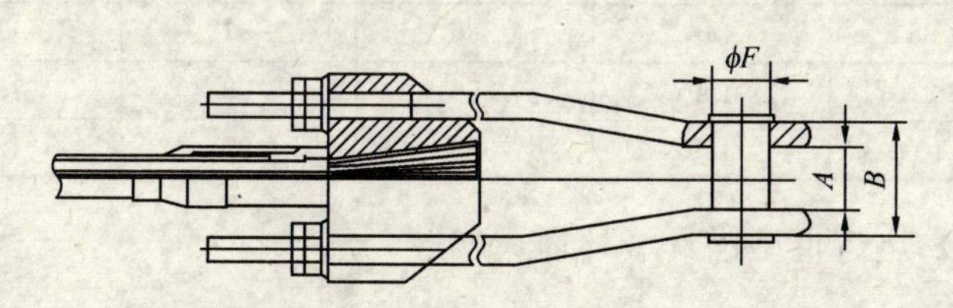

ϕ5 热铸Ⅱ型锚具规格　　表 B-5

ϕ5 系列				
规　格	A（mm）	B（mm）	d（mm）	F（mm）
5×55	102	214	55	94
5×61	102	216	59	94
5×73	114	232	63	106
5×85	114	244	65	106
5×91	127	267	69	119

续表

φ5 系列				
规 格	A（mm）	B（mm）	d（mm）	F（mm）
5×109	133	283	72	125
5×121	146	306	75	131
5×127	146	306	79	131
5×139	146	316	82	131
5×151	146	326	83	131
5×163	159	349	88	138
5×187	172	372	92	150
5×199	172	382	94	150

φ7热铸Ⅱ型锚具规格 **表B-6**

φ7 系列				
规 格	A（mm）	B（mm）	d（mm）	F（mm）
7×55	114	266	72	119
7×61	127	287	77	125
7×73	137	307	82	131
7×85	146	336	87	138
7×91	159	359	93	138
7×109	159	389	97	150

4）热铸Ⅲ型锚具（耳环式）

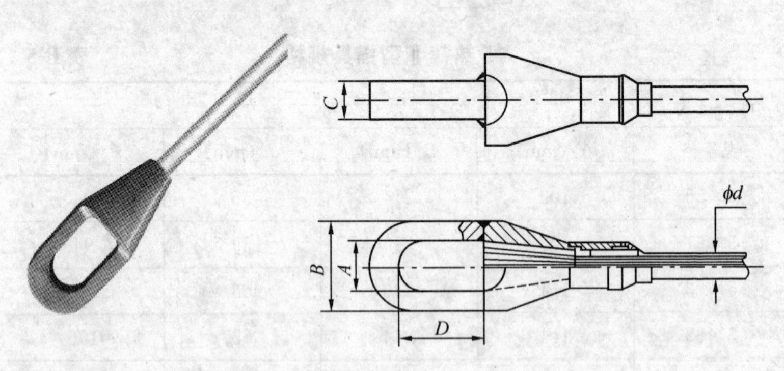

ϕ5 热铸Ⅲ型锚具规格　　表B-7

ϕ5 系列					
规　格	A（mm）	B（mm）	d（mm）	C（mm）	D（mm）
5×7	58	105	22	45	102
5×13	65	114	30	51	114
5×19	71	135	40	57	127
5×31	83	146	45	70	165
5×37	95	171	50	76	192
5×55	111	194	55	83	217
5×61	111	194	59	83	217
5×73	127	216	63	92	241
5×85	127	216	65	92	241
5×91	140	241	69	102	270
5×109	159	273	72	124	286
5×121	171	292	75	133	298
5×127	171	292	79	133	298
5×139	171	292	82	133	298
5×151	171	292	83	133	298
5×163	184	311	88	146	311
5×187	197	330	92	159	330
5×199	197	330	94	159	330

ϕ7 热铸Ⅲ型锚具规格　　表B-8

ϕ7 系列					
规　格	A（mm）	B（mm）	d（mm）	C（mm）	D（mm）
7×37	127	216	65	92	241
7×55	159	273	72	124	286
7×61	171	292	77	133	298

续表

ϕ7 系列					
规格	A（mm）	B（mm）	d（mm）	C（mm）	D（mm）
7×73	171	292	82	133	298
7×85	184	311	87	146	311
7×91	197	330	93	159	330
7×109	197	330	97	159	330

5）热铸Ⅳ型锚具（双耳内旋式）

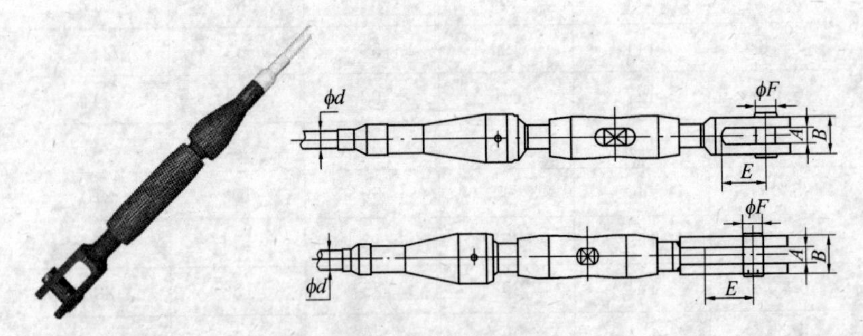

ϕ5 热铸Ⅳ型锚具规格 **表 B-9**

ϕ5 系列					
规格	A（mm）	B（mm）	d（mm）	E（mm）	F（mm）
5×7	22	45	22	66	20
5×13	27	56	30	85	27
5×19	32	72	40	90	32
5×31	37	85	45	105	41
5×37	42	94	50	116	45
5×55	48	112	55	140	55
5×61	53	122	59	150	58
5×73	58	135	63	165	64
5×85	63	148	65	175	69

续表

ϕ5　系　列					
规　格	A（mm）	B（mm）	d（mm）	E（mm）	F（mm）
5×91	64	152	69	180	72
5×109	68	148	72	200	79
5×121	73	153	75	210	84
5×127	74	154	79	220	86
5×139	79	169	82	230	90
5×151	84	174	83	235	94
5×163	89	179	88	240	98
5×187	94	194	92	245	105
5×199	99	199	94	250	109
5×211	105	205	98	260	112
5×223	106	206	100	270	115
5×241	110	220	102	280	120
5×253	115	225	106	290	123
5×265	116	226	110	295	128
5×283	120	240	112	300	132
5×301	125	245	116	310	136
5×313	126	246	118	320	140
5×337	130	260	122	330	145
5×349	135	265	123	340	150
5×367	136	276	126	350	153
5×379	142	282	128	360	156
5×409	146	286	133	370	162
5×421	152	312	134	380	165
5×439	156	316	138	390	169
5×451	158	318	140	400	172

续表

ϕ5 系 列					
规 格	A (mm)	B (mm)	d (mm)	E (mm)	F (mm)
5×475	162	322	142	410	177
5×499	168	328	148	420	182
5×511	173	353	152	430	185
5×547	178	358	156	440	192
5×583	183	363	159	450	199

ϕ7 热铸Ⅳ型锚具规格 **表 B-10**

ϕ7 系 列					
规 格	A (mm)	B (mm)	d (mm)	E (mm)	F (mm)
7×37	58	135	65	165	64
7×55	68	148	72	200	79
7×61	73	153	77	210	84
7×73	79	169	82	220	90
7×85	89	179	87	235	98
7×91	94	194	93	245	105
7×109	105	205	97	255	112
7×121	110	220	103	270	120
7×127	115	225	109	280	123
7×139	120	240	111	300	132
7×151	125	245	113	310	136
7×163	130	250	118	320	140
7×187	136	276	125	350	153
7×199	142	282	128	360	156
7×211	146	286	133	370	162
7×223	152	312	137	380	165

续表

φ7 系列					
规 格	A（mm）	B（mm）	d（mm）	E（mm）	F（mm）
7×241	162	322	139	410	177
7×253	168	328	143	420	182
7×265	173	353	148	430	185
7×283	178	358	151	440	192
7×301	183	363	155	450	199

6）热铸V型锚具（叉耳内旋式）

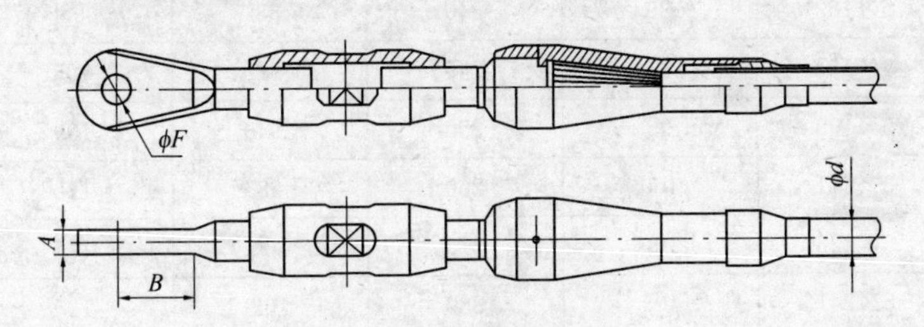

φ5热铸V型锚具规格 **表B-11**

φ5 系列				
规 格	A（mm）	B（mm）	d（mm）	F（mm）
5×7	20	66	22	20
5×13	25	85	30	27
5×19	30	90	40	32
5×31	35	105	45	41
5×37	40	116	50	45
5×55	45	140	55	55
5×61	50	150	59	58
5×73	55	165	63	64
5×85	60	175	65	69

续表

φ5 系列				
规　格	A（mm）	B（mm）	d（mm）	F（mm）
5×91	60	180	69	72
5×109	65	200	72	79
5×121	70	210	75	84
5×127	70	220	79	86
5×139	75	230	82	90
5×151	80	235	83	94
5×163	85	240	88	98
5×187	90	245	92	105
5×199	95	250	94	109
5×211	100	260	98	112
5×223	100	270	100	115
5×241	105	280	102	120
5×253	110	290	106	123
5×265	110	295	110	128
5×283	115	300	112	132
5×301	120	310	116	136
5×313	120	320	118	140
5×337	125	330	122	145
5×349	130	340	123	150
5×367	130	350	126	153
5×379	135	360	128	156
5×409	140	370	133	162
5×421	145	380	134	165
5×439	150	390	138	169

续表

ϕ5　系　列				
规　格	A (mm)	B (mm)	d (mm)	F (mm)
5×451	150	400	140	172
5×475	155	410	142	177
5×499	160	420	148	182
5×511	165	430	152	185
5×547	170	440	156	192
5×583	175	450	159	199

ϕ7热铸V型锚具规格　　表B-12

ϕ7　系　列				
规　格	A (mm)	B (mm)	d (mm)	F (mm)
7×37	55	165	65	64
7×55	65	200	72	79
7×61	70	210	77	84
7×73	75	220	82	90
7×85	85	235	87	98
7×91	90	245	93	105
7×109	100	255	97	112
7×121	105	270	103	120
7×127	110	280	109	123
7×139	115	300	111	132
7×151	120	310	113	136
7×163	125	320	118	140
7×187	130	350	125	153
7×199	135	360	128	156
7×211	140	370	133	162

续表

$\phi7$　系　列				
规　格	A（mm）	B（mm）	d（mm）	F（mm）
7×223	145	380	137	165
7×241	155	410	139	177
7×253	160	420	143	182
7×265	165	430	148	185
7×283	170	440	151	192
7×301	175	450	155	199

7）热铸Ⅵ型锚具（单螺杆式）

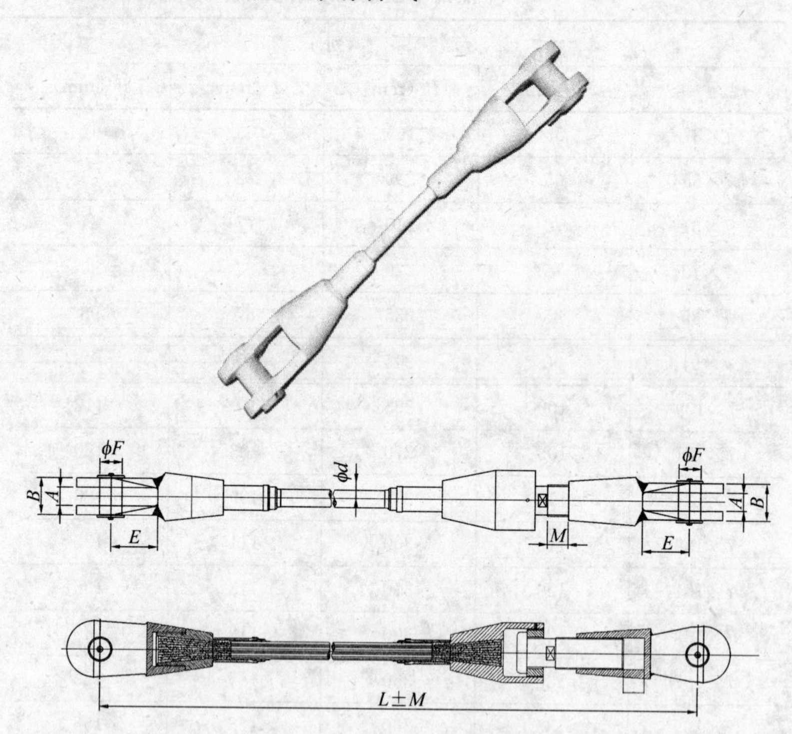

ϕ5 热铸Ⅵ型锚具规格　　表B-13

ϕ5　系　列

型号	A（mm）	B（mm）	F（mm）	E（mm）	M（mm）	d（mm）
5×7	51	95	50	102	35	22
5×13	57	107	56	117	40	30
5×19	64	124	63	127	45	40
5×31	76	140	75	165	50	45
5×37	89	169	88	178	60	50
5×55	102	192	94	228	75	55
5×61	102	192	94	228	75	59
5×73	114	224	106	254	75	63
5×85	114	224	106	254	75	65
5×91	127	247	119	273	80	69
5×109	133	273	125	279	80	72
5×121	146	296	131	286	90	75
5×127	146	296	131	286	80	79
5×139	146	296	131	286	80	82
5×151	146	296	131	286	75	83
5×163	159	319	138	298	85	88
5×187	172	332	150	318	100	92
5×199	172	332	150	318	100	94

ϕ7 热铸Ⅵ型锚具规格　　表B-14

ϕ7　系　列

型号	A（mm）	B（mm）	F（mm）	E（mm）	M（mm）	d（mm）
7×37	114	224	106	254	60	65
7×55	127	247	119	273	70	72
7×61	133	273	125	279	70	77

续表

ϕ7 系列						
型号	A（mm）	B（mm）	F（mm）	E（mm）	M（mm）	d（mm）
7×73	146	296	131	286	80	82
7×85	159	319	138	298	80	87
7×91	159	319	138	298	80	93
7×109	172	332	150	318	100	97

参 考 文 献

[1] 混凝土结构设计规范（GB 50010—2002）.
[2] 无粘结预应力混凝土结构技术规程（JGJ/T 92—2004）.
[3] 现浇混凝土空心楼盖结构技术规程（CECS 175：2004）.
[4] 钱英欣，张志强．钢筋混凝土现浇大开间管芯楼板的研究．建筑技术开发，1993（2）.
[5] 钱英欣．大跨度现浇预应力空心楼板的应用．工业建筑，2004（增刊）.
[6] 中国工程建设标准化协会混凝土结构专业委员会（CECS/TC5）．全国现浇混凝土空心楼盖结构技术交流会论文集.